中等职业教育国家规划教材

全国中等职业教育教材审定委员会审定

农作物生产技术（北方本）

Nongzuowu Shengchan Jishu（Beifangben）

（第二版）

主　编　马新明　郭国侠

高等教育出版社·北京

内容提要

本书是中等职业教育国家规划教材种植类专业的主干课程教材，是在2002年出版的《农作物生产技术（北方本）》的基础上，根据教育部颁布的中等职业学校农作物生产技术教学基本要求，按照职业教育"以就业为导向，以能力为本位"的教改精神，结合我国近年来农业结构调整和农作物生产科技含量不断提高的喜人形势修订的。

本书主要内容包括我国北方农作物的种植制度，着重讲解了北方地区8种主要作物：小麦、水稻、玉米、棉花、花生、大豆、甘薯、烟草，另外，对马铃薯、甜菜、芝麻、谷子的生产基本知识和技能进行了讲解。每个任务后的"随堂练习"旨在巩固当堂所学，"课后调查及作业"设计的调查项目引导学生深入了解当地农作物生产及销售实际，兼具实践性和趣味性。

本书同时配套学习卡资源，按照本书最后一页"郑重声明"下方的使用说明进行操作，即可获得相关教学资源。

本书可作为中职及五年制高职种植类专业教材，也可作为对口升高职的考试用书，还可作为乡镇干部现代农业技术培训教材和农村成人学校教材。

图书在版编目（CIP）数据

农作物生产技术：北方本 ／ 马新明，郭国侠主编
. --2 版. --北京：高等教育出版社，2022.8
　　ISBN 978-7-04-057008-3

　　Ⅰ.①农… Ⅱ.①马… ②郭… Ⅲ.①作物-栽培技术-中等专业学校-教材　Ⅳ.①S31

中国版本图书馆 CIP 数据核字（2021）第 190620 号

策划编辑	方朋飞	责任编辑	方朋飞	封面设计	张雨微	版式设计	马　云
插图绘制	黄云燕	责任校对	吕红颖	责任印制	刘思涵		

出版发行	高等教育出版社	网　址	http://www.hep.edu.cn
社　址	北京市西城区德外大街 4 号		http://www.hep.com.cn
邮政编码	100120	网上订购	http://www.hepmall.com.cn
印　刷	中农印务有限公司		http://www.hepmall.com
开　本	889mm×1194mm　1/16		http://www.hepmall.cn
印　张	15.5	版　次	2002 年 3 月第 1 版
字　数	330 千字		2022 年 8 月第 2 版
购书热线	010-58581118	印　次	2022 年 9 月第 2 次印刷
咨询电话	400-810-0598	定　价	26.00 元

本书如有缺页、倒页、脱页等质量问题,请到所购图书销售部门联系调换

物 料 号　57008-00

第二版前言

《农作物生产技术(北方本)》(第二版)是按照教育部颁布的《中等职业学校种植专业教学指导方案》中"农作物生产技术"课程教学基本要求,在2002年出版的《农作物生产技术(北方本)》的基础上,在对河南、河北、山东、辽宁、陕西、吉林等十余个省市和自治区中等农业职业学校的使用情况进行了广泛深入的调研之后,进行修订的。

"农作物生产技术"是种植类专业的核心专业课程之一。根据本书第一版使用情况的反馈,本书实用性较强,能够满足岗位需求;书中基本概念、基本原理表述较为正确,对各种作物生长发育现象和作物生产技术描述简洁明了,科学性强。但随着我国国民经济快速发展,对农产品种类和质量提出了新的要求,我国的农业产业结构也正在调整过程中,涉农新技术、新品种、新材料、新理念不断涌现,农业对就业者的知识、技能要求更高,也更注重其实际能力,因此,有必要对第一版进行修订。

第二版对教材局部章节和内容作了调整,加强了实际操作能力的培养。第二版特点有:

1. 提高了针对性 针对培养学生科学安排农作农时,合理利用土地,提高其经营意识的需要,将"种植制度"和"农作物生产环节"合为"耕作制度",加强了作物间套作生产等生产管理的内容。重视综合职业能力的培养,充分满足农作物生产一线人员的需求。

2. 突出了实践性 内容的选择以"必需""够用"为度,以能力形成为目的。除用1个项目篇幅讲述耕作制度外,其他项目均围绕一种作物展开,详细介绍了该作物的生长发育特点和产量形成,北方主播品种,播种、田间管理、采收贮藏等基本技术,体现了生产实践中的新技术、新知识,任务后的"随堂练习"帮助学生当堂巩固所学知识,"课后调查与作业"中的调查项目引导学生深入了解当地农作物生产及销售实际,并结合所学,向当地农民普及农业技术新知识。

3. 加强了趣味性 除教材内容更加贴近生产生活实际外,在任务后的"课后调查"和项目后的3~4个实验实训中设置了多项课外调查和田间调查等实践活动,在提高学生学习兴趣的同时,还教给了学生初步的调查研究方法,使学习内容鲜活具体,不再枯燥。

本教材共包括走进"农作物生产技术"课程和10个项目内容。其中走进"农作物生产技术"课程和项目1为作物生产的基础知识,各地学校通修。项目2至项目10是选修部分,共收编了我国北方各地普遍种植和有代表性的12种农作物,供各学校根据当地农作物生产实际需要选用。这12种农作物大致划分为两类,一类是我国北方种植相对普遍、比较重要的农作物8种,按"项目"编写,包括小麦、水稻、玉米、棉花、花生、大豆、甘薯和烟草;另一类是我国北方区域性种植的农作物4种,合并在最后一个项目里,按"任务"编写,包括马铃薯、甜菜、芝麻和谷子。

本课程总学时为120学时,各项目课时分配见下表(仅供参考):

课 程 内 容		学 时 数			
		合计	讲授	实训	机动
走进"农作物生产技术"课程		2	2		
项目1	耕作制度	10	4	6	
项目2	小麦生产技术	12	4	8	
项目3	水稻生产技术	12	4	8	
项目4	玉米生产技术	12	4	8	
项目5	棉花生产技术	10	4	6	
项目6	花生生产技术	10	4	6	
项目7	大豆生产技术	10	4	6	
项目8	甘薯生产技术	10	4	6	
项目9	烟草生产技术	12	4	8	
项目10	其他几种农作物的生产技术	10	4	6	
机 动		10			10
合 计		120	42	68	10

本书同时配套学习卡资源,按照本书最后一页"郑重声明"下方的使用说明进行操作,即可获得相关教学资源。

本书是中等职业学校种植类专业主干课程教材,也可作为五年制高职种植类专业教材,还可作为对口升高职的考试用书,以及乡镇干部现代农业技术培训教材和农村成人学校教材。

本次修订由马新明和郭国侠任主编,曹雯梅、王小纯任副主编。参编人员与分工如下:走进"农作物生产技术"课程、项目1由马新明编写,项目2、项目8由郭国侠编写,项目3、项目7由曹雯梅编写,项目4、项目5由郑秋道编写,项目6由杜红编写,项目9由王小纯编写,项目10由张银丁编写。马新明、郭国侠对全书做了最后的统稿、定稿工作。本书在修订过程中,得到了高等教育出版社、河南省职教教研室、河北经贸职业学院、河北省职教所、山东省教学研究室等单位的大力支持,同时,参阅了大量相关书籍和文献资料,为此,向上述单位和有关人员表示衷心的感谢!

    由于水平有限,对书中不当之处,恳请广大师生提出宝贵意见,以便再印时加以改正。读者反馈邮箱:zz.dzyj@ pub.hep.cn。

编　者

2021 年 3 月

第一版前言

本教材是根据教育部2001年颁布的中等职业学校(三年制)种植专业课程设置和农作物生产技术教学基本要求、紧密结合我国北方种植业生产实际和中等职业学校教学实际编写的。

本教材在注重基本理论的基础上,突出了技术性,加强了实用性,注意引进新技术,重视综合职业能力的培养。在文字上,力求做到深入浅出,通俗易懂,方便教学。在技术选择上,从生产实际需要出发,广泛吸收了先进实用的农业科技成果,更加重视农作物生产的新知识与新技术。在教学实践上,与每种农作物配套的实验实习数量都有明显增加,主要农作物配备一个教学实习,更加注重能力培养。本教材每章后都附"复习思考与训练",目的是使学生不但要巩固所学知识,更要养成思考问题的习惯,以加强专业技能的训练,由传统的巩固知识为主,转向巩固知识和培养能力并重。

本教材第1章至第3章为公共基础知识部分,各地学校通修。从第4章至第15章是选修部分,共收编了我国北方各地普遍种植和有代表性的12种农作物,供各学校根据当地种植的主要农作物和实际需要,灵活选择。这12种农作物大致划分为主要农作物7种,即小麦、玉米、水稻、棉花、花生、甘薯和烟草;一般农作物5种,即大豆、谷子、芝麻、马铃薯和甜菜。每种主要农作物原则上按18~22学时编写,其中,8~12学时安排实验实习;一般农作物安排10学时。理论教学总课时为60~70学时,实验实习38~50学时,机动学时约12学时,教学实习原则上安排在假期进行,按26学时计算。理论教学与实践教学的课时比例在1:1左右。按照教学基本要求,各地可有选择地学习4~6种农作物,其中主要农作物3~4种,一般农作物1~2种。我国北方地域辽阔,气候复杂,农作物种类繁多。对于本教材未收入的农作物,各地可根据实际需要,适当补充部分地方教材。

本教材由河南农业大学马新明和河南省职业教育教研室郭国侠两位同志任主编。由马新明、郭国侠、曹雯梅(河南省农业学校)、崔成平(陕西省榆林农业学校)、张喜田(吉林省农业学校)、宋家永(河南农业大学)同志共同编写。在送交全国中等职业教育教材审定委员会审定之前,特邀请河南农业大学李潮海、河南省农业学校宋志伟审阅全书。中国农科院气象研究所王顺清为本书提供了插图,谨在此表示谢意。

本教材已通过教育部全国中等职业教育教材审定委员会的审定,其责任主审为邹冬生,审稿人为周瑞庆、颜合洪，在此，谨向专家们表示衷心的感谢！

由于时间紧迫，加之水平有限，对书中不当之处，恳请广大师生提出宝贵意见，以便修订时加以改正。

编　者

2001 年 5 月

目 录

走进"农作物生产技术"课程 ·········· 1

  一、农作物 ···················· 1

  二、农作物生产技术 ·········· 3

  三、从事农作物生产的职业素养 ·· 4

回顾与小结 ···················· 5

复习与思考 ···················· 5

项目 1   耕作制度 ·············· 6

  任务 1.1   农作物布局 ·········· 6

  任务 1.2   复种 ················ 10

  任务 1.3   间作与套作 ·········· 13

  任务 1.4   轮作与连作 ·········· 18

  任务 1.5   土壤耕作技术 ········ 21

  实验实训 ···················· 24

  回顾与小结 ·················· 26

  复习与思考 ·················· 26

项目 2   小麦生产技术 ········ 27

  任务 2.1   小麦的生长发育 ······ 27

  任务 2.2   小麦的播前准备与播种

         技术 ·············· 30

  任务 2.3   小麦的前期管理技术 ····· 35

  任务 2.4   小麦的中期管理技术 ····· 40

  任务 2.5   小麦的后期管理技术 ····· 44

  实验实训 ···················· 48

  回顾与小结 ·················· 51

  复习与思考 ·················· 52

项目 3   水稻生产技术 ········ 53

  任务 3.1   水稻的生长发育 ······ 53

  任务 3.2   水稻育秧与移栽技术 ····· 57

  任务 3.3   返青分蘖期管理技术 ····· 65

  任务 3.4   拔节孕穗期管理技术 ····· 68

  任务 3.5   抽穗结实期管理技术和

         收获技术 ·········· 71

  实验实训 ···················· 73

  回顾与小结 ·················· 77

  复习与思考 ·················· 77

项目 4   玉米生产技术 ········ 78

  任务 4.1   玉米的生长发育 ······ 78

  任务 4.2   玉米的播种技术 ······ 80

  任务 4.3   玉米的苗期管理技术 ····· 87

  任务 4.4   玉米的穗期管理技术 ····· 90

  任务 4.5   玉米的花粒期管理技术 ··· 93

  任务 4.6   玉米倒伏、空秆和缺粒的

         防止技术 ·········· 95

  实验实训 ···················· 97

  回顾与小结 ·················· 100

  复习与思考 ·················· 100

项目 5   棉花生产技术 ········ 101

  任务 5.1   棉花的生长发育 ······ 101

  任务 5.2   棉花的播种技术 ······ 105

  任务 5.3   棉花的育苗移栽技术 ····· 109

  任务 5.4   棉花苗期的管理技术 ····· 111

  任务 5.5   棉花蕾期的管理技术 ····· 114

任务 5.6　棉花花铃期的管理
　　　　　技术 …………………… 117
任务 5.7　棉花吐絮期的管理
　　　　　技术 …………………… 119
任务 5.8　棉花的蕾铃脱落及防止
　　　　　技术 …………………… 123
实验实训 ……………………………… 125
回顾与小结 …………………………… 129
复习与思考 …………………………… 129

项目 6　花生生产技术 ……………… 130
任务 6.1　花生的生长发育 ………… 131
任务 6.2　花生的播种技术 ………… 136
任务 6.3　花生的田间管理技术 …… 140
实验实训 ……………………………… 144
回顾与小结 …………………………… 148
复习与思考 …………………………… 148

项目 7　大豆生产技术 ……………… 149
任务 7.1　大豆的生长发育 ………… 149
任务 7.2　大豆的播种技术 ………… 154
任务 7.3　大豆的田间管理技术 …… 159
实验实训 ……………………………… 163
回顾与小结 …………………………… 165
复习与思考 …………………………… 166

项目 8　甘薯生产技术 ……………… 167
任务 8.1　甘薯的生长发育 ………… 167

任务 8.2　甘薯的育苗技术 ………… 170
任务 8.3　甘薯的大田整地与栽插
　　　　　技术 …………………… 175
任务 8.4　甘薯的田间管理技术 …… 177
任务 8.5　甘薯的收获与贮藏 ……… 180
实验实训 ……………………………… 183
回顾与小结 …………………………… 186
复习与思考 …………………………… 186

项目 9　烟草生产技术 ……………… 187
任务 9.1　烟草的生长发育 ………… 187
任务 9.2　烟草的育苗技术 ………… 189
任务 9.3　烟草的大田生产技术 …… 194
任务 9.4　烟叶的采收与烘烤技术 … 198
实验实训 ……………………………… 203
回顾与小结 …………………………… 206
复习与思考 …………………………… 206

项目 10　其他几种农作物的生产技术 … 207
任务 10.1　马铃薯生产技术 ……… 207
任务 10.2　甜菜生产技术 ………… 214
任务 10.3　芝麻生产技术 ………… 220
任务 10.4　谷子生产技术 ………… 225
实验实训 ……………………………… 233
回顾与小结 …………………………… 235
复习与思考 …………………………… 235

参考文献 ……………………………… 236

走进"农作物生产技术"课程

学习目标

1. 知识目标　掌握农作物、农作物生产技术的概念,以及农作物的类型。
2. 技能目标　学会区分粮食作物与经济作物。

一、农作物

（一）农作物的概念

对农作物的概念通常存在两种认识,一种是狭义的,指具有经济价值,被人们种植在大田中的植物,即农田作物,也叫大田农作物,俗称"庄稼",包括"粮、棉、油、麻、糖、烟"等。随着种植业结构的调整,种植业内涵得以延伸,果、菜、花、饲料和药用作物等也进入了农作物种植的范畴,于是,人们认为农作物的广义概念是指凡具有经济价值而被人们栽培的植物。本课程所学习的农作物生产技术,主要指狭义的农作物生产技术,相关果、菜、花等生产技术,将有专门的课程讲述。

农作物来源于经过人工栽培的植物,而不经人工栽培、自生自灭的植物称为野生植物。两者的区别在于是否经过人工的驯化和栽培。栽培植物的种类并不是固定不变的,随着人类历史的进展,栽培植物的种类范围愈来愈广,农作物的种类和品种也愈来愈多。

（二）农作物的分类

农作物的种类很多,它们分属于植物学上不同的科、属、种。通常所用的分类法是按农作物的用途和植物学系统相结合来分类。按照这一方法,可将作物分成以下四大部分:

1. 粮食作物　包括禾谷类作物、豆类作物和薯类作物 3 个类别。

禾谷类作物　多数属禾本科,主要农作物有麦类(如小麦、大麦、燕麦、黑麦)、水稻、玉米、谷子、高粱、黍、稷等,蓼科的荞麦也属此类。

豆类作物　属豆科,主要农作物有大豆、豌豆、绿豆、小豆、蚕豆、小扁豆、鹰嘴豆、饭豆等。

薯类作物　属于植物学上不同的科、属。主要农作物有甘薯、马铃薯、木薯、豆薯、芋、菊芋、山药、蕉藕等。

2. 经济作物　包括纤维作物、油料作物、糖料作物、嗜好性作物和其他作物。

纤维作物　主要有棉花、大麻、亚麻、洋麻、黄麻、苎麻、蕉麻、菠萝麻等。

油料作物　主要有花生、油菜、芝麻、向日葵、蓖麻、苏子、红花等。大豆有时也归于此类。

糖料作物　主要有甘蔗和甜菜,此外还有甜叶菊、芦粟等。

嗜好性作物　主要有烟草、茶叶、薄荷、咖啡、啤酒花、可可等,此外还有挥发性油料作物,如香茅草等。

其他作物　主要有桑、橡胶、席草、芦苇等。

3. 饲料和绿肥作物　包括旱生的豆科、禾本科饲料、绿肥作物及水生型饲料、绿肥作物。

豆科　主要有苜蓿、苕子、紫云英、草木樨、田菁、柽麻、三叶草、沙打旺等。

禾本科饲料、绿肥作物　主要有苏丹草、黑麦草、雀麦草等。

水生型饲料、绿肥作物　主要有红萍、水葫芦、水浮莲、水花生等。这类作物常常既可作饲料,又可作绿肥。

4. 药用作物　主要有三七、天麻、人参、黄连、枸杞、白术、白芍、半夏、红花、百合、何首乌、五味子等。

上述分类中有些农作物可能有几种用途,例如大豆,既可食用,又可榨油;玉米既可食用,又可作青贮饲料;马铃薯既可作粮食,又可作蔬菜;红花的花是药材,其种子是油料。因此,农作物的这种分类不是唯一的,同一种农作物,常常根据农作物生产的需要有时被划到这一类,有时又被划到另一类。严格的分类应以植物学分类为准。

此外,还可根据农作物生长环境和栽培条件不同分类。如:

(1)根据农作物对温度条件的要求,可把农作物分为喜温作物和喜凉作物。喜温作物有玉米、水稻、高粱、谷子、棉花、花生等;喜凉作物有小麦、大麦、黑麦、马铃薯、豌豆、油菜等。

(2)根据农作物对光周期的反应,可把农作物分为长日照作物、短日照作物、中性作物和定日照作物。长日照作物有麦类和油菜;短日照作物有水稻、玉米、大豆、棉花、烟草等。中性作物有荞麦等。定日照作物主要是指甘蔗的某些品种,只能在 12 小时 45 分的日照长度下才能开花,长于或短于这个日照都不能开花。

(3)根据农作物对 CO_2 同化途径的不同,可把农作物分为三碳(C_3)作物和四碳(C_4)作物。C_3 农作物有水稻、小麦、棉花、烟草等;C_4 作物有玉米、高粱、谷子、甘蔗等。

(4)根据农作物播种期不同,可把农作物分为春播作物、夏播作物和秋播作物及南方的冬播作物。

(5)按种植密度和田间管理方式不同,可把农作物分为密植作物和中耕作物等。

二、农作物生产技术

（一）农作物生产技术的概念

农作物生产技术是指根据农作物生长发育规律及农产品食用安全规范,采取各种人工措施,如土壤耕作、合理密植、施肥、灌排水、防治病虫害等田间管理技术,以及科学的收获与贮藏技术,以获得高产、优质的农产品,满足市场的需要。

（二）农作物生产的特点

（1）农作物生产的对象是活的生物体,故农作物生产具有不确定性,这与工业生产截然不同。

（2）农作物生产是关于初级农产品的生产技术。农作物生产实质是通过农作物的光合作用,将太阳能转化为化学能、将无机物转化为有机物的过程,是其他生产部门（如饲料业、养殖业、纺织业、榨油业、制糖业、酿造业、制烟业、食品业等）发展的基础性产业。

（3）农作物生产的空间与场所大多是露天的农田,其所涉及的环境在很大程度上受自然环境的影响,人类不易控制。目前虽然已有温室栽培、塑料大棚栽培、地膜栽培等设施栽培,但因其经营成本增大,故在较长时间内还不可能改变农作物露天生产这一特性。

（4）农作物生产技术是一门直接服务于农作物生产的综合性应用技术。它涉及植物生产与环境、农业生物技术、植物保护技术等多门学科的研究成果。

（三）农作物生产的重要性

（1）农作物生产是国民经济的基础。人类的生存与发展,首先必须解决吃、穿、住等一系列生存与生活的基本问题,然后才能从事生产活动和社会活动。同时,农作物生产为工业、特别是轻工业提供了原料。例如,棉、麻是纺织工业的主要原料,油料是油脂工业的主要原料,甘蔗与甜菜是制糖工业的主要原料,烟草是卷烟工业的原料来源等。农产品在满足了人们生活需要外,一部分还可以出口,为现代化建设积累资金。此外,农作物生产还为养殖业提供精、粗饲料,直接关系到肉、乳、蛋的生产和供应。由此可见,农业是一切社会活动和生产发展的基础。

（2）农作物生产涉及社会稳定和粮食安全。农作物生产的发展状况,直接影响到整个国民经济的稳定与发展,关系到我国农村的社会稳定和 13 亿人口大国的粮食安全。因此,我们必须要从政治的高度来认识农作物生产。在今后一个历史阶段中,应促进农作物的规模生产,加强新技术的推广,以提高农业的比较效益。在稳定和提高粮食总产的前提下,发展高效益农作物生产是稳定农村社会秩序,促进农村经济再上新台阶的重要标志。所以,在全国上下牢固确立和长期坚持农作物生产是国民经济基础的指导思想,具有重要的战略意义和长远的历史意义。

（四）我国农作物生产概况

我国水稻种植面积较大的省份是湖南、江苏、黑龙江等,单产较高的是宁夏、吉林、辽宁等。小麦种植面积较大的是河南、山东、河北,单产较高的是西藏、北京、山东等。玉米种植面积较大的是山东、吉林、河北、黑龙江,单产较高的是青海、吉林、上海等。豆类农作物种植面积较大的是黑龙江、内蒙古、河南等,单产较高的是西藏、上海、江苏等。棉花种植较大的是新疆、山东、河南,单产较高的是内蒙古、甘肃、新疆等。2003 年全国几种主要农作物的播种面积和产量见表 0-1。

我国主要农作物——水稻、小麦、玉米、棉花、大豆等的生产与世界各主产国相比,问题最大的是单产偏低,全国各地主要农作物的单产之间差距也很大,可见,加强作物品种改良,不断提高作物单位面积产量,是农作物生产技术的研究目标和发展方向。

表 0-1　2003 年我国主要农作物播种面积和产量

农作物	播种面积/$\times 10^3 hm^2$	总产量	每公顷产量/kg
水稻/万 t	26 507.90	16 065.50	6 061
小麦/万 t	21 997.10	8 648.80	3 932
玉米/万 t	24 068.20	11 583.00	4 813
大豆/万 t	9 312.80	1 539.40	1 653
薯类/万 t	9 701.60	3 513.10	3 621
棉花/t	5 110.60	4 859 709	950.9
烟草/t	1 139.40	2 014 760	1 768.3
花生/t	5 056.70	13 419 860	2 653.9

(以上资料来自中华人民共和国农业农村部网)

三、从事农作物生产的职业素养

(一)要关注、领会国家有关农作物生产的方针政策

农作物生产直接服务于国民经济的发展,我国每年都有相关的农业新政策出台,对农作物生产与农业发展发挥着重要的指导作用。关注、领会这些方针政策,对正确运用农作物生产技术的理论知识,指导农作物生产具有重要的意义。

(二)以辩证唯物主义的观点和方法指导生产

农作物是活的有机体,会在一定的时间和空间内发生变化,因此,研究农作物的生长发育必须与环境条件相结合。要注意农作物生产的地域性、季节性和条件性,同一农作物在不同地域栽培,其生育进程和表现是不完全相同的。因此,在变更品种或革新某项技术时,我们要从实际情况出发,通过试验和示范证明切实可行,再大面积推广。在农作物生产过程中,要树立辩证唯物主义的观点,利用辩证的方法,实现因地制宜,因土种植,这样才能实现农作物的高产、稳产、优质、高效。

(三)坚持严谨的科学态度和理论联系实际、实事求是的作风

农作物生产是一门以实践性为主的农事活动。因此,学习农作物生产技术,一方面要认真学习理论知识,了解不同农作物的特征特性、发育规律及对环境条件的要求;另一方面必须做到理论联系实际,根据农作物生长季节,及时深入生产实际,参与生产实践,开展调查研究,并运用所学知识,在实践中培养自己发现问题、分析问题和解决问题的能力。

(四)掌握多学科相关知识,不断加强农作物现代生产技术与传统生产技术的结合

农作物生产技术是一门综合性较强的技术,它以多种学科知识为基础,其生产技术不断由传统技术向现代生产技术过渡,如保护地生产技术、设施农艺技术、化学调控技术、农业信息技术等的应用,要求我们学好文化课和专业基础课程,夯实基础,才能在生产实践中灵活运用,从而掌握现代农业技术。

[随堂练习]

请解释:农作物、农作物生产技术。

[回顾与小结]

在"绪论"里,我们学习了农作物、农作物生产技术等相关概念和基础知识,学习了农作物生产技术课程的学习方法,学习了解了新中国粮食生产发展的五个阶段。其中需要重点掌握的是农作物、农作物生产技术的概念,以及学习这门课程的方法。

[复习与思考]

1. 通常农作物的分类方法有几种? 如何分类?
2. 试述农作物生产的特点及其重要性。

项目 *1*

耕作制度

学习目标

1. 知识目标 了解耕作制度、种植制度、养地制度,单作、间作、套作、轮作、连作,少耕和免耕等概念。掌握农作物布局的概念原则,复种及相关概念、复种的条件与增产的原因,土壤耕作的作用及技术。

2. 技能目标 农作物布局、复种、间套作、轮作、连作、基本耕作技术以及表土耕作技术。

耕作制度是指一个地区或生产单位的农作物种植制度及与之相适应的养地制度的综合技术体系,包括种植制度和养地制度两部分。其中,种植制度是中心,养地制度是基础。耕作制度具有较强的综合性、地区性、多目标性,因而它在生产上所起的作用更大。

种植制度是指一个地区或生产单位的农作物组成、配置、熟制与种植方式的总称。包括种什么农作物,种多少,种在哪里,即农作物如何布局问题;农作物在耕地上一年种一茬还是种几茬,哪个生长季节种,即复种或休闲问题;种植农作物时,采用什么样的种植方式,即单作、间作、混作、套作或移栽的问题;不同生长季节或不同年份农作物的种植顺序如何安排,即轮作或连作问题。

养地制度是指与种植制度相适应的以提高土地生产力为中心的一系列技术措施。

任务 1.1 农作物布局

一、农作物布局的概念

农作物布局是指在某一种植区域(田地)上,对欲种植农作物的种类、品种及种植面积所做的安排。

农作物布局的范围大小没有严格的界限,可以大到对国家、省、地区或县的区域进行布局,也可以小到对一个农场或农户的地块进行布局;在时间上,可以长到 5 年、10 年或 20 年,也可以短到一年或一个生产季节的农作物安排。这里提到的"农作物"是一个广义的概念,除包括粮食作物、经济作物、饲料绿肥作物外,还包括蔬菜和牧草等。另外,农作物布局既可以指农作物类型的布局,也可以指农作物品种的布局,在多熟区还包括农作物不同熟制组合的布局。

二、农作物布局的原则

(一)需求原则

需求原则包括自给性的需求、市场需求和国家或地方政府的需求。例如,一些主要农作物特定时期的需求如下:

1. 食物 1998 年我国人均占有粮食 400 kg,棉花 3.6 kg,食用植物油 19.6 kg,肉类 45 kg,奶类 5.4 kg,蛋类 17.3 kg,鱼 29.3 kg,食糖 78.8 kg,水果 41.4 kg,蔬菜 321 kg。

2. 口粮 根据中国医学科学院调查,我国城乡人均口粮(原粮)为 250 kg。

3. 肉类 1994 年我国人均占有肉量 12.63 kg,消耗精饲料(包括饲料粮、糠、饼类)约 115 kg。

4. 工业用粮 20 世纪 80 年代,我国工业用粮人均为 25 kg。此后,这个比例已大幅度增加。

(二)生态适应性原则

生态适应性是指在一定地区农作物的生物学特性与自然生态条件相适应的程度。一种农作物(或品种)只能在一定的环境条件下生长繁殖。如苹果一般分布在温带,柑橘则分布在亚热带;棉花多分布在温暖光照充足之处,热带不生长马铃薯、青稞、亚麻。农作物的生态适应性有宽有窄,适应性较广的农作物分布较广,如小麦适应性很广,热带、亚热带、温带都可种植,而油棕、椰子只适应在多雨的热带种植。能够存在并不意味着适应性是最优的,虽然小麦在我国各地都有种植,但最适区是青藏高原与黄淮海平原,华南虽有小麦,但产量低,品质差。

根据农作物的生态适应性,农作物可划分为 4 个生态经济区,即最适宜区、适宜区、次适宜区和不适宜区。

生态适应性原则要求在进行农作物布局设计时,首先要因地制宜,因土种植,这样可以收到节约成本、增产增效的目的。如在沙地上种小麦,每亩只产 150 kg 左右,而改种花生,则每亩产量达到 300 kg 以上。其次要趋利避害,发挥优势。如山区坡地种植大田农作物往往得不偿失,但植树种草却是一个优势。

(三)经济效益与可行性原则

讲求经济效益是进行农作物合理布局的主要目标之一。这就要根据生产成本和农产品价格来安排种植种类、品种和种植面积,以求单位土地面积上的最大收益。不讲经济效益的农业生产是难以进行的。

三、农作物布局的内容

(一)明确对农产品的各种需要

首先应根据生活经验和家庭人口、经济变化预测家庭的自给性需要,同时还要了解市场价格、对外贸易、交通运输、加工、贮藏及农村政策等,以了解农产品的商品性需求。

(二)查清农作物生产的环境条件

查清热量条件、水分条件、光照条件、地形地貌、土地等自然条件,还要查清当地的施肥、灌溉、劳力价格、市场行情及当时当地农业政策等社会经济条件。

(三)确定适宜的农作物种类

通过明确农产品需要和当地农作物生产环境,选择在本地适应性很好或较好的农作物若干种类。对于一个地区或生产单位来说,农作物种类不宜过于单一,以免增加农作物生产的风险。

(四)确定合理的农作物配置

在确定农作物种类的基础上,进一步平衡本地区或本单位农作物生产的总体目标和规模,如考虑粮食作物与经济作物、饲料作物的比例,春夏收作物与秋收作物的比例,主导作物与辅助作物的比例,以及粮食作物中禾谷类作物与豆类作物的比例,等等。

当前,我国农作物布局开始从指令性布局模式向自主式布局模式转化,为此,要正确处理政府引导和发挥市场机制作用的关系。县、乡镇政府要尊重农民的意愿和生产经营自主权,积极引导、保护农民的生产积极性,不可用长官意志,强迫农民种植单一的指定农作物。

(五)进行可行性鉴定

对面积较大的农作物布局,应进行可行性鉴定。鉴定内容包括:是否满足各方面需要;自然资源是否得到了合理利用和保护;经济效益是否合理;土壤肥力、肥料、水、资金、劳力是否基本平衡;加工储藏、市场、贸易交通等是否合理可行;科学技术、生产者素质能否达到要求;是否促进了农林牧、农工商的综合发展。

(六)保证生产资料供应

如果鉴定结果表明方案切实可行,那么农作物布局的过程就已完成。但是,为了确保农作物布局的真正落实和达到预期的效果,还有必要根据农作物布局情况,预算所需的种子、化肥、农药及其他生产资料,以便早做准备。

四、农作物布局与种植业结构调整

当前,我国农业已进入一个新的发展阶段,加快种植业结构的调整,促进农业生产结构和农村产业结构的调整,已成为实施农作物布局的新要求。

(一)粮食生产立足于"总量平衡,区域优先发展"

要实现总量平衡,首先要做到区域基本自给。目前,在粮食作物的布局中,为保证总量平衡,要实施"提高东部,开发西部,主攻中部"的区域发展战略。即东部地区要稳定粮食作物生产面积,提高单产和品质,增加总产;西部地区要努力创造条件,逐步扩大粮食种植面积,提高粮食自给率;中部地区要注重调整,优化质量、结构,加大投入,建设优质商品粮基地。

(二)努力推进经济作物区域化种植

首先,在保证粮食生产稳定增长的前提下,适当增加经济作物的种植面积,提高经济作物产值在种植业总产值中的比例。其次,经济作物要向生态条件适宜,土地资源比较丰富,生产基础和技术基础比较好,农田环境容易改造,投资少、见效快的地区集中。最后,要尽可能在较大面积上连片种植,形成规模,以利降低成本,采用先进技术和先进的管理,方便组织加工运销,逐步向区域化、专业化方向发展。

(三)逐步实现由粮食作物—经济作物二元结构向粮食作物—经济作物—饲料作物三元结构的转变,实现饲料作物生产的独立化

在种植业结构调整过程中,应把粮饲分开,使饲料作物作为独立的生产单元,进而实现种植业粮—经—饲三元优化结构。这就要求在确保满足城乡居民的口粮需求和工业原料粮、种子粮需求的同时,根据畜牧、水产业发展对饲料的需求,有计划地减少粮用农作物的种植比例,充分利用不适宜粮作的土地,增加饲用作物的种植比例,不断开辟新的饲料源,优化饲料作物生产结构。

［随堂练习］

1. 什么是农作物布局?
2. 农作物布局的原则是什么?
3. 农作物布局的内容有哪些?
4. 农作物布局与种植结构调整的关系怎样?

［课后调查及作业］

了解自己家庭、本村、本乡或近郊区的农作物布局情况,制成表格,并分析其优缺点。

任务 1.2　复种

一、复种及其相关概念

（一）复种

复种是指在同一田地上一年内接连种植两季或两季以上的农作物的种植方式。复种有接茬复种、移栽复种、套作复种和再生复种 4 种形式。

接茬复种　指在同一块田地上，一年内前茬作物单作收获后，播种下茬作物的种植方式。如小麦收获后种植夏玉米或夏大豆。

移栽复种　指在同一块田地上，一年内前茬作物单作收获后，移栽下茬作物的种植方式。如大蒜收获后移栽棉花或西瓜（甜瓜）苗的种植方式。

套作复种　指在同一块田地上，一年内在前茬作物的行间套种或套栽下茬作物的种植方式。如小麦套种玉米、小麦套栽棉花的种植方式。

再生复种　单指水稻与再生稻形成的复种形式。

耕地复种程度的高低，通常用复种指数来表示，即全年总收获面积占耕地面积的百分比。公式为：

$$复种指数 = \frac{年农作物总收获面积}{耕地面积} \times 100\%$$

公式中"年农作物总收获面积"包括绿肥、青饲料作物的收获面积。用上式也可以计算粮田的复种指数，及某种类型耕地的复种指数。国际上通常用种植指数表示用地程度的高低，其含义与复种指数相同。

（二）熟制

熟制是我国对耕地利用程度的另一种表示方法，它以年为单位表示收获农作物的季数。如一年两熟是指一年内收获两季农作物，如冬小麦—夏玉米，用符号"—"表示年内复种；两年三熟是指两年内收获三季农作物，如春玉米→冬小麦—夏甘薯，用符号"→"表示年间复种。其中对一块田地上收获一次以上的熟制，称为多熟制。

（三）休闲

休闲是指耕地在可种农作物的季节只耕不种或不耕不种。它是一种恢复地力的技术措施，包括全年休闲和季节休闲两种。

复种是我国农业增产的重要途径。当前全国复种的面积达 0.47 亿多公顷。今后，仍有一定潜力，但南方潜力大，华北潜力小，到 2010 年，全国的复种指数估算为 166% 左右。

二、复种的条件

（一）热量条件

热量是决定能否复种的首要条件。复种的热量指标包括积温、生长期和界限温度。

1. 积温　≥10℃积温在 2 500~3 600℃之间，只能复种早熟青饲农作物，或套种早熟农作物；在 3 600~4 000℃之间，则可一年两熟，但要选择生育期短的早熟农作物或者采用套种或移栽的方法；在 4 000~5 000℃之间，可进行多种农作物的一年两熟种植；5 000~6 500℃之间，可一年三熟；>6 500℃，可三熟至四熟。

2. 生长期　≥10℃的日数少于 180 天的地区多为一年一熟，复种极少；在 180~250 天，可以一年两熟；250 天以上的可以一年三熟。

3. 界限温度　指农作物各生育时期的起点温度、生育关键时期的下限温度及农作物停止生长的温度等。如冬季最低平均气温−20~−22℃是冬小麦种植的北界线；夏天要播种喜温农作物，最热月平均温度 18℃是豆科农作物分布的下限温度。

（二）水分条件

在热量条件能满足复种的地区能否实行复种，还要看水分条件。水分条件包括降水量、降水分配规律、地上地下水资源、蒸腾量、农田灌溉设施等。

从降水量看，我国一般年降水量达 600 mm 的地区，相应的热量可实行一年两熟，但水分不能满足两熟要求，复种时需要进行灌溉。年降水量大于 800 mm 的地区，可以实现稻麦两熟。年降水量小于 800 mm 的地区，有灌溉条件时，可以进行稻麦两熟。种植双季稻和实行三熟制，则要求降水量大于 1 000 mm。降雨的季节性分配往往影响到复种的农作物组成，春旱、伏旱、秋雨地区，则双季稻种植比例要小，冬作物种植比例增大。

（三）地力与肥料条件

在光、热、水条件具备的情况下，地力不足、肥料少时，复种的效果不好；地力高、肥料充足时，复种效果就好。

（四）劳畜力、机械化条件

复种主要是从时间上充分利用光热和地力，需要在农作物收获、播种的大忙季节，能在短时间内及时、保质保量地完成上季农作物收获、下季农作物播种以及田间管理工作。一般情况下，人均耕地 1.5 亩以下的地区，复种程度高，复种效果好，复种指数可达 180% 以上；人均耕地 2 亩左右，复种指数较低，一般在 150%~160%；人均耕地 3 亩及以上地区，很少有复种。

（五）经济效益

复种是一种集约化的种植，高投入，高产出，所以经济效益也是决定能否复种的重要因素。只有产量高、经济效益好时，才有必要复种。

三、复种技术

（一）选择适宜的农作物组合和品种

熟制确定后,选择适宜的农作物组合,有利于解决复种与所需热量和水、肥条件的矛盾。一年两熟区,当热量资源紧张时,选用生长期较短的农作物比较稳产,如选用谷子与小麦组合,就比小麦—玉米复种稳产。在有短期休闲的地区,可视地力情况种植短期填闲农作物,增种一季农作物。如在西北的小麦产区,麦后有 70~100 天的夏闲,可以种植早熟玉米、饲料或蔬菜等。

（二）套作和育苗移栽

套作和育苗移栽是我国北方提高复种指数,解决前、后茬农作物季节矛盾的一种有效方法。比较普遍采用的是冬作物行间套种各种粮食和经济作物,水稻套种绿肥或其他粮食作物等。在劳力充足、水利条件较好的地区,采用在育苗田育苗后移栽至大田,缩短大田生长期也是有效的途径。

（三）抢时播种,早发早熟

前作及时收获,后作及时播种,减少农耗期,有利于后作早发;地膜覆盖可使迟播小麦早发增产,早熟 7~10 天;喷施催熟剂,重视施用底肥,避免后期重施化肥等,也是促进早发早熟、防止晚熟的技术措施。

四、我国北方主要的复种方式

（一）两年三熟

主要分布于暖温带北部一季有余、两季不足的地区,≥10℃、积温 3 000~3 500℃ 的地区。主要形式为:春玉米→冬小麦—夏大豆;春玉米→冬小麦—夏甘薯;冬小麦—夏大豆(或绿豆、芝麻)→冬小麦—夏闲。

（二）一年两熟

主要分布于我国北方≥10℃、积温在 3 500~4 500℃ 的旱作农区。两熟复种的主要形式为:小麦玉米两熟、小麦大豆两熟、小麦棉花两熟、小麦花生两熟等。

1. 小麦玉米两熟　这是面积最大的一种复种形式,集中分布于黄淮海平原地区。实现小麦玉米一体化种植的高产高效技术措施为:①小麦迟播,玉米早播;②品种搭配好,小麦选用高产优质、早熟耐迟播的品种,玉米选用紧凑型品种;③适当增加玉米密度;④增加施肥量,小麦重施有机肥;⑤合理增加灌溉量。

2. 小麦大豆两熟　这种复种方式能适应比小麦玉米热量略低的气候,还适于地力较低、施肥较少、耕作粗放的地区种植。

3. 小麦棉花两熟　麦棉两熟制占全国棉田的 60%。由于棉花生育期较长,需要积温较多,所以麦棉两熟制一般采用套作方式,有时也可直播夏棉或小麦后移栽。

4. 小麦花生两熟　我国花生主产区山东、河南、河北等地,多采用麦田套种花生或麦茬复种花生。

5. 冬作物与水稻两熟　冬作物有小麦、大麦、油菜等,以麦稻两熟为代表。在我国北方发展稻麦两熟时,应特别注意选择生长期较短的小麦和水稻品种。有的地方在种植小麦时,要采取撒播的方式,以便争取时间。

[随堂练习]

1. 什么叫复种? 什么叫熟制?

2. 复种的作用有哪些?

3. 实现复种的条件是什么?

4. 复种都有哪些重要技术?

[课后调查及作业]

通过查阅当地气象资料或询问当地农技部门,获得以下数据:当地 ≥10℃ 积温、年降水量、人均耕地面积。分析以上数据,得出适宜的农作物组合种类及品种,并与上次的课后调查作一对比,对调整当地农作物熟制提出你的合理化建议。

任务 1.3　间作与套作

一、间作与套作的概念与作用

(一) 间作与套作的概念

间作与套作是相对于单作而言的。

1. 单作　单作是在同一块田地上种植一种农作物的种植方式。这种种植方式农作物品种单一,全田农作物对环境条件要求一致,生育期比较一致,便于田间统一种植、管理与机械化作业。

2. 间作　间作是在同一田地上于同一生长期内,分行或分带相间种植两种或两种以上农作物的种植方式,用"‖"表示。间作时,不论间作的农作物有几种,皆不增计复种面积。间作农作物的播种期、收获期可相同也可不同。间作是集约利用空间的种植方式。

3. 套作　套作是在前季农作物生长后期的株行间播种或移栽后季农作物的种植方式,又称为套种,用"/"表示。如小麦后期每隔 3~4 行播种一行玉米。套作是一种集约利用空间和时间的种植方式。

间作与套作都有农作物共生期,不同的是,间作农作物的共生期超过了其全生育期的一半,套作农作物共生期较短。图 1-1 给出了田间农作物不同种植方式示意图。

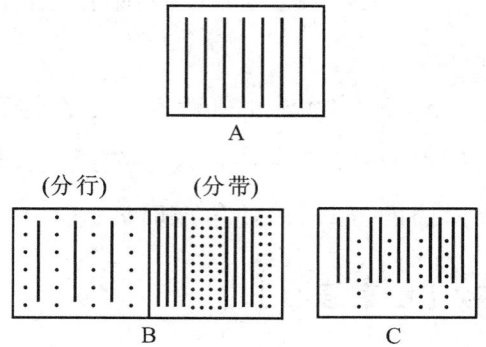

图 1-1　农作物种植方式示意
A. 单作;B. 间作;C. 套作

（二）间作与套作的作用

1. 增产　实践证明,合理的间套作比单作具有增产作用。近年来,我国耕地面积不断减少,而粮、棉、油、菜等农作物产量不断增长,同时,"双千田""吨粮田",以及"吨粮、千元田"不断涌现,这些均与间套作的示范推广密切相关。

2. 增效　合理的间套作能够以较少的投入换取较多的经济收入。在黄淮海大面积的麦棉两熟区,一般每亩纯收益比单作棉田提高 15% 左右,如棉花与瓜、菜、油间套作,有的比单作棉田收入多 2~3 倍。有些高效模式,除了每亩生产 1 000 kg 粮食外,还增加收入达 2 000 元以上。

3. 稳产保收　合理的间套作能够利用农作物的不同特性,增强对灾害天气的抗逆能力,达到稳产保收。如玉米与谷子间作,干旱年份由谷子保收,湿润年份可发挥玉米的增产作用,达到玉米、谷子双增收。另外,玉米与大白菜间作能减轻大白菜的病虫害,具有稳产保收的功能。

4. 协调农作物争地的矛盾　间套作是对土地的集约利用,在一定程度上可以调节粮食作物与棉、油、烟、菜、药、绿肥、饲料等大田农作物及果林之间对温、光、水、肥等环境因素的需求矛盾。

二、间作与套作的技术要点

（一）选配合理的农作物与品种

为了充分发挥间套作增产增效的作用,首先要做到选配的农作物或农作物品种合理,在选配农作物及品种时,应坚持如下三条原则。

1. 生态适应性大同小异　在农作物共处期间,选择的各种农作物对大范围的环境条件的适应性要大体相同。如水稻生长需水量大,而花生、甘薯却不能在水浸环境中生长,它们对水分条件的要求不同,就不能间套作。在生态适应性大体相同的前提下,选配的农作物对农田小气候的要求要略有差异。譬如小麦与豌豆对于氮素;玉米与甘薯对于磷、钾肥;棉花与生姜对于光照等的需求程度均不相同,它们种在一起可以趋利避害,增产增收。

2. 特征特性对应互补　即间套作的农作物在形态特征和生育特性上相互适应,以利于互补地利用环境资源。例如,植株高度要高低搭配,株型要紧凑与松散对应,根系要深浅疏密结合,生长期要长短前后交错,喜光与耐阴结合等。广大农民群众形象地把这种结合总结为:"一高一矮,一胖一瘦,一圆一尖,一深一浅,一长一短,一早一晚。"

当农作物确定以后,在品种选择上还要注意互相适应。间(混)作时,矮秆农作物要选择耐阴性强、适当早熟的品种。如玉米和大豆间作,大豆宜选用分枝少或不分枝的亚有限结荚习性的早熟品种;玉米要选择株型紧凑,株矮,叶片较窄而上冲,果穗以上叶片分布较稀疏,抗倒伏的品种。套作时,一方面要考虑尽量减少上茬同下茬农作物之间的矛盾,另一方面还要尽可能发挥套种农作物的增产作用,不影响其正常播种。如麦田套种,小麦应选用株矮、抗倒伏、叶片较窄短、较直立的早(中)熟品种。麦田套种的下茬农作物品种应采用中熟或中晚熟的品种。

3. 经济效益高于单作 间套作选择的农作物是否合适,在增产的情况下,还要看其经济效益比单作是高还是低。经济效益高的组合才能在生产中大面积推广和应用。

(二)建立合理的田间配置

农作物群体在田间的组合、空间分布及其相互关系构成农作物的田间结构。间套作的田间配置主要包括各种农作物的种植密度、幅宽、间距、带宽等。

1. 种植密度 种植密度是指农作物间的距离。农作物左右间的距离称行距,前后间的距离称株距。间套作的农作物种类及生长环境不同,其密度也不尽相同。种植密度的安排是实现间套作增产增效的关键技术。一般情况下,间套作中,植株高的农作物,即高位农作物,其种植密度要高于单作,以充分利用改善了的通风透光条件,发挥种植密度的增产潜力,最大限度地提高产量。植株矮的农作物,即矮位农作物,其种植密度较单作略低一些或与单作时相同。实际运用中,各种农作物种植密度还要结合生产目的、土壤肥力等条件具体考虑。当农作物有主次之分时,一般是主农作物(高的或矮的农作物)的种植密度和田间结构不变,以基本上不影响主农作物的产量为原则;副农作物的多少根据水肥条件而定,水肥条件好,可密一些;反之,就稀一些。

间套作时,各种农作物的行数用行比表示,即各农作物实际行数的比,如两行玉米间作两行大豆,行比为 2∶2。间作农作物的行数,要根据计划农作物产量和边际效应来确定。边际效应是指间套作复合群体中,由于作物边行与内行环境条件的差异,表现出来的植株个体的差异。一般来说,高秆作物表现为边际优势,矮秆作物表现为边际劣势;高位农作物不可多于而矮位农作物不可少于边际效应所影响行数的 2 倍。如棉薯间作时,棉花的边行优势为 1~4 行,甘薯的边行劣势为 1~3 行,那么棉花的行数不应超过 8 行,甘薯的行数不应少于 6 行。高矮秆农作物间套作,高秆农作物的行数要少,幅宽要窄,而矮位农作物的行数要多,幅宽要宽。套作时,下茬农作物的行数仍与农作物的主次密切相关。如小麦套种棉花,以春棉为主时,应按棉花丰产需要,确定平均行距,插入小麦;以小麦为主兼顾夏棉时,小麦应按丰产需要正常播种,麦收前晚套夏棉。

2. **幅宽**　幅宽是指间套作中每种农作物的两个边行相距的宽度,如图 1-2。

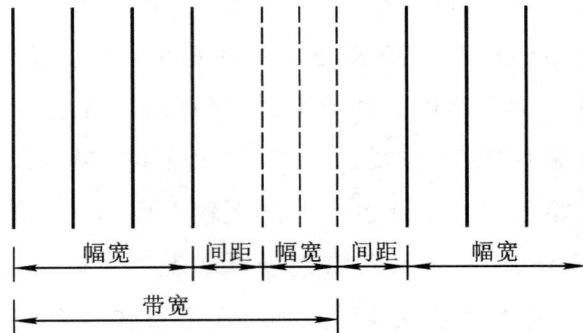

图 1-2　农作物幅宽、间距、带宽示意

3. **间距**　间距是相邻两种农作物间的距离,是间套作物边行争夺养分、水分最激烈的地方。间距过大,减少了农作物行数,浪费土地;过小,则水肥供应不足,影响作物长势。具体确定时,可根据两种农作物单作时行距一半之和进行调整。水肥和光照充足时,可适当窄些。相反,则可宽些,以保证农作物的正常生长。生产中,间距一般都偏小,不宜过大。

4. **带宽**　带宽是间套作各种农作物顺序种植一遍所占地面的宽度,包括了间距和幅宽。带宽是间套作的基本单元,不宜过宽也不宜过窄。带宽的调整取决于农作物品种特性、土壤肥力和农机具。高位农作物占种植计划的比例大而矮秆农作物又不耐阴,两农作物都需要大的幅宽时,采取宽带种植;高位农作物比例小,且矮秆农作物又耐阴时,采用窄带种植。株型高大的农作物品种或土壤肥力高时,行距和间距都大,带宽应加宽;反之,缩小。此外,机械化水平高的地区一般采用宽带种植。中型机具作业,带宽要宽,小型机具作业带宽可窄些。

（三）农作物生长发育调控

（1）适时播种,保证全苗,促进早发。间套作秋播农作物时,如果前作成熟过晚,则要采取促早熟措施,不得已晚播时,要适当加大播种量,以保证产量;春播农作物可采取育苗移栽或地膜覆盖,做到保全苗,促早发;夏播农作物生长期短,播种期越早越好,并注意保持土壤墒情,防治地下害虫,保证全苗。

（2）加强水肥管理。在共生期间要早间苗、早补苗、早中耕除草,早追肥,早治虫。前茬农作物收获后,及时追肥,并根据作物生长需要调控水量,以补足共处期间水肥的缺失,保证后收作物的产量和质量。

（3）应用化学调控技术。应用化学调控技术可控制高层农作物生长,促进低层农作物生长,协调各种农作物的正常发育。

（4）及时采取综合措施防治病虫害。

（5）早熟早收。

三、间作与套作的主要类型

（一）主要间作类型

1. 玉米大豆间作　玉米为禾本科,须根系,植株高大,叶窄长,需氮肥多;大豆属豆科,直根系,株矮,叶小而平展,需磷、钾多,所以两者组合可互补,增产增收效益好。

田间结构的配置:以玉米为主时,玉米的密度不减少,增种大豆,玉米大豆行比为(2~6):(2~3),玉米的行距 40 cm 左右,株距 13~20 cm;大豆行距与单作相同。玉米与大豆的间距一般为 33~50 cm。

2. 玉米甘薯间作　以甘薯为主时,按甘薯单作的行株距每隔 2~4 行间作 1 行玉米,如要多收玉米,可按 4:2 或 6:2 的行比。带宽约 3 m,甘薯宽行距 83 cm,窄行距 50 cm;玉米株距 17 cm。玉米与甘薯的间距约 40 cm。

3. 棉瓜间作　在水肥条件较好的棉田,为提高经济效益,多间作瓜菜。棉花宽窄行种植,密度与单作相同,在宽行内栽植早熟西瓜,西瓜可用塑膜、拱棚覆盖。

4. 果、粮、菜间作　北方地区于苹果、梨、桃等幼树下,间作豆、薯、花生、蔬菜等矮生农作物;平原农区以粮经作物为主,间作果树,如粮枣间作、粮桑间作等。

（二）主要套作类型

1. 小麦玉米套作　包括两种形式:一是窄背晚套(三密一稀),主要在 ≥10℃ 积温 4 100℃以上,复种玉米热量仍较紧张或两熟热量不足,为保玉米稳产的地区采用。玉米宽窄行或等行距,套种行的宽度只要能够进行套种作业即可。小麦收获前 10 天左右套种玉米,使小麦收获时玉米正值三叶期;二是宽背早套(二四畦),主要在 ≥10℃、积温为 3 600℃~4 100℃ 地区,为能在麦行中早套中、晚熟玉米,以土地产出量,并保持小麦产量基本不减产时采用。为保证小麦实播面积和玉米密度,故宜套种双行玉米。双行玉米之间的窄行距宜在 40 cm 左右,宽行距最大不超过 1 m,最小株距可为 13~20 cm。

2. 小麦春棉套作　根据麦棉套作的边际效应,小麦每带以 3~6 行为宜,棉花 1~2 行为宜,两者间距 33 cm。目前推广的主要有三一式、三二式、四二式及六二式。

下面以三二式为例介绍其田间结构:带宽 140~163 cm,小麦棉花行比 3:2,小麦行距 15~20 cm,幅宽 30~40 cm,留空地 110~123 cm,来年春季移栽或地膜覆盖套作 2 行棉花,棉花窄行距 50~57 cm,宽行距 100~108 cm,麦棉间距 30~33 cm(图 1-3)。

3. 小麦花生套作　方法有两种:一是种 2 行小麦,行距 17 cm,留空地 27 cm,套种 1 行花生,小麦花

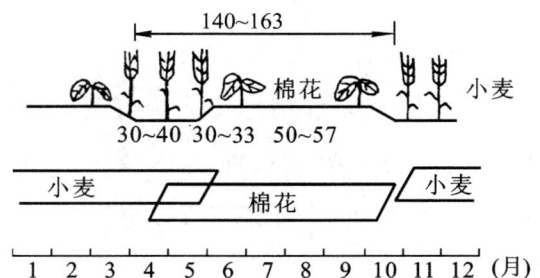

图 1-3　三二式小麦春棉套作示意图(cm)

生间距 13 cm。二是 87 cm 带宽,种 3 行小麦,行距 13 cm,留空地 61 cm,麦收前 30 天左右套种 2 行花生,行距 33 cm,小麦花生间距 13 cm。

(三) 立体种养类型

1. 稻鱼种养 采用方式是垄稻沟鱼。具体模式有两种,一种是垄式,垄宽 0.5 m,沟宽 0.5 m,垄栽稻 2 行;二是宽垄式,垄宽 1 m,沟宽 0.5 m,垄栽稻 6 行,均在地头开挖一定规格的鱼沟,其中,养成鱼的稻田,沟深 1.3~1.7 m,面积占稻田的 7%;养鱼种的稻田,沟深 1 m,占稻田面积的 3%。

2. 玉米食用菌模式 利用玉米秆高和所形成的荫蔽环境,培育食用菌,可有效提高农田经济效益。如春玉米—马铃薯(莴苣)—平菇—木耳—芸豆—大白菜(小麦)一年六种六收的农田高效高产模式,每亩产值可达近万元,纯收入约 5 000 元。

[随堂练习]

1. 单作、间作、套作的含义是什么?

2. 间作与套作有哪些作用?

3. 间作与套作时如何选择农作物品种?

4. 说出 2~3 种间套作形式。

[课后调查及作业]

分组了解当地主要的农作物间作与套作模式,写下来,并试着分析其优缺点。下次上课时各组派代表报告调查分析结果,并由教师或学生点评之。

任务 1.4 轮作与连作

一、轮作与连作的概念

(一) 轮作

轮作是在同一田地上有顺序地轮换种植不同种类农作物的种植方式。如在同一块地里,第一年种大豆,第二年种小麦,第三年种玉米,即一年一熟条件下的大豆→小麦→玉米三年轮作;在一年多熟(作)条件下,轮作由不同的复种方式组成,如油菜—水稻→绿肥—水稻→小麦/棉花。

(二) 连作

连作是在同一田地上连年种植相同种类农作物的种植方式。在同一田地上采用同一种复种方式,也称为连作。

二、轮作的作用与类型

(一)轮作的作用

1. 减轻农作物病虫为害 农作物的某些病虫害是通过土壤传播或感染的,如棉花枯黄萎病、水稻纹枯病、烟草黑胫病、大豆胞囊线虫病,马铃薯青枯病、甘薯黑斑病及为害农作物的地下害虫等。每种病虫对寄主都有一定的选择,实行抗病农作物与感病农作物轮作,更换了病菌、害虫的寄主,恶化其生长环境,从而达到减轻病虫害的目的。

2. 充分利用土壤养分 不同农作物实行轮作,可以全面均衡地利用土壤中各种营养元素,用养结合,维持地力。如禾谷类作物需氮较多,豆科作物能固氮,两者轮作可互补;小麦、甜菜、麻类等农作物只能利用土壤中的易溶性磷,而豆类、十字花科作物及荞麦根系能有效地利用土壤中难溶性磷,它们之间轮作可全面吸收土壤中各种状态的磷;棉花、玉米、大豆等农作物根系较深,而小麦、马铃薯、水稻、甘薯等根系较浅,它们在土壤中摄取养分的范围不一致,可充分利用不同土层中的养分;绿肥和油料农作物的根茎、落叶、饼肥能还田,既用地,又养地,适合与水稻、小麦等需肥多的作物轮作。

3. 减轻田间杂草的为害 某些杂草往往与农作物伴生,如稻田的稗草、棉田的莎草、麦田的野燕麦和看麦娘、大豆田的菟丝子等,长期连作会增加草害,实行合理轮作,可以改变杂草的生存环境,有效地抑制或消灭杂草,如进行水旱轮作,可使一些旱地杂草种子淹死,减轻杂草的传播。

4. 改善土壤理化性状 禾谷类农作物有机碳含量多,而豆科农作物、油菜、棉花等农作物有机氮含量较多,不同作物秸秆还田对土壤理化性状产生不同的影响。密植性农作物根系细密,数量多,分布均匀,根系浅,能起到改良土壤结构、疏松耕层的作用;而深根性农作物,对深层土壤有明显的疏松作用。在长年淹水条件下,土壤会出现结构恶化、有毒物质增多的后果,水旱轮作能明显地改善土壤的理化性状。

(二)轮作的类型

轮作包括大田农作物轮作、粮菜轮作和粮饲轮作三种类型。随着农业结构的调整,粮菜轮作、粮饲轮作的比例正在增大。北方地区的主要轮作类型有以下几种。

1. 一年一熟轮作 分布于我国东北、西北的大部分地区以及华北的部分地区。一般种几年粮食作物,种一茬豆科作物或休闲恢复地力,在豆科作物或休闲之后种植主要粮食作物。

2. 粮经作物复种轮作 在生长期较长、劳畜力充裕、水肥条件较好的地区,实行两年三熟或一年两熟等多种形式。在日照、温度不足的地区,多采用套作复种,并有间、套互补型经济作物或饲料以恢复地力等办法。

3. 水旱轮作 分布在水利条件较好的水稻产区,一般是水稻连作 3~5 年后,换种几年旱作作物,有的是年内一旱一水的一年两熟制。

4. 绿肥轮作　一般是采用短期绿肥与粮经作物轮作。

三、连作的危害与防治技术

（一）连作的危害

1. 土壤养分结构失调，有害物质增加　长期连作引起营养物质偏耗，使土壤原有的矿质营养的种类、数量和比例失调；有毒物质大量积累，造成"自毒"或"他感"现象，使根系发育受阻，产量低下，品质降低。

2. 土壤物理结构破坏　某些农作物连作或复种连作，会导致土壤理化性质恶化，肥料利用率下降。

3. 生物结构的破坏　长期连作使伴生性和寄生性杂草增加，与农作物争光、争肥、争水；某些专一性的病虫害积累蔓延，如小麦根腐病、玉米黑粉病等；土壤微生物的种群数量和土壤酶活性发生变化，影响土壤的供肥力，造成农作物减产。

（二）连作的技术

合理选择连作农作物和品种，并相应采取针对性的技术措施，能有效减轻连作的危害，延长连作年限。

1. 选择耐连作的农作物和品种　根据农作物耐连作程度的不同，可把农作物分为三种类型：

忌连作的农作物　如大豆、豌豆、蚕豆、花生、烟草、西瓜、甜菜、亚麻、黄麻、红麻、向日葵等，这些农作物连作，容易加重土传病害，引起明显减产。生产中，每种一年应间隔 2~4 年才能再次种植。

耐短期连作的农作物　如豆科绿肥、薯类作物等，这些农作物短期连作，土传病虫害较轻或不明显，可连作 1~2 年，间隔 1~2 年。

耐长期连作的农作物　如水稻、麦类、玉米、棉花等，可以连作 3~4 年或更长时间。

除了选择耐连作的农作物外，选用抗病虫的高产品种，也能在一定程度上缓解连作为害。

2. 采用先进的农业技术　如烧田熏土，或用激光和高频电磁波辐射等进行土壤处理，杀死土传病原菌、虫卵及杂草种子；用新型高效低毒农药、除草剂进行土壤处理或农作物残茬处理，可有效地减轻病虫草的为害；依靠化肥和施用农家肥，及时补充土壤养分，可使土壤保持作物所需养分的动态平衡；通过合理的灌排水管理，可冲洗土壤有毒物质等。

［随堂练习］

1. 什么是轮作和连作？
2. 轮作有什么作用？
3. 连作的危害是什么？

4. 忌连作和耐连作的作物主要有哪些?

[课后调查及作业]

了解当地农作物的连作和轮作模式,并用表格(表1-1)形式记录下来。下次上课时在教师的引导下讨论其合理性。

表 1-1   作物连作和轮作方式调查

耕 作 方 式	作 物 种 类
连作	
轮作	

任务 1.5   土壤耕作技术

一、土壤耕作的概念和目的

(一)土壤耕作的概念

土壤耕作是利用农机具的机械力量来改善土壤的耕层结构和地表状况的技术措施。土壤耕作不能增加土壤肥力,主要起调养地力的作用。

(二)土壤耕作的目的

(1)为农作物播种和发育创造适宜的环境,通过土壤耕作创造上虚下实的种床、苗床和根床,以利于提高播种质量,促进种子发芽、生根和生长发育。

(2)调节土壤水分,保证旱时能蓄水、保墒,湿时可散墒。

(3)消灭作物残茬,翻埋肥料,加速土壤中养分的转化与循环。

(4)消灭病虫害及防除杂草。

(5)避免养分在土壤的还原过程中损失,促进养分的合理流动。

总之,土壤耕作是根据农作物的要求,因地制宜地采取不同措施,为农作物生长发育创造有利的土壤环境,为防治农作物病虫害、草害的发生及养分的损失创造有利条件,达到农作物高产稳产的目的。

二、土壤耕作的机械作用

(一)松碎土壤

在农作物生产过程中,由于各种因素的作用,使土壤逐渐下沉,耕层变紧,总孔隙减少,土壤通气不良,影响了土壤中好气微生物的活动和养分分解,也影响农作物根系的下扎。土壤耕作可以使土壤疏松而多孔隙,增强土壤的通透性,满足土壤微生物活动的需要,从而保证了作物生长的土壤环境和基本养分。

(二)翻转耕层,混拌土壤

通过耕翻将耕作层上下翻转,改变土层位置,改善耕层理化及生物学状况,翻埋肥料、残茬、秸秆和绿肥,调整耕层养分垂直分布,培肥地力。

(三)平整地面

通过耙、耢、压等措施,可以整平地面,减少蒸发,防旱保墒,防盐碱,保证播种质量和一播全苗,有利于以后的田间管理。

(四)压紧土壤

土壤经过耕作,切碎、翻转耕层后,可能造成土壤过于疏松,或有垡片架空,可通过镇压,将耕层土壤压紧,使土壤大孔隙减少,增加毛细管孔隙,抑制气态水的扩散,减少水分蒸发,为农作物的种子发芽出苗和幼苗生长创造适宜的土壤水分条件。

(五)开沟培垄,挖坑堆土,打埂作畦

这也是土壤耕作的重要措施。这些措施有增温、促苗、促早熟的作用,在高温多雨易涝地区,有利于排水。对块根、块茎类作物,开沟培垄可增加耕层,调节温差,促进块根块茎的形成和高产。另外,还有利于浇水,防风固沙,坡地防水蚀。

三、土壤耕作的类型与应用

(一)基本耕作技术

基本耕作技术又称初级耕作,指入土较深、作用较强烈、能显著改变耕层物理性状、后效较长的一类土壤耕作技术。

1. **翻耕**　翻耕的主要工具有铧犁和圆盘犁。作用在于翻土、松土、碎土。耕翻后的土壤水分易于挥发,故这项措施不适于缺水地区。

耕翻方法　一是螺旋型犁壁将垡片翻转 180° 的全翻垡。该耕法覆土严密,灭草作用强,但碎土差,消耗动力大,只适合开荒,不适宜熟耕地;二是用熟地型犁壁将垡片翻转 135° 的半翻垡,翻后垡片与地面角度呈 45°。该耕法牵引阻力小,翻、碎土兼有,适用于一般耕地;三是分层翻,是采用复式犁将耕层上下分层翻转,地面覆盖严密,质量较高。

耕翻时期　一年一熟或两熟地区,在夏、秋季作物收获后以伏耕为主,秋收作物后和秋播作物前以秋耕为主。水田、低洼地、秋收腾地过晚或因水分过多无法及时秋耕的,可进行春耕。但伏耕优于秋耕,早秋耕优于晚秋耕,秋耕优于春耕。

耕翻深度　因农作物和土壤性质而不同。禾谷类作物和薯类作物根系分布浅,棉花、大豆等作物根系分布较深。一般大田耕翻深度,旱地 20~25 cm,水田 15~20 cm 较为适宜。在此范

围内,黏质土可适当加深,沙质土宜稍浅。

2. **深松耕** 以无壁犁、深松铲、凿形铲对耕层进行全田的或间隔的深位松土。耕深可达25～30 cm,最深为50 cm,此法分层松耕,不乱土层,适合于干旱、半干旱地区和丘陵地区,以及盐碱土、白浆土地区。

3. **旋耕** 采用旋耕机进行。旋耕机上安装犁刀,旋转过程中起切割、打碎、掺和土壤的作用。一次旋耕既能松土,又能碎土,水田、旱田都可使用。旋耕深度一般在10～12 cm,应作为翻耕的补充作业,与翻耕轮换应用。

（二）表土耕作技术

表土耕作技术也称次级耕作,是在基本耕作基础上采用的入土较浅,作用强度较小的耕作措施,旨在改善0～10 cm表土状况的一类土壤耕作技术。

1. **耙地** 是指翻耕后、播种前或出苗前、幼苗期所进行的一类表土耕作措施,一般5 cm深。耙地的工具有圆盘耙、钉齿耙、振动耙和缺口耙。圆盘耙应用较广,可用于收获后浅耕灭茬,耙深达8～10 cm,在水旱田上用于翻耕后破碎土块或坷垃;旱地上用于早春顶凌耙地,耙深5～6 cm。钉齿耙常用于播种后出苗前耙地,目的在于破除板结土壤,常用于小麦、玉米、大豆的苗期,杀死行间杂草。振动耙主要用于翻耕或深松耕后整地,质量好于圆盘耙。缺口耙入土较深,可达12～14 cm,常用缺口耙代替翻耕。

2. **耱地** 也称耢地,是一种耙地之后的平土碎土作业。一般作用于表土,深度为3 cm,有碎土、轻压、耱严播种沟、防止透风跑墒等作用。多用于半干旱地区旱地上,也用在干旱地区灌溉地上。多雨地区或土壤潮湿时不能采用。

3. **镇压** 具有压紧耕层、压碎土块、平整地面的作用。作用深度3～4 cm,重型镇压器可达9～10 cm。较为理想的镇压器是网型镇压器,可压实耕层,疏松地面,减少水分蒸发,镇压保墒。主要应用于半干旱地区旱地和半湿润地区播种季节较旱时。

4. **作畦** 北方水浇地上的小麦作畦,畦长10～50 m不等,畦宽2～4 m,为播种机宽度的倍数,四周作宽约20 cm,高15 cm的畦埂。南方种小麦、棉花、油菜等旱作物时做高畦,畦宽2～3 m,长10～20 m,四面开沟排水。作畦于播种前进行,作用是便于田间灌溉和防渍排涝。

5. **起垄** 其作用是提高地温,防风排涝,防止表土板结,改善土壤通气性,压埋杂草等。起垄是垄作的一项主要作业,用犁开沟培土而成,垄宽50～70 cm。可边起垄边播种,也可先播种后起垄。

6. **中耕** 是农作物生长过程中进行的表土耕作措施。其作用是疏松表土、破除板结、增温透气、防旱保墒、消除杂草等。中耕的时间和次数应依农作物种类、播期、杂草与土壤状况确定。对生育期长、杂草多、封行晚、土质黏重、盐碱较重及灌溉地,中耕次数要多;否则,便要少。中耕时间要掌握一个"早"字;中耕深度应根据农作物种类、行距、是否培土及农业技术的要求进行。一般农作物的幼苗期中耕要浅,中期要深,行距宽、要培土的中耕要深。

四、少耕和免耕

（一）少耕

少耕是指在常规耕作基础上尽量减少土壤耕作次数或全田间隔耕种、减少耕作面积的一类耕作方法。此方法有覆盖残茬，蓄水保墒和防水蚀、风蚀的作用，但在杂草危害严重时，应配合杂草防除措施。

（二）免耕

免耕又称零耕、直接播种，是指农作物播种前不用犁、耙整理土地，直接在茬地上播种，播后及农作物生育期间也不使用农具进行土壤管理的耕作方法。

（三）少耕、免耕的做法

（1）用生物措施（如秸秆覆盖）代替土壤耕作。

（2）用化学措施及其他新技术代替土壤耕作，如以除草剂、杀虫剂等代替中耕等除草作业。

（3）采用先进的机具代替土壤耕作，如用耕翻机代替犁、耙、播种等作业，一机一次完成多项作业，减少机具在田间的来往次数。

少、免耕法仍处在不断发展中，它们不仅能减少耕作、保护土壤、节省劳力、降低成本，而且还可争取农时，及时播栽，扩大复种。但是，随着少、免耕法的发展，所带来的问题也日渐增多，如耕作表层富化而下层（10~20 cm）贫化，杂草、虫害增多等，有待进一步研究和寻找解决办法。

［随堂练习］

1. 为什么要进行土壤耕作？

2. 土壤耕作的机械作用有哪些？

3. 基本耕作与表土耕作各有什么具体措施？

［实验实训］

实 1-1　种植制度的设计

一、目的与意义

熟悉耕作制度设计的一般方法，综合运用本章所学的知识分析问题，增进对种植制度的认识与综合运用能力。

二、材料及用具

1. 一个生产单位农业资料、生产、流通等主要的原始资料。

2. 计算器、绘图纸等。

三、内容与方法

1. 对资源与现有种植制度的评价

（1）该单位农业气候、土壤条件、生产条件、社会经济条件以及科学技术因素的特点是什么？与种植制度有什么关系？

（2）农林牧、粮经饲、夏秋粮的比例是否协调？

（3）复种间套轮作方式的安排是否恰当？

（4）增产潜力与障碍因素何在？

2. 种植制度调整

（1）土地利用状况、耕地、林地、草地用地等（表1-2）。

表1-2 土地利用

	林地		草地		耕地		粮食耕地		经作耕地		蔬菜耕地		其他		耕地每亩粮食产量/kg	人均粮食/kg	每劳力粮食/kg
	公顷	%	公顷	%	公顷	%	公顷	%	公顷	%	公顷	%	公顷	%			
平原山区																	

注：1公顷（hm²）=15亩，下同。

（2）农作物构成（表1-3）。

表1-3 农作物构成

		粮食播种面积/公顷	夏粮		小麦		秋粮		水稻		谷子		高粱		薯类		豆类		玉米		其他	
			公顷	%	公顷	%	公顷	%	公顷	%	公顷	%	公顷	%	公顷	%	公顷	%	公顷	%	公顷	%
播种面积	平原山区																					
单产	平原山区																					
总产	平原山区																					

（3）复种指数，复种间套轮作方式（表1-4）。

表1-4 复种

地区	一年一熟		两年三熟		一年两熟		多熟					
							三套		二套		一套	
	公顷	%	公顷	%	公顷	%	公顷	%	公顷	%	公顷	%
平原山区												

（4）提高产量、培养地力，保持生态平衡、增进经济效益的重大措施。

3．调整方案的可行性分析

（1）可行性分析的内容包括：资源利用效益、产量效益、能量效益与水分养分平衡、经济效益与市场等。

（2）社会效益。

四、作业

以你所在村或乡为单位，结合前面的课后调查，把调查数据填入表 1-1、表 1-2、表 1-3（表中单位可以调整），对现行种植制度进行适当分析，并提出调整建议。

[回顾与小结]

本项目学习了农作物布局、复种、间套作、轮作与连作、土壤耕作等基础知识和基本技术，学习了解了麦棉瓜高效种植模式，开展了种植制度的设计训练。其中的重点和难点在于：设计合理的农作物布局方案，复种争取时间的技术，高产高效的套作模式；了解田间土壤耕作过程，区别农作物布局与种植业结构调整的关系。

[复习与思考]

1．为什么说农作物布局在农业生产上具有战略意义？

2．试分析农作物布局与种植结构调整的关系。

3．举例说明你所在地区主要的复种类型。

4．试述实现农作物间套作增产增效的田间配置结构。

5．简述小麦、棉花、玉米、大豆、芝麻等农作物在轮作中的地位。

6．绘图：选当地一个典型的间套作实例，绘出示意图，分析其增产、增效的原因，并指出在农业技术上应注意的事项。

项目 2

小麦生产技术

学习目标

1. 知识目标　掌握小麦生育期、生育时期、春化阶段、光照阶段等概念，了解小麦分蘖发生的一般规律，小麦产量的构成与来源，小麦的籽粒形成、灌浆过程和影响因素等。

2. 技能目标　小麦播前种子处理，播种期和播种量的确定，小麦的整地与肥料施用、田间灌溉技术，病虫害防治技术、田间苗情调查技术，田间管理技术和田间估产技术等。

小麦是世界上重要的粮食作物之一，有 1/3 以上的人口以小麦为主粮。小麦在我国的种植面积仅次于水稻，其分布北至黑龙江的漠河，南至海南岛，西至青藏高原，东至滨海地区。全国常年种植面积约 $3×10^7\ hm^2$，占全国粮食作物总面积的 1/5，总产量近亿吨，占全国粮食总产量的 1/6，可以看出，小麦生产情况的好坏对我国粮食安全具有重要意义。

任务 2.1　小麦的生长发育

一、小麦的一生

小麦的一生是指小麦从种子萌发到新种子形成的过程。

（一）小麦的生育期

小麦的生育期是指小麦从出苗到成熟所经历的天数。小麦生育期的长短，常随品种特性、生态条件与播期早晚而变化。一般地说，纬度、海拔越高，生育期越长。我国冬小麦从南到北，生育期由 100 天左右逐渐增加到 300 天以上。而我国生产的春小麦多在高纬度地区种植，春季播种,生育期一般为 100~140 天。

（二）小麦的生育时期

为了便于研究和适应生产上的需要,一般把小麦的一生划分为 12 个不同的生育时期。各生育时期划分的标准如下:

1. 出苗期 50%以上幼苗的第 1 片真叶伸出胚芽鞘 1.5~2.0 cm 的日期为出苗期。

2. 三叶期 50%以上主茎第 3 片叶伸出 1 cm 的日期为三叶期。

3. 分蘖期 50%以上植株第 1 个分蘖从主茎叶腋里伸出 1~2 cm 的日期为分蘖期。

4. 越冬期 当气温稳定降至 3℃以下时,麦苗地上部分基本停止生长的日期为越冬期。

5. 返青期 春季气温稳定上升到 3℃以上,麦苗心叶长出 1cm 以上,叶色由灰绿转为青绿的日期为返青期。

6. 起身期 植株由匍匐转向直立,主茎第 1 节开始伸长的日期为起身期。

7. 拔节期 50%以上植株主茎第 1 节离开地面 1.5~2.0 cm,用手指可以摸到地面上第 1 个茎节的日期。

8. 挑旗期(也叫孕穗期) 50%以上旗叶全部露出叶鞘,叶片展开的日期为挑旗期。

9. 抽穗期 50%以上麦穗抽出一半(不连芒)的日期为抽穗期。

10. 开花期 50%以上植株麦穗中部小花开放的日期。

11. 灌浆期 50%以上植株麦穗中的籽粒长度达到最大长度的 80%,从籽粒中可挤出汁液的日期为灌浆期。

12. 成熟期 50%以上植株的籽粒变硬,呈现本品种固有特征的日期为成熟期。

小麦的各生育时期,在不同地区出现的时间差别很大,即使在同一地区,种植品种、年份、播期和生产条件不同,其出现的时间也不一致。

（三）小麦的阶段发育

在小麦一生中,必须通过几个内部质变阶段,才能完成从种子到种子的生活周期。这些内部的质变阶段,称为阶段发育。小麦的阶段发育包括春化和光照两个阶段。

1. 春化阶段 小麦种子萌发以后,其生长点除要求一定的综合条件外,还必须通过一个低温影响时期,才能抽穗结实,这段低温影响时期叫小麦的春化阶段。如果小麦种子萌动以后,得不到一定的低温条件,而是一直在高温条件下生长,植株就不能结实,只能停留在扎根、长叶与分蘖状态。由于小麦能否通过春化阶段的主导因素是温度,所以这个阶段又称感温阶段。

根据小麦春化阶段要求低温的程度与时间长短的不同,可将小麦品种分为 3 种类型:

冬性品种 通过春化阶段的温度为 0~3℃,时间 35 天以上。这类品种苗期匍匐,耐寒性强,对温度反应敏感,未经春化处理的种子,春播一般不能抽穗。代表品种如昌乐 5 号、蚰包、丰抗 2 号等。

半冬性品种　　通过春化阶段的温度为 0～7℃,时间 15～35 天。这类品种苗期半匍匐,耐寒性较强,种子未经春化处理,春播一般不能抽穗或延迟抽穗。代表品种如泰山 1 号、豫麦 2 号、豫麦 49 号、冀麦 26 号等。

春性品种　　通过春化阶段的温度为 0～12℃,时间为 5～15 天。这类品种苗期直立,耐寒性差,对温度反应不敏感,种子未经春化处理,春播可以正常抽穗结实。该类品种如京红 1 号、豫麦 18 号、豫麦 34 号、甘麦 8 号及春麦区的春性品种。

2. 光照阶段　　小麦通过春化阶段后,只要外界条件适宜,即可进入光照阶段。小麦通过光照阶段的主导因素是日照的长短。小麦是长日照作物,要通过光照阶段,必须经过一定天数的长日照,才能完成内部的质变过程而抽穗结实。小麦这段受日照影响的时间,叫做光照阶段,又称感光阶段。一般认为,日照时间越长,小麦通过光照阶段越快,抽穗结实越早。如果不具备一定天数的长日照,小麦就不能完成光照阶段而抽穗结实。

根据小麦光照阶段对日照长短的反应,将小麦品种划分为 3 种类型:

反应敏感型　　每日在 12 小时以上的日照条件下,经过 30～40 天才能通过光照阶段而抽穗结实。一般冬性品种多属这个类型。

反应中等型　　每日在 12 小时日照条件下,约经过 24 天即可通过光照阶段而抽穗结实。一般半冬性品种属此类型。

反应迟钝型　　每日 8～12 小时日照条件不等,经 16 天便可通过光照阶段而抽穗结实。春性品种属此类型。

3. 小麦阶段发育理论在生产上的应用

引种　　在引进外地品种时,首先要考虑品种的阶段发育特性。例如,南种北引,一般表现早熟,但抗寒性差,冬季常造成大面积冻害死苗;北种南引,多表现发育延迟,成熟晚,甚至不能抽穗。一般地说,从纬度相同或相近的地区引种较易成功。

确定适宜的播期和播量　　冬性强的品种春化阶段长,耐寒性较强,可适当早播,且播量可适当少些;春性强的品种春化阶段短,幼苗初期生长发育较快,在适期范围内可适当晚播,播量可适当增加。

肥水管理　　麦穗的分化与光照阶段同时进行。因此,在光照阶段供给必要的氮素和水分,具有延缓光照阶段发育和延长生殖器官分化时间的作用,对培育大穗有一定效果。

二、小麦产量的形成

(一) 小麦产量的形成因素

小麦产量分为经济产量和生物产量。经济产量是生物产量的一部分,是收获的对象。小麦经济产量主要由单位面积穗数、每穗粒数和粒重构成。在生产实践中,单位面积穗数、每穗粒数和粒重 3 个因素都很重要,忽视其中的任何一个,都不易获得理想产量。

每亩理论产量(kg)＝穗数×每穗粒数×粒重(g)/1 000

（二）小麦产量形成的阶段性和连续性

每亩穗数、每穗粒数的多少及千粒重高低的形成过程,既有阶段性,又有连续性。在小麦一生中,从出苗到返青是形成小麦根、叶、蘖的主要时期。这一时期生长的好坏,对成穗数有决定性影响。从起身、拔节到抽穗,既长根、茎、叶,又长穗子,对每穗粒数产生一定影响。抽穗以后,小麦的生长中心转向生殖生长,这是决定粒重的关键时期。

（三）产量的来源

小麦产量来源于光合作用形成的光合产物,这是形成产量的物质基础。小麦光合产物的多少,受以下几个因素影响:第一是光合面积的大小,主要指叶面积的大小,在一定范围内,叶面积越大,制造有机物质的能力越大。第二是光合生产率的高低,即每天每平方米叶面积的干物质增加量($g \cdot m^{-2} \cdot d^{-1}$)。制造的物质越多,光合生产率就越高。第三是光合时间的长短和光照时数的多少。第四是光合产物消耗的多少,主要指呼吸消耗。一般说来,光合面积适当,光合能力强,时间长,呼吸消耗少,生产和积累的光合产物就多,即生物产量就高。光合产物是提高小麦产量的先决条件。

［随堂练习］

1. 请解释:小麦的一生、小麦的生育期、生育时期。
2. 小麦一生经过哪几个生育时期?
3. 小麦的产量构成因素有哪些?
4. 小麦的阶段发育在生产中有何应用?

任务 2.2　小麦的播前准备与播种技术

一、小麦的播前准备

（一）良种选择

要获得高产优质小麦,首先必须要有优良的品种。目前,我国不同小麦种植区相继培育出了多个高产、优质的小麦品种,在此,选择几个代表性品种介绍如下。

1. 百农 207　由河南百农种业有限公司、河南华冠种业有限公司选育,2013 年通过全国农作物品种审定委员会审定。属半冬性中晚熟品种,全生育期 231 天,株型松紧适中,茎秆粗壮,抗倒性较好。株高约 76 cm,穗纺锤形,短芒,白壳,白粒,半角质,千粒重约 41.7 g,中抗条锈病。

品种容重 810 g/L,籽粒蛋白质含量 14.52%,湿面筋含量 34.1%,沉降值 36.1 mL,面团稳定时间 5.0 分。

适宜黄淮冬麦区南片的河南中北部、安徽北部、江苏北部、陕西关中地区高中水肥地块早中茬种植。10 月 8—20 日播种,每亩适宜基本苗 12 万~20 万。

2. 西农 511　由西北农林科技大学选育,2018 年通过全国农作物品种审定委员会审定。该品种属半冬性品种,全生育期 233 天,株型稍松散,茎秆弹性较好,抗倒性好。株高约 78.6 cm,穗纺锤形,短芒、白壳,籽粒角质,饱满度较好,千粒重约 42.3 g,中抗条锈病。

品种容重 820 g/L,籽粒蛋白质含量 14.68%,湿面筋含量 32.2%,面团稳定时间 11.2 分,平均亩产 571.5 kg。

适宜黄淮冬麦区南片的河南省除信阳市和南阳市南部部分地区以外的平原灌区,陕西省西安、渭南、咸阳、铜川和宝鸡市灌区,江苏和安徽两省淮河以北地区高中水肥地块中茬种植。10 月上中旬播种,每亩适宜基本苗 12 万~20 万。

3. 郑麦 379　由河南省农业科学院小麦研究所选育,2016 年通过全国农作物品种审定委员会审定。属半冬性品种,全生育期 227 天,株型稍松散,茎秆弹性较好,抗倒性较好。株高约 81.8 cm,穗纺锤形,长芒,白壳,白粒,籽粒角质、饱满,千粒重约 47.2 g。

品种容重 815 g/L,籽粒蛋白质含量 14.52%,湿面筋含量 30.9%,沉降值 29.6 mL,面团稳定时间 5.5 分,平均亩产 546.2 kg。

适宜黄淮冬麦区南片的河南驻马店及以北地区、安徽淮北地区、江苏淮北地区、陕西关中地区高中水肥地块早中茬种植。10 月上中旬播种,每亩适宜基本苗 15 万~20 万。

4. 山农 28 号　由山东农业大学、淄博禾丰种子有限公司选育,2017 年通过全国农作物品种审定委员会审定。属半冬性品种,全生育期 240 天,株型稍松散,茎秆细、弹性较好,抗倒性较好。株高约 81 cm,穗纺锤形,白壳、短芒、白粒,籽粒角质,饱满度中等,千粒重约 47.1 g。

品种容重 819 g/L,籽粒蛋白质含量 13.78%,湿面筋含量 30.5%,面团稳定时间 2.6 分。

适宜黄淮冬麦区北片的山东省、河北省中南部、山西省南部水肥地块种植。10 月上中旬播种,每亩适宜基本苗 12 万~15 万。

5. 烟农 999　由山东省烟台市农业科学研究院选育,2016 年通过全国农作物品种审定委员会审定。属半冬性品种,全生育期 227 天,株型较紧凑,茎秆弹性中等,抗倒性一般。株高约 88 cm,穗长方形,长芒,白壳,白粒,籽粒角质、饱满度中等,千粒重约 44.2 g。

品种容重 812 g/L,籽粒蛋白质含量 14.88%,湿面筋含量 31.15%,沉降值 37.3 mL,面团稳定时间 8.1 分,平均亩产 552.3 kg。

适宜黄淮冬麦区南片的河南驻马店及以北地区、安徽淮北地区、江苏淮北地区、陕西关中地区高中水肥地块早中茬种植。10 月上中旬播种,每亩适宜基本苗 12 万~18 万。

6. 鑫麦 296　由山东鑫丰种业有限公司选育,2014 年通过全国农作物品种审定。属半冬性晚熟品种,全生育期 243 天,株型较紧凑,茎秆粗壮,弹性较好,抗倒性较好。株高约 78 cm,穗近长方形,长芒,白壳,白粒,角质,千粒重约 39.0 g。

品种容重 792 g/L,籽粒蛋白质含量 14.9%,湿面筋含量 32.3%,沉降值 40.9 mL,面团稳定时间 3.5 分,平均亩产 597.5 kg。

适宜黄淮冬麦区北片的山东省、河北省中南部、山西省南部冬麦区高水肥地块种植。10 月上中旬播种,每亩适宜基本苗 15 万~20 万。

（二）播前整地

高产小麦对播前整地的质量要求比较高。综合我国北方各地麦区高产田整地经验,整地标准可概括为"耕层深厚,土碎地平,松紧适度,上虚下实"16 字标准。但不同前茬麦田的整地重点不同。

1. 早秋茬地　对早秋茬地,由于收获后距播麦时间较长,可以进行两次耕地。第一次在前茬收获后,先浇底墒水,再进行深耕;第二次在播种前浅耕,然后精细整地。

2. 棉茬地　棉花茬常因拔柴较晚而影响小麦的适时播种。生产上为了早播小麦,常采用提前浇水,拔柴后抓紧时间施足底肥,整地种麦。浇水时间一般以拔柴前 15 天左右为宜。

3. 晒旱地　在前茬收获后,立即灭茬,以扩大保墒面积。灭茬后,要求在雨季来临之前粗耕一遍,接纳雨水。立秋前耕地保墒,减少蒸发。做到有蓄有保,把伏雨最大限度地积蓄起来。

4. 稻茬地　应配合整地搞好起沟种麦。起沟时,一般每隔 2.3~3.3 m 起一条厢沟,沟宽、深各 20~26 cm;10×亩以上的田块可以起一条腰沟,沟宽 33~40 cm,深 26~33 cm。边沟宽 33 cm,深 26~33 cm。如果依靠边沟排水,则边沟应深于腰沟,同时,还应起好田外排水沟。水稻收获较晚,应适时停水,收获后施足底肥,精细整地。若来不及整地可只把不犁或用犁耧直播,力争早种。

（三）播前施肥

小麦施肥原则是以底肥、农家肥为主,追肥、化肥为辅,氮、磷、钾配合施用。

1. 底肥的施用　底肥用量一般占总施肥量的 60%~80%。特别是旱薄地,更要增加底肥用量,以充分发挥肥料的增产效益。

2. 种肥的施用　小麦播种时用少量速效化肥与种子混匀同时播下,或把肥料单独施在播种沟中,使肥料靠近种子,以便幼苗生长初期吸收利用,对培养壮苗有显著作用,这种肥料称为种肥。种肥应以氮肥为主,碳酸氢铵吸湿性强,不宜与种子混播,尿素含有缩二脲,作种肥时应控制用量,每亩以 1.5~2.5 kg 为宜,最好单独施入播种沟中。硫酸铵作种肥较为安全,每亩以 5 kg 用量为宜。施用种肥与麦种混播时,应干拌、混匀,随混随播。硝酸铵也可作种肥,其用量和注意事项与硫酸铵相近。

（四）播前灌水

小麦播种时,土壤耕层水分应保持在田间持水量的 75%~80%。若低于此指标,就应浇好

底墒水,以便足墒下种。浇灌底墒水通常有 4 种方式:

1. 送老水　可在秋庄稼收获前先浇送老水。这样既有利于前茬农作物的籽粒成熟,又给小麦准备了底墒,但应严格掌握浇水时间和水量,一定要做到不能影响秋季农作物的正常成熟和收获,更不能影响小麦的整地和播种。

2. 茬水　在缺墒不严重,水源又不太足时,可在前茬收获后、翻地前浇好茬水。这种方式灌水量较小,省时。

3. 塌墒水　在严重缺墒,水源充足和时间充裕的情况下,可在犁地后浇好塌墒水。这种方式用水量较大,贮水充足。在不误小麦播期的情况下,对实现全苗和培育壮苗作用更大,增产效果更好。

4. 蒙头水　在小麦适宜播期将过,而土壤又严重缺墒的情况下,只好先播种,后浇水,这就叫蒙头水。用这种方式浇水后地表板结,通透性差,不利于苗齐、苗匀,应尽量避免采用。在不得不浇蒙头水时,水量不宜过大,浇后应及时疏松表土,破除板结,以利于出苗和幼苗生长。

(五) 种子处理与发芽试验

种子处理一般有晒种、药剂拌种和催芽三种形式,目的是使种子播种后发芽迅速,出苗率高,苗全苗壮。晒种就是在晴好的天气,把小麦良种平铺在凉席或土地上(不能摊晒在柏油马路上),在太阳光下翻晒 2～3 天,平铺的厚度 2～3 cm。药剂拌种的方法是:用"1605"乳油 500 g,加水 50 kg,拌麦种 500 kg,拌后闷种 4～6 小时即可播种。

小麦播前的发芽试验,是确定发芽率和计算播种量的重要依据。一般方法是随机数出 100 粒小麦种子,均匀摆放在垫有吸水滤纸的浅口容器(实验室一般用培养皿)中,加入适量的水润湿滤纸,盖好种子放入恒温培养箱中,发芽温度 25℃ 左右。第 5 天计算发芽势,7 天时计算发芽率。良种的发芽率应达 85% 以上,若低于 85%,则不能做种用。

二、小麦的播种技术

(一) 播种期的确定

1. 适期播种的作用　小麦播期是否适时,对培育冬前壮苗与获取高产稳产具有十分重要的作用。小麦播种过早,因温度高,生长快,蘖多,叶多,群体过大,生长过旺而成假旺苗。有些春性强的品种,年前常能完成光照阶段发育而拔节甚至抽穗。这种旺长的麦苗,抗寒力很差,入冬以后会发生严重冻害甚至死亡。小麦播种过晚,因温度低,生长慢,扎根少,分蘖少,体内积累的养分少,抗寒力差,易受冻害。年后虽能继续分蘖,但成穗率低,穗少,粒少,产量低。

小麦适时播种,能充分利用适宜的温度条件,使小麦出苗、分蘖正常发生,根系发达,群体指标适宜,个体生长良好,且制造积累养分多,抗寒力强,从而形成冬前壮苗安全越冬,春季穗多穗大,为高产创造良好的条件。

2. 适宜播期的确定　目前确定适宜播期的方法有两种：

气温法　一般认为，冬性品种以平均气温稳定在 16~18℃，半冬性品种 13~15℃，春性品种 12~14℃ 时播种为宜。我国冬麦区范围很大，从时间看，自北向南大体是：北部 9 月中、下旬，中南部 10 月上、中旬。

积温法　即以积温为指标。根据当地常年气温资料，从日平均气温下降到 3℃ 之日开始（即连续 5 天平均气温降至 3℃ 以下的第 1 天），往前累加日均温，当活动积温达到 500~600℃ 时为最佳播期，其前后 5 天内为播种适期。

（二）播种量和播种方式的确定

小麦的播种量和播种方式决定了小麦的合理密植问题。

1. 播种量的确定　常采用"四定"法。以田定产，即根据地力、水肥条件和技术水平等，定出经过努力可以达到的产量指标；以产定穗，即根据产量指标和品种特性等，定出每亩所需穗数；以穗定苗，即根据每亩所需穗数和单株可能达到的成穗数等，定出适宜的基本苗数；以苗定播种量，即根据每亩需要的基本苗数，计算出适宜的播种量。

在以苗定播种量时，群众常按"斤子万苗"计算，即 1 kg 麦种大约可出 2 万株基本苗。而准确的播种量计算方法如下式：

$$每亩播种量/kg = \frac{每亩计划基本苗数 \times 千粒重/g}{1\ 000 \times 1\ 000 \times 发芽率 \times 田间出苗率}$$

【例】　每亩计划基本苗数 18 万株，种子千粒重 38 g，发芽率 95%，田间出苗率 85%，则每亩播种量为：

$$播种量 = \frac{180\ 000 \times 38}{1\ 000 \times 1\ 000 \times 0.95 \times 0.85} = 8.47(kg)$$

高水肥麦田一般每亩播种量是：冬性、半冬性品种应掌握在 4~6 kg，春性品种为 7~8 kg。

2. 播种方式的确定　目前，小麦播种方式主要采用条播法，但其行距大小及行距配置依地力和产量水平而异。据各地经验和试验资料，一般单产在 250 kg 以下的麦田，行距以 16~20 cm 为宜；单产 250~350 kg 的麦田，行距以 20~23 cm 为宜；单产 400 kg 以上的麦田，行距以 23~25 cm 为宜。

（三）提高播种质量

1. 深浅适宜　小麦播种过深，会造成出苗晚，幼苗弱，分蘖发生晚，根系发育差；播种过浅，种子容易落干，造成缺苗断垄，或使分蘖和根系发育不良，均不利于全苗、壮苗和安全越冬。实践证明，种子播种深度以 3~4 cm 为宜。

2. 下种均匀　小麦播种应保证下种均匀一致，以利出苗均匀，使每一个体都具有适宜的营养面积。为保证下种均匀，可采用播种机或机播耧进行播种，也可采用重耧播种的方法，即把种子分作两次播种，有克服缺苗断垄和加宽播幅的效果。

3. 播后镇压 在秋季干旱、墒情较差的情况下,小麦播后适当镇压,能压碎土块,压实土壤,增加土壤紧实度,使种子与土壤紧密结合,并连接土壤毛细管,因此,有提墒和促进种子萌发出苗的效果,有利于小麦苗齐、苗匀、苗壮。播后镇压的时间依土壤墒情而定,一般情况下可以随播随压,若土壤过湿、播后未压,在麦苗将出土时就不宜再压。

[随堂练习]

1. 小麦播种前针对不同的情况如何进行灌水?
2. 怎样确定小麦的适宜播种期?
3. 如何做小麦的发芽试验?
4. 要提高小麦播种质量应注意哪些问题?

[课后调查及作业]

分小组到当地种子市场调查哪些小麦品种卖得好,哪些品种卖得不好,其原因是什么,列表说明,并在下次课上讨论之。

任务 2.3 小麦的前期管理技术

冬小麦前期生长阶段是指从种子萌发出苗到越冬的各时期,包括出苗期、三叶期、分蘖期和越冬期 4 个生育时期。

一、前期的生育特点

小麦前期的生育特点是长根、长叶、分蘖等,生长中心以营养生长为主。其中,冬前分蘖是决定穗数的关键。麦苗素质对以后生长起很大作用,如果达到冬前壮苗,就有利于安全越冬,春季返青快,生长稳,成穗率高。

(一)种子发芽出苗

1. 种子发芽出苗过程 小麦种子播种后,在适宜的条件下吸水膨胀,当吸水量达到种子干重的 45%～50% 时,开始萌动。首先胚根鞘突破种皮"露嘴",当胚根达到种子长度的一半时称为萌发,当胚芽达到种子长度的一半时称为发芽(图 2-1)。

种子发芽后,胚芽鞘向上生长顶出地面,称为出土。出土后,胚芽鞘破裂,从中伸出第 1 片绿叶。当第 1 片叶长到 2 cm 时,称为出苗。小麦出苗后至三叶期时,胚乳营养用尽,幼苗完全依靠本身的绿色部分进行光合作用,制造有机养分供应自身生长发育需要。所以,三叶期是幼苗营养的转折期。

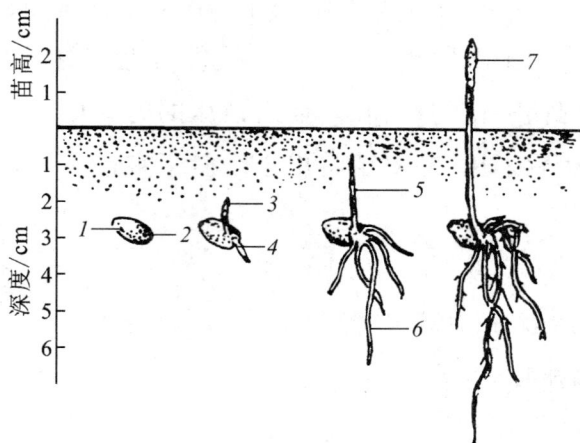

图 2-1　小麦种子发芽出苗过程

1. 种子；*2.* 胚；*3.* 胚芽；*4.* 胚根；*5.* 胚芽鞘；*6.* 胚根；*7.* 第一片真叶

2. 影响种子萌发的因素　影响种子萌发的因素包括温度、水分和氧气。

温度　小麦发芽的最低温度为 1~2℃，最适温度为 15~20℃，最高温度为 30~35℃。在适宜温度范围内，温度高发芽快，温度低发芽慢。

水分　种子萌发最适宜的土壤水分为田间最大持水量的 60%~70%。

氧气　种子萌发时，呼吸作用增强，要求充足的氧气条件。但在土壤湿度过大、地表板结或播种过深时，往往会造成缺氧而不能萌发，甚至烂种。因此，播种时土壤应疏松，不能过湿，下种不能太深，3~4 cm 为宜。

（二）小麦分蘖的发生

小麦的分蘖是小麦生长的重要特征之一。掌握这一特性和规律，对确定适宜播期、播种方式、种植密度以及充分利用品种特性，创造合理群体，具有重要意义。

1. 分蘖发生部位　分蘖发生在分蘖节上。分蘖节是指麦苗基部地下茎节与节间组成的密集节群，多处于地表下 2 cm。如果播种过深，小麦的根茎，即地中茎能逐渐向上伸长，将分蘖节推向适宜深度。直接着生在主茎叶腋处的分蘖叫一级分蘖，从一级分蘖叶腋处长出的分蘖叫二级蘖，依此类推。根据分蘖着生叶位的不同，自下而上叫第 1 分蘖，第 2 分蘖……（图 2-2）。在每个分蘖出现的同时，其蘖的基部相应地产生 1~2 条次生根。分蘖节分化分蘖的能力很强，通常情况下，一株麦苗能生出几十个甚至上百个分蘖。

2. 分蘖发生的时间和规律　一般幼苗长出 3 片真叶时，胚芽鞘腋芽长出胚芽鞘分蘖，播种过深该蘖不易出土。正常分蘖发生的规律是：当主茎伸出第 4 叶时，主茎第 1 叶的叶腋处长出主茎第 1 分蘖，当主茎伸出第 5 叶时，主茎第 2 叶长出主茎第 2 分蘖；当主茎伸出第 6 叶时，主茎第 3 叶长出第 3 分蘖；当第 1 分蘖伸出第 4 叶时，长出第 1 个分蘖的第 1 分蘖（称二级分蘖)……如此类推,新的叶片不断伸出,新生分蘖不断出现,形成了出叶与出蘖的同伸关系。

在我国冬麦区,小麦分蘖的发生过程有两个旺盛阶段,即从小麦出苗到越冬期,为小麦第一个旺盛阶段;越冬后,当气温回升到 3℃ 以上,小麦开始返青,分蘖继续发生,到起身期出现第二个旺盛阶段。

3. 分蘖消长和成穗规律　小麦幼苗从开始分蘖,并不断长出新生分蘖,称分蘖的增长期;当一株小麦及每亩总蘖数达到最多时,称分蘖高峰期。小麦分蘖达到高峰期后,分蘖开始向两极分化,大蘖成穗,小蘖消亡,这段时间称分蘖消亡期。分蘖增长期包括冬前、越冬与返青后的一段时间,到起身前达到高峰,此后开始两极分化,小蘖呈空心状而逐渐消亡。消亡的顺序为:自内而外,自上而下,先死心,后死叶,最后死整个分蘖,麦田进入两极分化后,标志着分蘖停止。

图 2-2　小麦的分蘖

1. 第 1 分蘖;*2.* 芽鞘分蘖;*3.* 第 2 分蘖

分蘖是构成小麦产量的主要组成部分,一般高产田分蘖穗占总穗数的 50% 以上。在正常情况下,小麦的成蘖规律是:主茎和冬前大蘖的成穗率高,冬前晚蘖及春生晚蘖成穗率低;低位蘖成穗率高,高位蘖成穗率低,生产上适时播种,提高播种质量,培育冬前壮苗,是提高小麦成穗率的有效途径。

4. 影响分蘖的因素

温度　分蘖的最适温度为 13~18℃,低于 3℃ 分蘖停止,高于 18℃ 分蘖受到抑制。

水分　分蘖最适宜的土壤持水量为 70%~80%,低于 60% 分蘖受到抑制,高于 80% 土壤空气不足,也影响分蘖。

养分　氮肥对促进分蘖有重要作用,尤其是氮、磷配合效果更佳。氮肥不足,分蘖迟缓,氮肥过多,分蘖过猛,易形成旺苗。

光照　光照充足,则光合产物多,蘖大而壮;光照不足,密度过大时,蘖少而弱。

播深　播种深度适宜,苗壮蘖多。播深超过 5 cm,分蘖受到抑制;超过 7 cm,幼苗出土消耗养分多,苗弱而蘖少。

播期　播种早,冬前有效积温多,主茎多,分蘖也多;播种晚,有效积温少,主茎叶少,分蘖也少。

品种　冬性品种通过春化阶段的时间长,温度低,叶片多,分蘖就多;春性品种分蘖较少。

(三) 小麦根的生长

1. 根系组成　小麦的根系由初生根(种子根)和次生根(节根)组成(图 2-3),初生根一般 5~7 条,形态细长,冬前入土深度可达 90 cm 以上,拔节时最长可达 1~2 m,能吸收土壤深

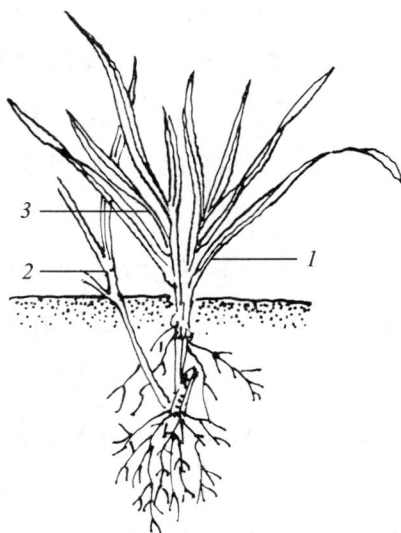

层的水分和养分。次生根发生在分蘖节上,根数量大,入土浅,粗而壮,吸收能力强,是小麦的主要根系,对产量的形成和防止倒伏有重要意义。一般每长 1 个分蘖,相应发生 2~3 条次生根。次生根的发生,有两个高峰期,一是冬前分蘖盛期,二是拔节始期。

　　小麦的根群主要分布在 0~40 cm 的耕层,一般 0~20 cm 占总根量的 60%,20~40 cm 占 30%,40 cm 以下占 10%。

　　2. 根系生长要求的环境条件

　　<u>温度</u>　最低温度为 2℃,最适温度为 16~20℃,最高温度 30℃。

　　<u>养分</u>　氮肥与磷肥对促进根系的生长发育有明显作用。生产上要注意氮、磷配合,促进小麦地上与地下协调生长,以培育小麦壮苗。

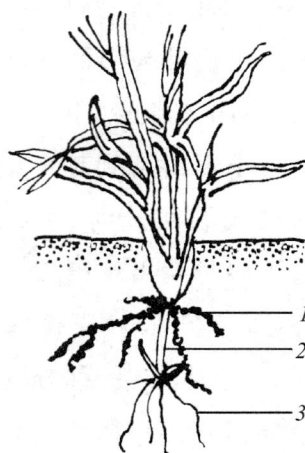

图 2-3　小麦的根系

1. 次生根;2. 根茎;3. 初生根

　　<u>水分和空气</u>　要求最适宜的土壤含水量为田间持水量的 70%。

(四) 小麦叶的生长

一株小麦一般有 12~15 片叶,根据着生位置与作用的不同可分为以下两类:

　　1. 近根叶组　一般有 8~9 片叶,密集着生在分蘖节上,其中冬前近根叶 6~7 片,出生间隔期 5~10 天,主要作用是促进冬前分蘖发根,形成壮苗,为安全越冬与营养生长奠定基础,越冬后相继死亡。另有 2 片近根叶,返青后长出,即冬后春生的 2 片叶,其光合产物促进返青后分蘖发根,壮秆大穗,出叶间隔 20 天左右,拔节后功能衰退,孕穗期死亡。

　　2. 茎生叶组　着生在伸长的茎节上,一般 4~6 片,多数 5 片,拔节到孕穗期相继生出,间隔 5~7 天,主要作用是促进茎秆伸长充实,小穗小花发育,增加粒数,提高粒重;灌浆和成熟期功能开始衰退。在生产上,促进旗叶和穗下节间的适当增大,延长旗叶的功能期对增加粒数、粒重具有重要作用。

二、前期的主攻目标

　　前期的主攻目标一是全苗、匀苗;二是冬前促根增蘖,实现冬前壮苗;三是安全越冬。

　　冬前壮苗的标准:一是苗龄适宜,春性品种主茎六叶一心,半冬性品种七叶或七叶一心;二是分蘖多,春性品种单株 4~5 蘖,半冬性品种 6~7 蘖,每亩总蘖数 60 万~70 万头,三叶蘖占一半以上;三是根系发达,单株次生根 10 条以上,叶色正绿,不过浓不过黄;四是长相敦实,株高 20~25 cm,一般不超过 27 cm。

　　小麦的安全越冬要处理好营养生长与养分贮备的关系,弱苗与旺苗因养分贮备不足,越冬时易被冻死。

三、前期的管理技术

（一）查苗补种，疏苗补栽

麦苗出土后要及早检查，如有缺苗断垄 10 cm 以上的，均应在二叶期前浸种催芽，及时补种。对零星缺苗地段，可在三叶期后取密补缺，进行移栽。补苗时应采用同一品种，补栽要做到"上不压心叶，下不露白根"，栽后浇水，以利成活。

对浇蒙头水或播后遇雨的板结麦田，应在土壤干湿适宜时，疏松表土以利出苗。高产田为了保证苗足苗匀，播种量可比计划苗数所需播量稍大一些，于分蘖始期进行疏苗，去弱留壮，去小留大，确保麦苗均匀一致。

（二）追施分蘖肥，浇好盘根水

对地力、墒情不足或播种偏晚而形成的弱苗，应抓住冬前温度较高、有利分蘖的时期，于分蘖始期追肥浇水，促弱转壮，一般每亩施纯氮 3~4 kg，做到随施肥，随浇水，及时松土。高肥田可不追肥。

（三）适时冬灌

我国北方大部地区冬季雨雪较少，空气干燥，蒸发量大，常出现冬旱现象。冬灌必须适时适量，冬灌时间掌握在平均气温下降到 3℃ 左右时浇完为好。农谚"不冻不消（'消'即'解冻'，下同），灌溉过早；只冻不消，灌溉晚了；夜冻昼消，灌溉正好"，形象地说明了冬灌的时间。冬灌的水量不宜过大，但要灌透，以灌后当天全部渗入土内为宜。对无分蘖或分蘖过少的麦田，可以不灌，以免造成冻害。

（四）中耕与镇压

冬季中耕，主要作用是松土保墒，减少病虫害，改善土壤的透气状况；提高地温，促进微生物活动，加速有机肥料的分解，有利于分蘖和根系生长，增加有效蘖。冬前小麦根系较浅，中耕不宜过深。对生长过旺的麦田除控制水肥外，当小麦冬前群体达预期的长相指标时，可深锄断根，抑制旺长。特别是在浇水后必须及时中耕，破除板结，防止裂缝。旺长麦苗冬季镇压，有抑制生长的作用。冬季镇压在分蘖后到土壤结冻前的晴天中午前后进行。土壤过湿时不宜镇压，以免造成板结。盐碱地也不宜镇压，否则，会引起返碱。

（五）严禁放牧啃青

放牧啃青会大量减少绿叶面积，严重影响光合产物的制造和积累，影响分蘖，造成减产。据山东省农业科学院调查，啃青麦株高降低 8 cm，穗长缩短 0.5 cm，穗粒数减少 2.4 粒，减产十分明显。那种"畜嘴有粪，越啃越嫩"的说法，是完全错误的。

（六）防治病虫草害

1. 主要虫害　有地下害虫金针虫、蛴螬和地上部的蚜虫。

地下害虫防治方法是：进行种子或土壤处理。种子处理可用 50％辛硫磷乳油、40％甲基异柳磷乳油、40％乐果乳油等,用药量为种子重的 0.1％~0.2％。播种时先用种子重5％~10％的水将药剂稀释,用喷雾器均匀喷拌于种子上,堆闷 6~12 小时,使药液充分渗透到种子内即可播种,可兼治多种地下害虫。土壤处理是指结合播前整地,用药剂处理土壤。常用药剂有50％辛硫磷乳油、40％甲基异柳磷乳油等,每亩 250~300 mL;4.5％甲敌粉、2％甲基异柳磷粉剂每亩 1.5~2.5 kg;3％甲基异柳磷颗粒剂等每亩 2.5 kg。乳油和粉剂农药除可喷雾或喷粉外,还可按每亩用药量拌 20~30 kg 细土制成毒土撒施;颗粒剂可拌 20~25 kg 细沙撒施。另外,还可以采用毒饵诱杀法进行防治,即利用90％晶体敌百虫乳油、40％甲基异柳磷乳油、40％乐果乳油等,用药量为饵料重的 1％。先用适量水将药剂稀释,然后拌入炒香的谷子、麦麸、豆饼、米糠、玉米碎粒等饵料中,每亩施用 1.5~2.5 kg。

2. **主要病害**　有白粉病、锈病和纹枯病。

白粉病和锈病的化学防治　用种子重 0.03％有效成分的粉锈宁拌种,可有效控制苗期病害发生,减少越冬期的病源;发病后每亩用25％的粉锈宁可湿性粉剂 15~20 g,加水 50 kg 进行喷雾。

纹枯病的化学防治　每亩用药量为5％井冈霉素水剂 150 mL 对水 60 kg。另外,使用70％甲基硫菌灵可湿性粉剂 75 g 对水 100~150 kg 喷雾,均有较好的防治效果。

［随堂练习］

1. 简述小麦分蘖发生的时间和规律。

2. 小麦前期主攻目标是什么?

3. 小麦前期如何查苗补种?

4. 为什么说"畜嘴有粪,越啃越嫩"的说法是错误的?

［课后调查及作业］

画一张说明小麦分蘖的示意图,注明各分蘖的名称。

任务2.4　小麦的中期管理技术

冬小麦中期生长阶段,也叫春季生长阶段,指小麦返青后至挑旗,包括返青期、起身期、拔节期和挑旗(孕穗)期 4 个生育时期。

一、中期的生育特点

第一,根、茎、叶、蘖等营养器官在此期已全部形成,长出全部茎生叶,分蘖由高峰逐渐走向两极分化。第二,进入营养器官与结实器官并盛期,生长中心由叶、蘖等营养器官生长转向以茎、穗生长为主,是决定成穗率和争取壮秆大穗的关键时期。第三,生长变化大,速度快,对水肥要求十分迫切,反应也很敏感。

（一）小麦茎的生长

小麦的茎由节与节间组成。一般地上茎 4~6 节,多数 5 节。各节间自下而上依次加长,以穗下节间最长,约占株高的一半。植株高度常随品种和生产条件而变化。低者60~70 cm,高者达 140~150 cm,但以 80~90 cm 为宜。高产麦田的小麦茎秆粗壮,节间短,基部充实,机械组织发达,富有弹性,有较强的抗倒伏能力。影响茎秆生长的主要因素是温度、光照和水、肥。

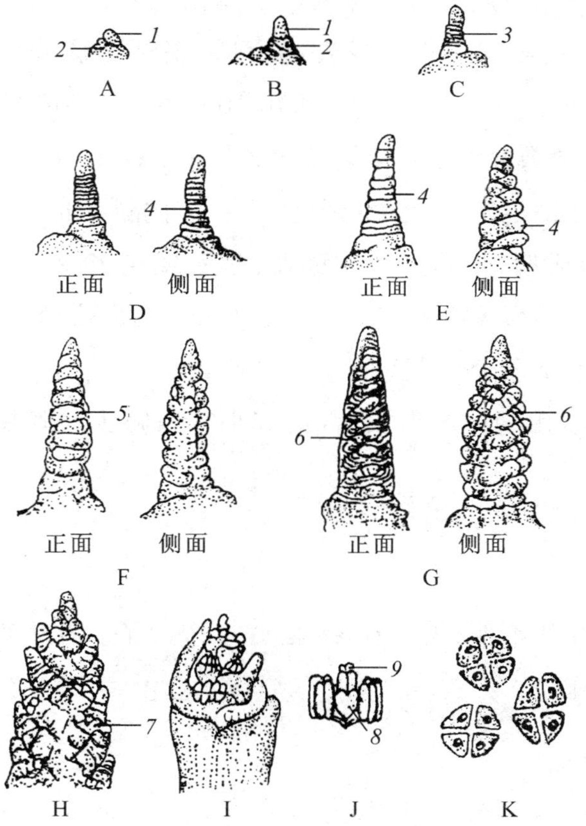

图 2-4 小麦幼穗分化过程

A. 初生期;B. 伸长期;C. 单棱期;D. 二棱期;E. 二棱后期;F. 护颖原基分化期;

G. 小花原基分化期;H. 雌雄蕊分化期;I. 一个小穗;J. 药隔形成期;K. 四分体形成期

1. 生长锥;*2*. 叶原基;*3*. 苞原基;*4*. 小穗原基;*5*. 护颖原基;

6. 小花原基;*7*. 雄蕊原基;*8*. 雌蕊;*9*. 雄蕊

（二）小麦穗的分化

1. 穗的分化过程　根据形态特征与分化进程,小麦穗分化过程可依次划分为 9 个时期,如图 2-4。初生期表现在四叶以前,主要功能是分化叶、节和节间原基等营养器官。伸长期的外部形态为四叶展开,开始分蘖。此期标志着茎叶原基分化结束,穗分化开始,春化阶段基本结束,光照阶段开始。单棱期外观为 5 片真叶,或五叶一心。此期历时越长,分化叶越多,小穗数也越多,是决定小穗数的关键时期。二棱期在八叶一心左右,是分化小穗的时期。小麦进入起身期后,幼穗分化进入护颖原基分化期,是分化小穗轴和小花的阶段。小花原基分化期是每穗小穗数定型期,植株已达 10 片叶。此期前几天追肥、浇水能增加小花数。

以上几个时期,是决定穗大、小穗多、小花多的关键时期。

雌雄蕊分化期正值小麦拔节期,植株十一叶一心。当植株有 13 片真叶左右时,幼穗进入药隔形成期。此期加强肥水管理能减少小花退化,提高小花结实率。四分体形成期小麦最后一片叶完全抽出,进入孕穗期。此期我国冬麦区的南部在 4 月下旬,北部在 5 月初。

2. 穗分化对环境条件的要求　小麦返青起身期,正是小穗分化期,是决定小穗数的关键时期,影响的主要因素是温度与养分。若温度在 10℃ 以下,有较好的水肥条件,持续时间越长,小穗分化时间越长,小穗数越多,则穗大粒多;若温度在 10℃ 以上,则小穗分化时间短,小穗也少,则穗小粒少。因此,"春寒穗大"的说法,有一定的科学道理。

小穗分化至四分体形成期,正是拔节孕穗期,是实现花多、粒多的关键时期。此期对水肥要求十分迫切,如缺肥少水则影响小花发育,尤其是四分体形成期,是需水临界期,如缺水则花粉与子房发育不良,结实率下降,产量降低。通常所说的"麦怕胎里旱"就是指这个时期。此外,温度高于 18℃ 不利于生殖细胞的形成,常造成小花数减少。晚播小麦粒数少,与后期高温有密切关系。

二、中期的主攻目标

中期的主攻目标是:秆壮不倒,穗大粒多,搭好丰产架子。在生产管理上,应紧密围绕这一目标,采取相应的技术措施。

三、中期的管理技术

(一) 诊断苗情,分类管理

我国北方地域辽阔,土质、气候复杂,春季麦苗生长差异很大。春季麦苗返青后,要及时诊断苗情,根据苗情,做到区别对待,对症下药,因苗管理。

1. 壮苗　壮苗春季返青早,叶色青绿,叶大不披,长相健壮,次生根在 20 条以上,群体适宜,越冬前三叶以上的大蘖数已接近或达到计划成穗指标。管理上应控制春生分蘖,做到保蘖增穗,促花增粒,于起身期或起身后的小花分化期再运用肥水进行管理。如果麦苗偏旺,可通过深中耕断根或镇压控制,促进麦苗两极分化,待出现"空心"蘖时,再施肥稳促。对壮苗追肥浇水,不应过早,也不能过晚,以免引起田间郁闭,贪青晚熟,导致减产。

2. 旺苗　旺苗生长猛,群体大,根系弱,各器官之间发育不协调,春蘖多,叶色墨绿,拔节速度快,叶片下披,封垄早,通风透光不良,越冬前三叶以上大蘖数明显高于计划成穗指标。管理上应以控为主,不施返青肥,不浇返青水,深中耕断根、散墒。或拔节前喷施矮壮素、镇压,加速穗的两极分化。施肥浇水可放到拔节后第 2 节长度固定时进行。对播种早、播量大、施肥多、冬前旺、冻害严重的麦田,可提早追肥浇水,并中耕增温,争取多起头,少撒头。拔节后酌情浇水追肥,促花增粒。

3. 弱苗　弱苗分蘖大小不齐,叶片数较少,叶片窄小,叶色淡,生长慢,群体小,越冬前三叶以上大蘖数明显低于计划成穗指标,或播种过早,分蘖过多,年前较旺,返青后叶片发黄,有脱肥现象。对这类麦田中期管理应以促为主,同时,对不同情况下形成的弱苗应区别对待。如对地薄、未施肥、墒情差的麦田,下部叶片枯黄的弱苗,应早用水肥。对肥地、冬前已追过肥、墒情好、苗龄小的晚播弱苗,应早中耕促早发,追肥浇水推迟在起身后进行。对肥力高、播种早、播量大、群体大、个体弱的假旺苗,应尽早疏苗,而后追肥中耕。对盐碱地麦苗,当叶尖发紫时,应及时浇水压盐,防止死苗。各种类型的弱苗,一般均应把握不同情况,追肥浇水,促蘖增穗,提高产量。拔节时,各类弱苗一般都要追肥浇水。

（二）浇好孕穗水,酌施孕穗肥

小麦孕穗期对水分很敏感,是需水临界期,各类麦田均应浇好孕穗水。浇水时间应在拔节后 15 天左右。但对肥力较高、长势偏旺、墒情较好的麦田,应推迟浇水,不需追肥;对地力差、苗色黄、有脱肥现象的麦田,可结合浇水,每亩施纯氮 3～5 kg。此期水肥的作用主要是促进穗下节间伸长,延长上部叶片功能期,防止小花退化,提高结实粒数。应当特别指出,孕穗肥不可过晚过多,以免贪青晚熟,降低粒重。

（三）预防晚霜冻害

我国北方春季常有晚霜发生,小麦处于挑旗前后,不耐低温,遇到晚霜便受冻害。应根据气象预报,在霜前 1～2 天浇水,以增加田间湿度,缓和低温变幅,有预防和减轻霜冻危害的效果。对已受霜害较重的麦苗,不宜毁掉,只要及早追施速效肥料,结合浇水,仍能促使未被冻死的分蘖或新生分蘖抽穗结实,从而获得一定收成。

（四）防治病虫害

该时期主要的害虫有麦蚜、小麦叶螨等,防治的主要方法是化学防治。

麦蚜的防治技术是:用 50%的抗蚜威可湿性粉剂,每亩用 10 g 对水 50 kg 喷雾,也可用 10%吡虫啉可湿性粉剂 50～70 g,对水 50 kg 及时防治。

小麦叶螨的防治技术是:可于害螨发生初盛期田间喷药进行防治。可用 20%哒螨灵可湿性粉剂 2 000 倍液、20%螨克乳油 1 500 倍液、73%克螨特乳油 2 000～3 000 倍液等。

该期主要病害是白粉病、锈病、纹枯病等,其防治技术见前期的病虫害防治。

[随堂练习]

1. 冬小麦的中期生长分哪几个阶段？
2. 对冬小麦来讲，"春寒穗大"的说法是否正确，为什么？
3. 为什么"麦怕胎里旱"？
4. 简述小麦壮苗标准。
5. 怎样浇好小麦孕穗水、施好孕穗肥？

[课后调查及作业]

参观一次当地小麦种植示范户的麦田，并请"户主"介绍冬小麦中期生长阶段的管理经验。

任务2.5 小麦的后期管理技术

冬小麦后期生长阶段，指小麦从抽穗到成熟的各时期，包括抽穗期、开花期、灌浆期和成熟期4个生育时期。

一、后期的生育特点

小麦生长后期营养生长结束，进入以生殖生长为主的阶段，生长中心集中到籽粒上。小麦籽粒中的营养物质，有2/3以上来源于后期的光合产物。因此，在小麦生长的后期，延长上部叶片功能期，防止早衰，提高灌浆强度，增加粒重，是生产管理的中心，也是提高产量的关键。

小麦开花成熟过程大体可分为开花授粉受精、籽粒形成和成熟3个不同阶段。

（一）开花授粉受精过程

小麦抽穗后2~5天开花，一个麦穗花期通常为3~5天。但开花时间的长短，常随品种和气候条件而变化。小麦一天内的开花时间，一般有两个高峰，即上午的9:00—11:00和下午的15:00—18:00，有的品种只有一个高峰，多集中在上午。

小麦开花时，把花药推出颖外，同时花药开裂，散出花粉，花粉粒落在雌蕊的羽毛状柱头上，称为授粉。授粉后1~2小时，花粉开始萌发，经过1~1.5天，花粉穿过柱头进入子房，精子与卵结合，至此完成受精过程。

小麦开花、授粉、受精时，对环境条件要求很严格，最适温度18~20℃，最低温度9~11℃，最高30℃左右。大气最适宜的相对湿度为70%~80%。如果温度低于10℃，不能正常开花，高于30℃，湿度降到20%，则会引起生理干旱，柱头干枯，花粉粒萎缩，失去受精能力。如果扬花时期雨水过多,会导致花粉粒吸水膨胀破裂死亡。

(二)籽粒形成过程

小麦从受精后子房膨大开始,到籽粒长度达成熟长度的 3/4(也称"多半仁")为止,历时 9~11 天,这个过程称小麦的籽粒形成过程。其特点是:籽粒含水量高,占 70% 以上;干物质积累不多,占成熟籽粒总干重的 10%~20%;籽粒的宽、厚度增加较少,籽粒细长。本期末籽粒表面由白绿色变成灰绿色,胚乳由清水状变为清乳状。

在籽粒形成过程中,如遇高温干旱、连续阴雨、病虫害严重等不利条件,则籽粒干缩退化。因此,这个阶段要求遇旱要浇水,通风透光,防治病虫等,以减少秕粒、提高粒重。

(三)籽粒成熟过程

小麦籽粒从"多半仁"到成熟,是籽粒灌浆成熟过程。根据其特点,包括以下 4 个时期:

1. 乳熟期 "多半仁"后,籽粒体积加宽加厚,开始积累淀粉,干物质迅速增加,胚乳由清水状变成清乳状,故称乳熟期。此期历时 15~18 天。此期末体积达最大值时,叫"顶满仓"。籽粒含水量由 70% 下降到 45%。籽粒颜色由青绿变成绿黄,表面有光泽。茎和穗仍呈绿色,中部叶片变黄,下部叶片开始枯死。

2. 面团期 籽粒干物质的积累由快到慢,含水量降至 38%~40%,胚乳变黏呈面团状,故称面团期。历时 3~5 天;籽粒体积缩减,灌浆逐渐结束,籽粒颜色由绿黄转黄绿。

3. 蜡熟期 籽粒进一步充实,含水量降至 25%,胚乳变成蜡质状,指甲可以切断,此时蜡状胚乳挤不出来,故又称"硬仁"。此期植株叶片和穗子变黄,只有茎节与穗颈节保持绿色。蜡熟末期,籽粒干重最高,是收获的最适时期。

4. 完熟期 籽粒含水量降至 20% 以下,干物质积累已停止。籽粒缩小,胚乳变硬,茎叶枯黄变脆,收获时易断头落粒。此外,籽粒的呼吸消耗和降雨的淋溶作用会使千粒重下降,如遇阴雨,休眠期短的品种,籽粒会在穗上发芽,降低产量与品质。因此,生产上要求在小麦完熟期前收割结束。

影响小麦灌浆及粒重的主要因素。小麦籽粒灌浆要求的最适温度为 20~22℃,超过 25℃叶片易早衰,灌浆过程缩短,千粒重下降。充足的光照可产生较多光合产物,利于增加粒重。灌浆期要求土壤适宜的田间持水量为 75% 左右。若低于 50%,灌浆期持续的时间短,粒重轻;超过 85%,易造成贪青晚熟和病害加重,同样降低粒重。延长小麦植株上部几个叶片功能期,对增加粒重有促进作用。灌浆期间不良的气象条件和灾害性天气,常导致粒重下降。如高温、干热风、暴风雨、雨后骤热等。其中干热风是小麦后期灌浆的主要灾害性天气。

二、后期的主攻目标

后期的主攻目标是:养根护叶,防止早衰,提高光效,促进灌浆,增加粒数,提高粒重,丰产丰收。

三、后期的管理技术

（一）合理浇水

小麦从抽穗到成熟，要消耗大量水分。土壤水分以维持最大持水量的70%~80%为宜。根据我国北方的气候特点，这个阶段正处于干旱时期，常年降雨少，气温高，蒸发量大。为此，各地应根据实际情况，在小麦抽穗后浇好扬花水，以提高结实粒数；在开花后10天左右浇好灌浆水，争取籽粒饱满。

（二）叶面施肥

在小麦开花灌浆期间，对植株养分水平偏低的麦田，可进行叶面喷肥补充。据各地试验证明，开花至灌浆初期，喷施1%~2%的尿素溶液或2%~3%的硫酸铵溶液、2%~4%的过磷酸钙溶液、0.2%磷酸二氢钾溶液，每亩喷50~60 kg，对延长叶片功能期、促进灌浆、增加粒重有一定效果。一般大田喷氮素效果较好，高产田喷磷、钾较好。

（三）防止早衰与贪青

小麦的早衰与贪青大多是中期水肥不当所引起的。如果中期缺少氮素，后期叶片中叶绿素含量就会减少，光合能力减弱，提供有机养分减少，遇到干旱就会出现早衰，直接影响灌浆，使穗粒数减少，粒重下降；如果中期施氮过多，后期叶片中的叶绿素含量就会过剩，遇到阴雨天气和土壤水分过多，制造的养分被叶片本身大量消耗，减少向籽粒输送，引起贪青，产量同样会降低。防止的办法：一是中期施肥，尤其氮素肥料要适当，一般宁少勿多；二是后期土壤含水量要适宜，以保持田间最大持水量的70%左右为宜。只有这样，才能保护和延长上部叶片的功能期，促进植株光合产物向籽粒正常运转，直到生长后期叶片保持自然落黄。

（四）防止"青干逼熟"

"青干逼熟"是指小麦在灌浆期间，遇到高温、干旱、土壤水分不足，伴随着强风，出现所谓"干热风"现象，使小麦植株体内水分供应失调，影响籽粒中养分积累的一种异常现象。

防止"青干逼熟"的办法：一方面要选用早熟品种，适时早播，增施钾肥，促进早熟，避开干热风的袭击；另一方面加强后期管理，适时浇水，满足小麦对水分的需求，保持植株体内水分平衡，增加土壤与空气湿度，以减轻干热风的危害。

（五）防倒伏

小麦倒伏一般发生在拔节之后，倒伏越早对产量影响越大，如抽穗开花前倒伏，可减产30%~50%，灌浆期倒伏，一般减产20%以上。所以，群众有"麦倒一把草，谷倒一把糠"的说法。

一般认为小麦倒伏的原因是：品种抗倒力差、不良环境条件的影响、栽培措施不当等。防止倒伏的方法有：

1. 选用抗倒品种　一般茎秆较短而粗壮，叶片挺立或上冲的品种，抗倒力较强。高产田要选用矮秆高产品种，一般认为株高以85 cm左右为宜。但中产田，倒伏不是主要矛盾，不宜盲目引用矮秆品种。

2. 打好播种基础 一要增施有机肥料;二要增施磷肥;三要加深耕层,精细整地;四要提倡精量播种,合理密植;五要提高播种质量,达到匀苗、全苗。通过上述措施,就能促进根系发育,避免群体过大,防止小麦倒伏。

3. 控制合理群体 我国北方冬小麦区,高产麦田的群体指标是:每亩基本苗 15 万株左右,冬前总茎数 60 万~80 万个,春季最高茎数 100 万个左右,成穗 40 万~45 万个。叶面积系数拔节期 4~5,孕穗期 6~8 为宜。

4. 科学用肥 要增施磷肥,控制氮肥,补施钾肥,调整氮、磷比例。高产麦田氮素化肥每亩用量,纯氮不宜超过 15 kg,氮、磷比以 1:(0.7~0.8) 为宜。

5. 控旺转壮 对群体过大的旺苗,在起身、拔节期就要采取防倒伏措施,转化苗情,控旺转壮。其转化措施有:控制水肥,喷多效唑或矮壮素,深中耕断根、镇压等。

(六) 防治病虫害

小麦生长后期主要的虫害有吸浆虫等,主要病害有白粉病、锈病、叶枯病、赤霉病等。

吸浆虫的防治方法是:在小麦抽穗期,每亩用 80% 敌敌畏乳油 100 g,对水 3.5~4 kg,喷在 7.5~10 kg 的麦糠壳上,拌匀后,立即撒施可取得良好效果。

赤霉病的防治方法是:于扬花初期,每亩用 50% 的多菌灵可湿性粉剂 75~100 g,或 80% 的多菌灵粉剂 50 g,对水 50~75 kg 喷雾。

(七) 适时收获和贮藏

小麦的蜡熟期,茎叶中营养物质向籽粒的运转已基本结束。到蜡熟末期籽粒干重不再增加,淀粉含量也最高。农谚说"九成熟,十成收;十成熟,一成丢",就是这个道理。

1. 小麦的收获方法 如采用人工收割,一般要经过割倒、脱粒等工序;采用小型割麦机收割时,除用机器割倒外,其余工序与人工收割相同。在我国北方,最近几年收获小麦已大量使用小型联合收割机进行收获。这种收获方法在田间一次完成收割、脱粒和清选工序。完熟期是小麦联合收割的最佳时期,此期收获的优点是有利于收割与脱粒。留种用的小麦一般也在完熟期收获,这样的种子发芽率最高。

2. 小麦的贮藏 小麦收获脱粒后,应晒干扬净,待种子含水量降至 12.5% 以下时,才能进仓贮藏。一般在日光下暴晒后趁热进仓,能促进麦粒的生理后熟和杀死麦粒中尚未晒死的害虫。在贮藏期间要注意防湿、防热、防虫,经常进行检查,伏天应进行翻晒,以保证安全贮藏。少量种子可贮藏在放有生石灰的容器中,加盖封口,使种子可在较长时间内处于干燥状态,从而防止虫蛀和保证发芽力。

[随堂练习]

1. 冬小麦后期生长有哪几个阶段? 什么是小麦的"青干逼熟"?

2. 小麦开花成熟过程大体上可划分为哪3个不同阶段?

3. 小麦籽粒成熟过程包括哪几个时期?

4. 简述小麦生长后期如何灌水。

5. 简述小麦生长后期倒伏原因和防止方法。

[实验实训]

实2-1　小麦基本苗的调查

一、目的意义

学会调查小麦基本苗及出苗率的方法;明确小麦基本苗对群体动态的影响以及在生产上的重要意义。

二、材料与用具

不同出苗情况的麦田、皮尺(米尺)、1 m² 的木框、计数器、铅笔等。

三、内容与方法步骤

(一) 基本苗的调查

基本苗的调查时间应在分蘖前,一般可采用下列两种方法:

1. 单位行长调查法　可按下列步骤进行:

(1) 数单位长度苗数。在调查地块内选代表性点若干个(试验小区2个点,大田选5个或更多些),每点量1 m长2行,两端插棍,并数行内苗数,用两行苗数相加,除以2,得出平均每米的苗数。

(2) 求平均行距。在每个样点处量一个畦宽度,用畦内行数去除(畦作时),或量11行用10除,得出平均行距。

(3) 计算。

$$平均每米的苗数 = \frac{第一行苗数 + 第二行苗数}{2}$$

$$每亩基本苗数 = 平均每米的苗数 \times \frac{亩}{平均行距/m}$$

2. 方格调查法　在调查地块内选代表性点若干,每点用框定出1 m²,查出格内苗数,分别调查3个不同方位的点,再计算其平均值,得出平均每平方米苗数,乘以667,便算出每亩基本苗数。用这个方法要注意确定方格的位置,往往方位不同,苗数会有相当大的差别。

各调查点应在记载本上详细注明位置,便于以后其他项目的定点调查。

(二) 缺苗断垄调查

在前边选点的同时,每点量3 m长2行,检查行内1 m以上断垄数和各段长度,计算:

1. 断垄百分数　各断垄长度之和÷样点长度(6 m),换算成百分数表示。

2. 平均断垄长度　各断垄长度之和÷断垄的段数。

（三）出苗率的调查

播种粒数乘发芽率即为每亩出苗数，这是一个理论数值。实际播下能够发芽的种子，也不一定能出苗，前边调查的基本苗数才是实际出苗数，所以出苗率的计算应为

$$出苗率＝（每亩基本苗数／理论出苗数）×100\%$$

四、作业

1. 将调查结果整理并填入表 2-1。

2. 根据调查结果分析造成缺苗断垄的原因并提出补救措施。

表 2-1　小麦基本苗调查记录表　　　　　年　月　日

地块名称	品种	播种期	每亩播种量/kg	播种方法	每亩基本苗数/株	断垄/％	出苗率/％	备注

实 2-2　小麦形态观察

一、目的意义

1. 认识小麦植株各个器官的形态特征及其功能。

2. 正确区分主茎与分蘖，一级分蘖，二级分蘖，主茎一叶蘖、二叶蘖等。

3. 鉴别冬性、春性及半冬性小麦幼苗的形态，分蘖习性（强、弱）及抗冻情况。

二、仪器与材料

冬性、春性小麦品种的幼苗及完整植株，有关各器官的标本及挂图。

三、内容与方法步骤

（一）小麦幼苗的观察

小麦幼苗形态观察步骤如下：

1. 依地下部向地上部顺序观察幼苗的器官：种子根、地中茎、次生根（节根）、主茎、分蘖。

2. 区别种子根和次生根着生的位置、条数、形态及生长特性。

3. 地中茎的长短，有无地中茎，受什么条件的影响。

4. 区分主茎、一级分蘖、二级分蘖……并观察分蘖节、潜伏芽，注意分蘖节的特点。

5. 区分鞘叶及叶的叶鞘、叶舌、叶耳和叶片。

6. 观察不同类型、品种幼苗形态，注意主茎及分蘖生长的姿态，冬性、春性、半冬性品种各属于何种类型？匍匐型、直立型、半直立型的分蘖力有无区别？

（二）小麦植株观察

主要观察茎秆与穗，按下列项目及步骤进行：

1. 区分主茎,一级、二级、有效和无效分蘖。

2. 测量主茎高度　主茎伸长节间数目及由下而上各节间的长度。

3. 观察穗部性状　有无芒、长芒、顶芒、短芒、芒色。穗形(圆筒形、纺锤形、棍棒形、尖塔形)。穗色,即颖壳色(白色、浅红色、黑色等)。小穗:小穗的结构、排列的疏密,小穗数多少,结实粒数,不实小穗数和结实小穗数。籽粒形状(卵圆形、短圆形、长卵形等)、粒色(白粒、红粒)、粒质(粉质、角质、半角质)、大小(一般用千粒重表示)。

四、作业

1. 通过对幼苗的观察,注明小麦幼苗形态结构图中各部位名称。

2. 试说明小麦分蘖节在幼苗个体上的重要作用,以及与幼苗能否安全越冬有何关系?

3. 通过比较指出冬性、春性、半冬性品种幼苗的形态有何不同。

实 2-3　小麦春季田间诊断

一、目的意义

认识春季小麦弱、壮、旺苗的长势长相,学会分析形成不同苗情的原因,并提出管理意见。

二、材料及用具

供调查的麦田,米尺、小铲、铅笔等。

三、内容与方法步骤

1. 在普遍调查了解田块基本情况的基础上,结合课堂讲授和教材中有关春季麦苗弱、壮、旺的标准,选择有代表性的弱、壮、旺苗的田块分别取点(用对角线取样法),调查每亩总分蘖数(凡是植株已全部发黄或仅有心叶保持绿色的分蘖均作为死亡分蘖,不计入),群体高度(由地面量麦苗的自然高度,用 cm 表示),封行情况(分封行、半封行与未封行 3 级记载),叶色(分黄绿、浓绿)。

2. 每类田块挖取有代表性的带根麦苗 10 株(挖苗时不要损伤叶片、分蘖)。把田间采集的各类麦苗样本带回室内,调查主茎叶龄、单株分蘖数、次生根数、主茎幼穗分化时期苗质(可分为细弱、中等、健壮)。

3. 将以上各类麦苗调查结果加以分析比较。

四、作业

将调查结果填入下表 2-2。

表 2-2　春季各类麦苗长势长相比较

项　目		弱　苗	壮　苗	旺　苗
群 体	每亩总分蘖数/个			
	群体高度/cm			
	封行情况			
	叶色			

续表

项 目		弱 苗	壮 苗	旺 苗
主体	主茎叶龄/个			
	单株分蘖数/个			
	次生根数/条			
	主茎幼穗分化时期苗质			

实 2-4　小麦田间估产及室内考种

一、目的意义

通过收获前田间取样调查、室内考种等,计算理论产量,并对照实际产量,简要写出高产生产技术总结。

二、调查时间

小麦收获前进行。

三、调查方法

（一）田间目测

田间观察穗的整齐度,粗略估计产量。

（二）取样

每组取样 1 m²,最好在苗期定点处取样,如定点已失去代表性,则应另选代表性样点,每点取样 1 m²。

（三）室内考种

将取回各样点样品分组进行考种。内容为:

1. 1 m² 穗数,并折算出每亩穗数。

2. 从样品中选出 10 株有代表性的小麦,分别测定主茎高度,第 1、2 节间长度,穗下茎节长度,每穗小穗数（有效小穗、无效小穗）,每穗粒数,每穗粒重,求出平均数。

将 1 m² 的穗全部剪下脱粒,并将 10 株的麦粒合在一起,称量样点粒重,测定千粒重,计算产量。

$$每亩理论产量=\frac{平均每平方米穗数×667×平均穗粒数×千粒重（g）}{1\,000×1\,000}（kg）$$

四、作业

根据室内考种结果,计算理论产量和实际产量,总结小麦高产栽培的技术要点。

[回顾与小结]

本章学习了小麦的生长发育知识、小麦的播种技术,按小麦栽培的前、中、后三个阶段学习了小麦的田间管理技术,了解了春小麦生产技术要点、600 kg 超高产小麦的土壤、肥料施用技术,进行了 4 个实验实训项目的操作训练。其中需要<u>重点掌握</u>的是:小麦的分蘖成穗规律,小麦的播种技术,不同生育时期小麦的苗情诊断及相应的田间管理技术。

[复习与思考]

1. 要实现小麦高产,播种前应如何整地?
2. 简述浇灌小麦底墒水的方法。
3. 简述并分析比较冬小麦前期、中期、后期的主要生育特点。
4. 简述并分析比较冬小麦前期、中期、后期的主攻目标。
5. 简述并分析比较冬小麦前期、中期、后期的主要管理技术。
6. 怎样做好超高产小麦生产的土地和肥料准备工作?
7. 怎样进行小麦收获前的田间估产?

项目 3

水稻生产技术

学习目标

1. 知识目标　了解水稻的生育期、生育时期、感温性、感光性、基本营养生长性等概念，了解水稻的一生和产量的构成因素，掌握水稻各生育期的生育特点、主攻目标等。

2. 技能目标　水稻良种选择技术，水稻播前种子处理及播种技术，水稻育秧技术及插秧技术，水稻本田期的管理技术，水稻病虫害防治技术，水稻田间估产技术，水稻抛秧技术。

水稻是我国主要的粮食作物之一，其种植面积约占粮食作物总面积的 30%，总产占粮食总产的 42%，无论是面积还是总产，均居所有粮食作物之首。水稻是著名的高产稳产农作物，适应性强，栽培范围遍及全国各地。稻米营养丰富，易于消化，各种营养成分的可消化率和可吸收率均较高，很适合人体需要。稻谷加工后的副产品用途也很广。因此，搞好水稻生产，提高水稻的产量和稻米的品质，对我国粮食安全和国民经济的发展具有十分重要的意义。

我国水稻产区划分为 6 个稻作区：华南双季稻作区、华中双单季稻作区、西南高原单双季稻作区、华北单季稻作区、东北早熟单季稻作区、西北干燥区单季稻作区。

任务 3.1　水稻的生长发育

一、水稻的一生

通常把水稻种子萌发至新种子成熟的生长发育过程称为水稻的一生。

（一）水稻的生育期与生育时期

水稻从播种到收获所经历的天数,称生育期;从秧苗移栽到成熟所经历的天数称本田(或大田)生育期。水稻生育期的长短因品种、环境条件的不同有很大差异,一般在 80~180 天。水稻的一生可分为两个不同的生育阶段,即以生长茎、叶、分蘖为主的营养生长阶段和以长穗、长粒为主的生殖生长阶段,它们划分的界限是幼穗分化。

根据外部形态和新器官的建成,水稻的一生又可分为幼苗期、分蘖期、拔节孕穗期和结实期 4 个生育时期。营养生长阶段包括幼苗期和分蘖期。生殖生长阶段包括拔节孕穗期和结实期,是从幼穗开始分化(拔节)到稻谷成熟的一段时期。

1. 种子发芽和幼苗期　具有发芽力的种子在适宜的温度下吸足水分开始萌发。当胚芽和胚根长大而突破谷壳时,生产上称为"破胸"或"露白",当芽长达谷粒长度的 1/2、根长达谷粒长度时,即为发芽。从萌发到三叶期是水稻的幼苗期。

2. 分蘖期　从第 4 叶伸出开始萌发分蘖到拔节为分蘖期。分蘖期又常分为秧田分蘖期和大田分蘖期,从四叶期到拔秧为秧田分蘖期,从移栽返青后开始分蘖到拔节为大田分蘖期。拔节后分蘖向两极分化,一部分早生大蘖能抽穗结实,成为有效分蘖;另一部分晚出小蘖,生长逐渐停滞,最后死亡,成为无效分蘖。

3. 拔节孕穗期　从幼穗开始分化至抽穗为拔节孕穗期。此期经历的时间较为稳定,一般为 30 天左右。

4. 结实期　从抽穗开始到谷粒成熟为结实期。结实期经历的时间,因不同的品种特性和气候条件而有差异,一般为 25~30 天。结实期可分为开花期、乳熟期、蜡熟期和完熟期。

（二）水稻的"三性"

1. 水稻"三性"的概念

水稻原产热带、亚热带,因而形成了水稻要求高温、短日照的发育特性。一个水稻品种,在一定温度、日照条件下,生育期是稳定的,但是,当温度、日照条件变化时,生育期就会改变。生育期的改变主要表现在营养生长阶段长短的变化上,而对生殖生长阶段的长短影响不大。水稻品种的感温性、感光性和基本营养生长性简称为水稻的"三性"。水稻品种的生育期长短由"三性"决定,是品种的遗传特性。

感温性　水稻品种因受温度高低的影响而改变其生育期的特性,称为感温性。水稻品种在适宜的生长发育温度范围以内,温度高可使其生育期缩短,温度低可使其生育期延长。水稻生长上限温度一般为 40℃,而发育上限温度不超过 28℃。若超过其发育上限温度,其生育期不仅不会缩短,有的品种还会因生理上不适应,其生育期会有所延长。在短日照条件下,大多数晚稻品种感温性比早稻品种强,高温对水稻生育期缩短的幅度,大多数晚稻品种较早稻为大。如一般北方的早粳稻品种,比南方的早籼稻品种的感温性强些。

感光性　水稻品种因受日照长短的影响而改变其生育期的特性,称为感光性。水稻品种在适宜生长发育的日照长度范围内,短日照可使生育期缩短,长日照可使生育期延长。一般原产低纬度地区的水稻品种感光性强,而原产高纬度地区的水稻品种对日长的反应不强。南方稻区的晚稻品种感光性强,而早稻品种的感光性不强;中稻品种的感光性介于早、晚稻之间,其中偏迟熟的品种,其感光性接近于晚稻,而偏早熟的品种的感光性则与早稻相似。

由于晚稻品种感光性强,它的感温特性必须在短日照条件下才能表现出来,所以影响晚稻生育期变化的主要因素是感光性,即日照长度。感光性强的品种,在长日照条件下不能抽穗。

<u>基本营养生长性</u>　水稻进入幼穗分化之前,不受短日、高温影响的正常营养生长期,称为基本营养生长期。基本营养生长期长短因品种而异,这种特性称为水稻品种的基本营养生长性。水稻的生殖生长是在其营养生长的基础上进行的,其营养生长向生殖生长的转变,必须要求有最低限量的物质基础。因此,即使在最适于水稻发育转变的短日、高温条件下,也必须经过一段最低限度的营养生长期,才能完成其发育转换过程,进入幼穗分化阶段。

2. 水稻"三性"在生产中的应用

<u>在引种上的应用</u>　从不同生态地区引种,必须考虑水稻品种的"三性"。由于不同纬度南北之间的光、温生态条件差异明显,相互引种应掌握其生育期及产量变化的规律。北种南引,因原产地在水稻生长季节的日照长、气温低,引种到日照较短、气温较高的南方地区种植,其生育期缩短,会因营养生长量不足而造成减产。在适宜纬度范围之内,如从华南地区向华中地区引种感光性弱或不强、感温性中等的早、中稻品种,只要能保证其生长季节,引种较易成功。

纬度接近的东西地区相互引种,生育期变化不大,容易成功;纬度相近而海拔不同地区之间引种,一般由低向高处引种,生育期延长,宜引用早熟品种,高向低处引种,生育期缩短,引种迟熟品种为宜。

<u>在生产栽培上的应用</u>　对"感温性"强的早熟品种,迟播时,温度高,生育期短,产量低,因此,要尽量早播、早插;在北方温度低、有效积温少的年份,抽穗时间延长,成熟晚,产量低;反之,则产量高。"感光性"强的晚熟种,在热量得到满足的条件下,抽穗时间比较稳定,早播并不早熟,不延长生育期。所以,对这类品种生产上要注意培育长秧龄壮秧(即老壮秧),并及时插秧。

二、水稻产量及其形成

水稻产量由单位面积上的有效穗数、每穗结实粒数和粒重构成。在水稻生长发育过程中,不同生育时期决定着不同的构成因素。

(一)单位面积穗数

单位面积穗数是由主茎穗数和分蘖穗数组成的,单位面积穗数的多少决定于基本苗数和分蘖成穗数,一般以基本苗的影响最大。单位面积上的有效穗数,主要是在水稻分蘖盛期,最迟不超过最高分蘖期后 7~10 天就已经确定下来。因此,要保证有较多的穗数,在生产技术上就要注意培育壮秧和适时早插,合理密植,插足基本秧;加强田间管理,早施分蘖肥,促进分蘖早生快发,争取低位分蘖,在分蘖后期控制追肥,适时搁田,抑制无效分蘖,使养分集中供应早期大分蘖,提高分蘖成穗率。

(二)每穗粒数

每穗结实粒数取决于每穗颖花数的多少和结实率的高低。每穗颖花数决定于颖花的分化数和退化数。颖花分化数的决定时期是枝梗和颖花分化期,此时适量施用促花肥,能增加枝梗和颖花分化数;颖花退化的主要时期是减数分裂期,此时如营养不良,或受阴雨、冷害、高温、旱涝等影响,都会造成颖花大量退化,减少结实粒数;适时施用保花肥,培育健壮的植株,能减轻不良环境条件的影响。

影响结实率的时期是从第一苞分化开始到胚乳完成增长时为止,其中影响最大的时期是花粉发育期、开花期和灌浆盛期。在花粉发育期和开花期如遇不良条件,易导致雄性不育或开花受精不良而形成空粒;在灌浆盛期如遇不良条件,则易导致灌浆不良而形成秕粒。培育健壮植株,可促进稻株中积累足量的糖类,防止倒伏及控制合理的颖花数量,能有效提高结实率。

(三)粒重

稻谷的粒重取决于谷壳的体积和胚乳灌浆充实的饱满程度。因此,提高粒重,第一要增大颖壳的体积。除选用大粒品种外,在花粉母细胞形成期至减数分裂期适量追施速效氮肥,对增大颖壳的体积有明显的促进作用。第二要增大、充实米粒。抽穗后适时施粒肥,提高叶片的光合效率,降低呼吸消耗,改善灌浆条件,促进植株体内贮藏的和抽穗后合成的光合产物顺利地转运到谷粒中去,对提高粒重作用很大。

单位面积穗数、每穗粒数和粒重三者的关系是既相互补充又相互制约,生产上采取的增产途径有:大穗增产途径、穗粒兼顾增产途径及多粒增产途径等,使得不同品种在不同的生产条件下均能获得高产。

[随堂练习]

1. 水稻的一生分为哪几个生育时期?
2. 什么是水稻的"三性"? 水稻的"三性"在生产上有什么作用?
3. 简述水稻产量的构成要素及相互关系。

任务 3.2　水稻育秧与移栽技术

一、水稻的类型与良种选择

（一）水稻的类型

我国栽培稻主要有籼稻和粳稻两大类型,两者在特征和特性上有明显的差别,如对石炭酸的反应、米粒的黏性、胀饭性、谷粒形状、叶色等(表 3-1)。两者的地理分布也不同,籼稻比较适宜于在高温、强光和多湿的热带地区和亚热带低地种植;粳稻比较适合于气候温和的温带和热带高地种植。

表 3-1　籼稻、粳稻主要品种性状比较

	籼　稻	粳　稻
叶宽	中等	较窄
叶色	淡绿	浓绿
分蘖力	较强,散生	较弱,集中
茎秆形态	较粗,壁薄	较细,壁厚
谷粒形状	细长	宽厚
米质	直链淀粉多,黏性小,胀性大	直链淀粉少,黏性大,胀性小
耐寒性	弱	强

在籼稻和粳稻中,根据生育期的长短,又分为早、中、晚稻;根据需水情况,分为水稻和陆稻;根据米质黏性的强弱,分为黏稻和糯稻。

由于籼稻和粳稻对气候条件的要求差别较大,各地应根据当地的气候条件和茬口早晚,选择类型及生育期都适宜的品种。

（二）水稻良种选择

我国北方生产上推广的水稻良种类型全、品种多,各地应根据当地的气候条件、生产条件及市场需求等,选择适宜的品种。

1. 广两优 19　由河南省信阳市农业科学院选育,2019 年通过河南省农作物品种审定委员会审定,为中籼迟熟两系杂交水稻品种,全生育期 145 天。平均株高 136.0 cm,亩有效穗 16.2 万,穗长 28.1 cm,每穗总粒数 186.7 粒,结实率 81.6%,千粒重 28.8 g。株型紧凑,茎秆粗壮,弹性好;剑叶宽大直立上举,茎叶夹角小;分蘖力中等偏上,抽穗速度快,抽穗整齐度一般,有两段灌浆现象;籽粒狭长,谷粒橙黄色,颖尖秆黄色,部分籽粒短芒。

平均亩产稻谷 626.6 kg;作春稻栽培露地育秧宜在 4 月 20 号左右播种,麦茬稻栽培以 4

月 30 号左右播种。大田亩用种 1.0 kg,秧龄控制在 35 天左右。

2. **信粳 1 号**　由河南省信阳市农业科学院选育,2019 年通过河南省农作物品种审定委员会审定,为常规粳稻品种,全生育期 153 天。平均株高 100.6 cm,亩有效穗 21.4 万,穗长 16.3 cm,每穗总粒数 149.1 粒,结实率 83.7%,千粒重 25.5 g。株型较紧凑,茎秆粗壮,抗倒性较强,基部茎节短,倒二叶长,叶片直挺,根系活力强;穗大整齐,直立穗,叶青籽黄。

5 月中旬播种,每亩大田用种量 2.5 kg,秧田每亩播种量 25～30 kg;平均亩产稻谷 626.6 kg。适宜豫南稻区种植,但在栽插密度大、群体过大、高施氮量的情况下,导致群体郁闭,通风透光差,易发生纹枯病及倒伏现象。

3. **龙稻 20**　由黑龙江省农业科学院耕作栽培研究所选育,2015 年通过黑龙江省农作物品种审定委员会审定,为普通水稻品种,生育日数 139 天左右。需≥10 ℃活动积温 2 575 ℃左右,品种主茎 13 片叶,长粒型,株高 95.5 cm 左右,穗长 21.2 cm 左右,每穗粒数 140 粒左右,千粒重 26.3 g 左右。

品种出糙率 81.3%～81.7%,整精米率 64.1%～68.5%,垩白粒米率 3.0%～6.0%,垩白度 0.9%～1.7%,直链淀粉含量(干基)17.45%～17.53%,胶稠度 76.0～80.5 mm,食味品质 84～87 分,达到国家《优质稻谷》标准二级。

育秧播种期 4 月 20 日,秧龄 30 天左右,收获期 9 月 25—30 日。注意预防稻瘟病,预防二化螟及潜叶蝇。

4. **龙粳 31 号(龙花 01-687)**　由黑龙江省农业科学院佳木斯水稻研究所、黑龙江省龙粳高科有限责任公司选育,2011 年通过黑龙江省农作物品种审定委员会审定,属粳稻品种。主茎 11 片叶,株高 92 cm 左右,穗长 15.7 cm 左右,每穗粒数 86 粒左右,千粒重 26.3 g 左右。

出糙率 81.1%～81.2%,整精米率 71.6%～71.8%,垩白粒米率 0.0%～2.0%,垩白度 0.0%～0.1%,直链淀粉含量(干基)16.89%～17.43%,胶稠度 70.5～71.0 mm,食味品质 79～82 分。

生育期 130 天,需≥10 ℃活动积温 2 350 ℃左右,4 月 15—25 日播种育秧,秧龄 30 天,插秧规格为 30 cm×13.3 cm,每穴 3～4 株。

二、水稻育秧技术

在水稻生产上主要有育秧移栽和直播两种方式。育秧移栽可以缩短本田生育期,有利于提高复种指数;在北方寒冷地区,育秧可以延长水稻生育期,有利于提高水稻产量;在秧田期便于精细管理,移栽时可以保证密度。

我国主要育秧方式包括水育秧、旱育秧两种。水育秧又分为水层育秧、湿润育秧、通气湿润育秧等;旱育秧包括温室育秧和旱育秧。通气湿润育秧是目前应用的主要育秧形式,其育秧技术如下:

（一）水稻秧田选择与制作

1. 选择育秧地　一般选择交通方便，地势平坦，背风向阳，灌排方便，便于管理，靠近本田，土质松软，通透性良好，有机质含量在 1.5% 以上，pH 在 7.5 以下，含盐量在 0.1% 以下的地块作育秧地。

2. 秧田制作

耕耙　一般选用冬闲田作秧田，前作收后随即翻耕，翻耕不宜太深，一般以 15 cm 为宜。冬季冻垡、风干、晒垡，促进土壤进一步熟化，对盐碱地还有淋洗盐碱的作用。春季浅耕细耙，精细平整，耕深 10 cm，耙平、耙透、耙细。秋、春耕均宜早不宜迟，北方寒冷地区早春土壤化冻 10 cm 以上时，即可春耕。

作床　湿润育秧要求通透性良好的"通气秧田"。苗床特点是上糊下松，通气保温，易排易灌。做法是干耕干耙，水层浅平，播前泡田，用钉齿耙将表面耙成泥浆，再用木耙粗平。粗平后挑沟做畦，沟宽、深各 25 cm，畦宽 1.5 m。田四周挖围沟，中间开厢沟，如畦太长还要打腰沟，做到三沟相通，排灌方便。挖好沟后要精细平整，放水找平，做到畦平如镜。

秧田培肥　底肥以有机肥为主，化肥为辅，有机肥要细，要充分腐熟。一般施肥种类及数量为：每亩施有机肥 1 500~3 000 kg，过磷酸钙 30~40 kg，硫酸铵 30~40 kg，缺锌土壤增施硫酸锌 2 kg，沙质土壤增施硫酸钾 8~10 kg。肥料要匀施、浅施，使其在育秧期充分发挥肥效。

目前，在辽宁、吉林、黑龙江等省大力推广配制营养土育苗，效果较好。具体方法有两种：

一种是就地取材，配制床土。一般以山地腐殖土或田园土做客土，优质农家肥、草炭为配肥，三者比例按 2∶1∶2 进行混合配制，没有草炭的地方，客土与农家肥的比例为 6∶4，每床（22.5 m²）需客土 350~500 kg。另外，每床最好加磷酸二铵 200~300 g 或硫酸铵 400~600 g。然后进行消毒，每床需 135 g 敌可松，稀释成 1 000~1 500 倍液喷洒床土。最后进行调酸，将浓硫酸 3.5~4.0 kg 稀释，水量为浓硫酸的 6 倍，喷洒营养土 500 kg，充分混合，pH 调至 4.5~5.5，闷 3 天后，当 pH 在 5.5~6.0 时即可播种。也有的直接将 pH 调至 5.5~6.6，随即播种。

另一种是应用床土调制剂调制床土。各地科研部门出售的床土调制剂，既能满足苗期生长发育所需要的养分，又缩减了消毒、调酸过程。使用床土调制剂要按相应说明操作，不同 pH 的土壤要选用不同型号的土壤调制剂。如吉林市农业研究所生产的床土调制剂有 E 型、O 型、W 型 3 种型号，E 型适于 pH<6.8 的土壤，O 型适于 pH 为 7 左右的土壤，W 型适于 pH>8.5 的土壤。

（二）培育壮秧技术

1. 壮秧标准　培育壮秧是水稻高产的基础，也是防止烂秧的有效措施。壮秧的形态特征是：叶片宽大挺健，叶短，叶色鲜绿无病虫，黄叶少；苗基部扁宽、粗壮、有弹性；根系发达，短白根多，无黑根、烂根；秧苗长势旺，不徒长，高度整齐一致，叶龄适中。

小壮苗（3.5 叶期以内移栽的苗）标准　苗高 8~12 cm，茎基部宽 2 mm 以上；根 5~6 条，色白、短粗;叶片宽厚挺立,叶色鲜绿,叶鞘较短;移栽适龄1.5~2.2叶。

中壮苗(3.5~4.5叶期移栽)标准　苗高10~15 cm;根10余条,色白而粗;叶片宽厚挺立,叶色鲜绿,叶鞘较短;移栽适龄3.5叶以上。

大壮苗(4.5~6.5叶期移栽)标准　苗高15~25 cm,茎基部宽4 mm以上,短而粗壮;根系白而粗壮;叶片宽厚挺立,有弹性,叶色绿中带黄,叶鞘短而均匀;移栽适龄4.5~6.5叶。

2. 培育壮秧技术

(1)播前种子处理。在选用良种的基础上,播前要进行种子处理。

晒种　在播种前选晴天晒种1~2天,可增强种皮的透性,提高酶的活性,促进发芽。

搓种　机械播种时,为使种子落子均匀,需要将种子中的稻草去除,将种子上的枝梗搓掉,将有芒种子上的长芒搓下。

种子精选　为实现苗全、苗壮,可用风选、筛选、盐水选饱满种子。盐水选种时,盐水浓度因稻种有芒、无芒而略有差异。有芒品种盐水密度为1.05~1.08,无芒品种盐水密度为1.08~1.13。配制方法:每50 kg水加10~12 kg大粒盐。充分溶解后,用波美密度计测量。如无密度计,可用鲜鸡蛋土法测试,鸡蛋横浮水面且露出水面5分硬币大小,此时密度约为1.13;鸡蛋竖浮水面且露出水面5分硬币大小,密度约为1.10。选种时,每次放入种子量不要超过溶液的1/2,先充分搅拌稻种,将漂浮液面的稻粒及其他漂浮物捞出,再将溶液中的稻种捞出,前后不要超过5分,最后用清水冲洗种子两遍,待消毒。一次配制的盐水,选种2~3次后,用鸡蛋测一下密度,及时调整盐水浓度。

种子消毒　为防治通过种子传染恶苗病、白叶枯病、稻瘟病等,可用1%石灰水、40%的克瘟乳剂500倍,或50%的多菌灵1 000倍液浸种48小时,消毒后,立即捞出种子用清水冲洗,再进行清水浸种。

用1%石灰水溶液消毒的方法是:用1 kg生石灰溶入100 kg清水中,搅匀清除残渣后,将种子放入溶液中,以液面高出种子10 cm左右为宜,春稻浸3~4天,麦茬稻浸2~3天,浸种期间不要晃动溶液,以免氧化膜破坏,不利消毒。

浸种　浸种能使谷种较快地吸足水分,促进早发芽、发芽整齐。要严格把握浸种时间,浸种要透,但不能过度。浸种时间长短与水温有关,15℃时,需5~6天(包括种子消毒时间);20℃时,需3~4天。浸种时水要漫过种面,每天轻轻搅拌1次,2天换1次水。浸好的种子表现为谷壳半透明,腹白清晰可见。种子洗净后麦茬稻可直接播种,春稻有时需要再催芽。

催芽　早中稻播种时气温低,一般都要催芽。催芽方法有温室催芽、地窖催芽、酿热物温床催芽、草木灰催芽等。催芽过程可概括为高温破胸、适温催芽、保湿促芽、摊晾炼芽四个阶段。

高温破胸:先将种谷在50~55℃温水中预热5~10分,再起水沥干,上堆密封保温,保持谷温35~38℃,一般15~18小时即可露白。

适温催芽：种谷露白后，呼吸作用旺盛，产生大量热量，使谷堆温度迅速上升，如超过42℃，就会出现高温烧芽现象，故露白后要及时翻堆散热，并淋温水，保持谷温 30～35℃，促进根的生长。

保湿促芽：齐根后要控根促芽，使根齐芽壮，适当淋浇 25℃左右温水，保持谷堆湿润，促进幼芽生长。

摊晾炼芽：为增强芽谷播后对自然气温的适应性，播种前把芽谷在室内摊薄晾芽 1 天左右再播种，若天气不好，可进一步将芽谷摊薄并保湿，抢晴播种。

（2）精细播种。具体要求如下：

确定适宜播期　水稻移栽日期减去秧龄，就是适宜播种期。秧田播种期，应根据当地气候条件、育苗方式、品种特性、茬口和秧龄等确定。

湿润育秧时：春稻一般在日均气温稳定在 11℃ 以上时开始播种。山东、河南、河北等省一般在 4 月中旬开始播种。

塑料薄膜保温育秧时：日平均气温稳定在 7℃ 或 7～9℃ 时，分别是设防风障或不设防风障秧田的最安全播种期。如在河北省东部、中北部一季中晚熟稻种植区，一般以 3 月末至 4 月初为适宜播期。

麦茬稻湿润育秧时：播期与麦收后插秧期有关。一般 4 月底至 5 月初播种，苗龄30～35 天为宜。

另外，同一地方不同品种，晚熟品种宜早播，早熟品种宜晚播；同一品种，栽老壮秧时早播，栽小壮秧时晚播。

确定播种量　秧田播种量应根据秧龄长短、育秧期气温高低、品种特性而定。秧龄长播量小，秧龄短播量大。春稻培育 3.5 叶以下的小壮苗，每亩秧田可播种 100～130 kg；4.5 叶中壮苗播 40 kg 左右；5.5 叶以上大壮苗，播量在 15 kg 左右。麦茬稻秧田播量相对春稻一般减少20 kg 左右。

提高播种质量　湿润育秧播种，一要掌握浆口适当，即播种时床面泥浆软硬合适，以撒下种子入泥一半为宜；二是种子撒播要均匀；三是种子要撒盖过筛细碎马粪或土杂肥1～2 cm 厚。

（3）秧田管理。湿润育秧秧田管理中心是灌水和追肥。基本特点是前期湿润，后期以水层管理为主，通过水层深浅的变化，协调水、肥、气、热的矛盾，达到培育壮秧的目的。根据秧苗的生育特性和生产栽培管理特点，湿润育秧可分为 3 个管理时期。

立苗期　从播种至一叶一心。此期应保持床面湿润，只在沟中灌水，一般不建立水层。通常是"晴天满沟水，阴天半沟水，小雨水放干"。如遇暴雨，则应在畦面上保持 3～7 cm水层，防止冲乱谷粒，雨停后要立即排出。在寒流期间，夜间灌浅水上床面，白天落干晾床。这种管理有利于迅速扎根出苗，立好苗，防止烂种、烂芽。

扎根期　从一叶一心至三叶一心。此期要求扎好根，保住苗，防止烂秧死苗。以湿润灌溉为主,浅水间断灌溉为辅,逐步向全部浅水灌溉过渡。"天暖日灌夜排,天寒夜灌日排"。在寒流期间,深水护苗,水层为苗高的 1/3~1/2。要及时追施"断乳肥",每亩施硫酸铵 20 kg,以提高秧苗素质。

成秧期　三叶一心至移栽。此期的基本要求是控下促上,防止秧根深扎,不利拔秧,积极促进地上部的生长。因此,畦面上应保持 2~3 cm 的浅水层。遇寒流深水护苗。四叶期前后,秧苗生长迅速,需肥多,根据苗情,追施"提苗肥",每亩施硫酸铵 17 kg 左右。栽秧前 4~6 天,如果叶色较淡,可追施"送嫁肥",每亩施硫酸铵 15 kg 左右。拔秧时加深水层,便于拔秧洗泥。

三、水稻秧苗移栽技术

水稻移栽方法分为手栽、机栽和抛栽。

（一）水稻手栽与机栽

1. 本田整地

（1）整地标准:耕层深厚,土壤松软,上虚下实,渗漏适宜,田面平整,高低不差寸,寸水不露泥。

（2）整地方法与措施:

旱整地技术　一是耕地。耕地分秋耕、冬耕、春耕,耕深达 20~30 cm 即可;也可分干耕、水耕。秋耕、冬耕为干耕,宜深耕(20 cm 左右);春耕多为水耕,宜浅耕(10~15 cm)。二是耙地。分干耙、水耙。干耙主要是碎土,水耙既能碎土,也能起浆。水耙在作畦、灌水泡田后进行,要反复耙,耙平、耙透。三是平地。结合耕地、耙地进行,达到田面粗平。四是作畦、泡田。在干耙、粗平基础上,筑埂作畦,每畦 1 亩左右。然后灌水泡田,待土泡软后水耙。五是施肥。结合整地将腐熟的有机肥与化肥(氮肥占总氮量的 30%,磷肥的全部,钾肥占总量的 30%)耙入土中,再放水泡田、耙地,将肥料耙入耕层。六是耖田,是插秧前的最后一项作业,目的是耖平田面,达到寸水不露泥。

水整地技术　一般是低洼存水地实行水整地。先施肥,然后水耕、水耙,耖田后即可插秧。

2. 水稻移栽

（1）配置方式。配置方式即水稻本田行、穴距的配置。一般有下列 3 种方式:

长方形　如 20 cm×13 cm(即行距 20 cm、穴距 13 cm)、23 cm×13 cm 等。

正方形　如 20 cm×20 cm、17 cm×17 cm 等。

宽窄行　即行距分宽窄两种,如(27+13) cm×17 cm(宽行 27 cm,窄行 13 cm,穴距 17 cm)。

（2）合理密植。合理密植应根据品种、地力、茬口、气候和技术水平而定。早熟品种宜密,晚熟品种宜稀;肥沃、通气良好的田块宜稀,瘦薄、通透性差的田块宜密;春稻宜稀,麦茬稻宜密;气温高、日照好、降水充足的田块宜稀,反之宜密。河南经验:豫南春稻每亩 2.0 万~2.2 万穴,每穴 6~7 苗,基本苗 12 万~14 万株;沿黄春稻每亩 2.0 万~2.5 万穴,每穴 6~7 苗,基本苗

12 万~17 万株。河北经验:冀东春稻种植多穗型品种每亩 15 万左右基本苗,种植大穗型品种每亩 13 万左右基本苗。冀北冷凉稻区上等肥力土壤,每亩 2.0 万~2.5 万穴,每穴 4~6 株,基本苗 12 万~15 万株。

(3)适时早栽。适时早栽是水稻栽培中一个重要环节,特别是多熟制地区。春稻适时早栽可以充分利用生长季,分蘖期长,有效分蘖多,延长本田生长期,是高产的重要前提。影响春稻移栽期的主要因素是气温,一般认为日均气温稳定在 15℃时,可开始插秧。此外,春稻移栽适期,还因苗龄、采秧方法(铲秧与拔秧)及育秧方式等不同有一定差异。如河北东部和中部保温育秧,3.5 叶小苗移栽,5 月上、中旬移栽;4.5 叶中苗铲栽,5 月中旬移栽;5.5 叶以上大苗拔栽,5 月中、下旬移栽。不同育秧形式秧苗移栽要求的最低气温也有所不同。一般旱育秧为 13.5℃,保温育秧小苗为 12℃、中苗为 13℃、大苗为 13.5℃。

对于麦茬稻来说,插秧时间原则上是抢时移栽,麦收后越早越好。

(4)插秧技术。水稻插秧要做到"五要"和"五不要",以保证插秧质量。"五要"是:"浅、稳、足、匀、直"。"浅"是要求插秧深度不超过 3.3 cm(图 3-1,图 3-2),水层深度以 1 cm 左右为宜;"稳"是指秧苗不漂不倒;"足"是指每穴苗数要插够数,以保证密度;"匀"是指行、穴距均匀,秧苗大小一致,每穴苗数一致;"直"指插正,不插斜秧、烟斗秧。"五不要"是:不插隔夜秧,不插超龄秧,不插混杂秧,不插带病虫秧,不丢秧。

图 3-1　手插秧

图 3-2　不同插秧深度对分蘖的影响

"五要""五不要"中最重要的是浅插。浅插时,分蘖节处于温度较高、氧气较多的环境中,发根多、返青早、分蘖早;插深时,发根弱,分蘖芽不能发育,弱苗会死亡,壮苗会形成"假根"或"三段根",使壮苗变成弱苗,造成僵苗不发育或晚发。因此,保证插秧质量要特别注意浅插的要求。

（5）灌深水返苗。秧苗移栽到大田后,由于根系受到损伤,有一段时间生长相对停滞,这段时间叫返苗期。此期应尽量减少叶片蒸腾,增加秧苗吸水,促使秧苗早发根早返青。此期的主要措施是灌深水护苗,水深以不淹没"秧心"为宜。另外,要及早扶苗、补苗,做到"秧返青,苗补齐"。

（二）水稻抛栽技术

水稻抛栽就是把育成的水稻秧苗,直接均匀地抛撒在大田中的一种水稻移栽方式(图 3-3)。水稻抛栽是水稻生产上一项"省力、省工、省水、省种、省秧田、增产、增收"的技术。

根据育秧方式不同,水稻抛栽又分为塑盘湿润育秧抛栽、肥床旱育秧抛栽、塑盘旱育秧抛栽等方式。塑盘旱育秧抛栽较好地解决了抛栽中的不串根、分秧技术问题,秧苗素质好,秧龄弹性大,适宜于大、中、小苗抛栽,应用范围广,是生产上应用的主要抛栽方式。其技术要点如下:

图 3-3　水稻抛栽

1. 播前准备

备种　每亩本田备种量,杂交稻 0.75~1.0 kg,常规稻 2~3 kg。

备秧盘　以 561 孔秧盘为例,一般每亩本田杂交稻需 30 片,常规稻 50 片。

备营养土　取 100 kg 过筛菜园土,加 250 g 优质复合肥拌匀,按每亩本田备 100 kg 营养土来准备。

耕翻作床　一般播种前 15 天进行。床宽 1.2 m。结合做床,每平方米施尿素 60 g、过磷酸钙 150 g、氯化钾 40 g 作基肥。施肥后翻整床土 3 次,使肥土充分混匀,把床面精细整平,苗床四周开好排水沟。

2. 播种

浇透水　播种前一天晚上,对苗床充分浇水,使 15 cm 土层水分达到饱和。

铺秧盘　一般顺着秧板并排 4 片秧盘,做到衔接无缝,盘底水平,紧贴床面。

撒底泥　用备好的营养土撒底泥,深度必须达孔深的 2/3,且穴穴均匀。

匀播种　先播用种量的 2/3,其余 1/3 补稀补漏。杂交稻每孔 1~2 粒,力争空穴率 3% 以下;常规品种每孔 4~7 粒,孔孔有种。

盖好土　用营养土盖种至孔口,然后扫去秧盘上的余土。盖土不宜过满、过干。

淋足水　盖土后淋足水,接上床土墒情。浇水宜用洒水的方法,不宜泼浇。然后,盖上覆盖物即可。

3. 苗床管理 在秧苗一叶一心期可结合浇水,每百盘施 15% 多效唑 15 g,以降高促蘖。三叶期前保持盘土湿润,以后以秧苗傍晚"不卷叶不浇水"为原则,进行控水。抛秧前 1 天浇 1 次透水,使秧根与盘土黏结在一起。

4. 抛秧 抛秧水稻的本田,要求田面水平,高低不过寸,寸水不露泥。为防止田间存在水层,出现漂秧、浮秧现象,抛秧前一般把面积较大的稻田分成若干小块,抛秧后沿小块边挖走道沟,排去田间水层。

由于旱育秧有较强的根系和分蘖优势,抛栽密度比常规抛秧偏稀。一般杂交水稻每亩抛 1.5 万穴、3 万基本苗;常规稻每亩抛 2 万穴、9 万~10 万基本苗,抛秧前应根据本田面积,计算好秧盘数。

抛秧时,人(机)倒走,向前抛秧,抛秧高度约 3 m。抛秧要分两次抛,第一次抛秧苗总量的 2/3,余下的补稀补漏。抛秧要力争均匀一致,这是确保抛秧水稻高产的关键措施之一。

[随堂练习]

1. 如何制作水稻秧田?

2. 水稻壮秧的标准是什么? 如何培育水稻壮秧?

3. 水稻育秧怎样催芽?

4. 怎样保证水稻插秧质量?

5. 何谓水稻抛栽? 其技术要点有哪些?

[课后调查及作业]

列表比较籼稻、粳稻主要性状。

任务 3.3 返青分蘖期管理技术

一、生育特点

水稻从插秧到最高分蘖期(或分蘖终止期)为水稻返青分蘖期。一般春稻为 50~60 天,麦茬稻为 20~30 天。水稻返青后进入分蘖期。此期水稻营养器官迅速生长,根系迅速扩大,逐步形成健壮根群,叶片不断生出,光合面积不断扩大,分蘖发生,是决定水稻有效穗数的关键时期,也是水稻一生氮素代谢最旺盛的时期。

二、主攻目标

水稻返青分蘖期的主攻目标是:缩短返青期,有效分蘖期争取早分蘖,促使叶色变深,争取有足够数量的健壮大蘖;无效分蘖期要控制无效分蘖,提高分蘖成穗率,争取足穗,拔节始期叶色出现拔节黄,并为秆壮、穗大、穗多奠定基础。

三、管理技术

(一) 分蘖期的苗情诊断

1. 壮苗 返青后叶色由浅到深("一黑"),分蘖盛期后又由深变浅。春稻在插秧后 20~30 天内,麦茬稻在插秧后 10~20 天内,叶色明显变黑,叶片颜色明显深于叶鞘,叶片含氮量 3.5%~4.5%;之后,叶色逐渐变淡("一黄")。早生分蘖多,后生分蘖少,苗脚清爽。早晨看,叶尖有水珠,富有弹性,弯而不披;中午看,叶片挺拔直立(图 3-4)。

图 3-4 壮苗

2. 弱苗 叶片含氮量低于 2%,叶色转绿缓慢而不明显,叶片短小,不发棵,整穴秧苗抱在一起,像"刷锅炊帚"(图 3-5)。

图 3-5 弱苗

3. 徒长苗　叶片含氮量超过 5%,叶色油黑发亮;出叶、分蘖过快、过多;叶鞘细长,叶细长而柔软,田面杂乱,"披头散发"。叶色"一路黑",分蘖末期不落黄。总茎数过多,分蘖末期就已封行。

在田间管理上,应结合苗情进行分类管理。

(二) 查苗补苗,保证全苗

一般栽秧后都会出现浮秧和缺窝现象,因此,要求栽秧后要及时查苗补苗,保证苗全、苗匀。

(三) 调节水层

此期水分管理总的原则是"浅水栽秧,深水返青;浅水勤灌促分蘖,晒田抑制无效分蘖"。栽秧后田间保持 3~5 cm 深水层,利于秧苗返青成活。返青后,采取浅水勤灌,水层回落到 3 cm 左右,一直到有效分蘖终止,提高土温,以利根的发育,促进分蘖早生快发。

一般早熟品种拔节后开始晒田,中、晚熟品种在分蘖末期晒田。晒田还要看长势和根系。叶色浓的早晒、重晒,黑根的早晒、重晒。晒田一般到苗色落黄为止。晒田的主要作用是控制无效分蘖,提高分蘖成穗率,并为壮秆大穗创造条件。

盐碱地为防止盐害,尽量不排水晒田,可适当换水,以水洗盐。

(四) 早施、重施分蘖肥

为保证分蘖早生快发,应在插秧后 5~7 天施肥,施肥量应占总追肥量的 30%~40%,以氮肥为主,一般每亩施硫酸铵 55 kg 左右,并配施少量硫酸锌(1.5~2.0 kg)。施肥有"一追一补"和"三次施肥"等方法。"一追一补",即在缓苗后将大部分分蘖肥施下,过 5~7 天再根据苗情将余下的少量分蘖肥补施于二、三类苗。这样,既可避免一次施入造成徒长,又可达到全田均衡生长的目的。"三次施肥",即在插秧后 5~7 天施第一次肥,施肥量占分蘖肥的 25%;隔 7 天左右施第二次,施肥量占 50%;再隔 5~7 天施余下的 25%。这样,可以提高肥料利用率和促进平稳生长。

对于中、低产田,在有效分蘖末期,每亩总茎数比预计每亩总穗数少 5 万以上时,及时酌量施用保蘖肥,施肥量可掌握在氮肥总量的 1/4 左右。高产田不用施此肥。

(五) 中耕除草与化学除草

一般需要进行 2~3 次中耕除草。返青后及早中耕,以后每隔 7~10 天中耕一次,最后一次在分蘖盛期进行,深度 3~5 cm。要求锄全、锄匀、锄透、翻泥、净草。

使用化学除草剂一般应在插秧后 5 天左右,可随分蘖肥一起施入。每亩用 50% 杀草丹 0.4 kg,或 60% 去草胺 0.15 kg,用毒土法施入,并保持 3 cm 水层 5~7 天,主要消灭以稗草、牛毛草为主的前期杂草。

(六) 加强病虫害防治

水稻分蘖期害虫主要有稻飞虱、叶蝉、蓟马、二化螟、三化螟、稻纵卷叶螟等,病害主要有稻瘟病、白叶枯病等。

1. 防治二化螟、三化螟 可用 60%劲丹可湿性粉剂 1 000 倍液,25%杀虫双水剂每亩 200 ~250 g,对水 50 kg 喷施。

2. 防治稻飞虱 除选用抗虫品种及科学水肥管理外,化学防治可用 25%扑虱灵可湿性粉剂每亩 25~30 g,或 10%叶蝉散可湿性粉剂每亩 250 g,对水 50 kg 喷施。

3. 防治稻纵卷叶螟 在稻纵卷叶螟二龄高峰期作为化学防治的适期,用杀虫双每亩500 g 或甲胺磷每亩 100 g,对水 50 kg 叶面喷施。

4. 防治稻瘟病 以选育抗病品种为基础,肥水管理为中心,发病后及时施药防治的综合措施。化学防治用 20%或 75%三环唑,是防治稻瘟病的专用杀菌剂,在叶瘟初期或始穗期叶面喷雾。防治苗瘟在秧苗三、四叶期或移栽前 5 天施药;防治穗颈瘟可于破口至始穗期喷施 1 次,在齐穗期施第二次。

[随堂练习]

1. 水稻返青分蘖期怎样诊断壮苗?
2. 水稻返青分蘖期的生育特点是什么?
3. 水稻返青分蘖期如何搞好晒田管理?
4. 水稻分蘖期的主要害虫有哪些?

[课后调查及作业]

结合农时,组织学生参加一次水稻返青分蘖期管理实践活动。

任务 3.4 拔节孕穗期管理技术

一、生育特点

水稻从拔节、幼穗开始分化到抽穗前为水稻拔节孕穗期。此期是营养生长与生殖生长并进期,一方面根、茎、叶继续生长,同时也进行以幼穗分化和形成为中心的生殖生长,是决定穗大、粒多的关键时期。此期还是水稻一生中干物质积累最多的时期,需肥水最多,对外界环境条件最敏感。

此期内影响穗大、粒多的主要环境因素为温度、光照、水分和营养。

(一)温度

稻穗分化期是水稻一生中对温度反应最敏感的时期,尤其是花粉母细胞减数分裂期。稻穗分化最适温度为 26~30℃。

（二）光照

光照要足,这样光合产物越多,越有利于壮秆大穗。

（三）水分

稻穗分化期是水稻一生中生理需水最多的时期,对旱涝的忍耐力最低。

（四）营养

氮素对稻穗分化影响最大,适时适量追肥将提高每穗结实粒数和千粒重。

二、主攻目标

水稻拔节孕穗期的主攻目标是:稻株稳健生长,促进株壮蘖壮,提高成穗率;在此基础上促进幼穗分化,争取穗大、粒多。拔节孕穗期的丰产长相是:茎秆健壮有弹性,叶片清秀不披垂。全茎保持 3~5 片绿叶。

三、管理技术

（一）拔节孕穗期的苗情诊断

1. 壮苗　覆水后叶色由黄变绿,到花粉母细胞减数分裂期颜色达到最绿（二黑）,但黑的程度不如分蘖盛期。这是因为该期吸氮虽多,但向穗及茎中输送多,所以叶片中含氮量没有分蘖盛期高。减数分裂期后,叶色又缓缓退淡,到出穗前出现"二黄"。叶片短、直、厚,茎部粗壮,苗脚清爽,剑叶露尖时封行,叶片含氮量在 2.5%~3.5%。

2. 弱苗　覆水后叶色转绿缓慢,不出现明显的"二黑"。叶片短小、黄尖,迟迟不封行,叶片含氮量低于 2.5%。

3. 徒长苗　覆水后叶色迅速转深,程度与分蘖期相似,出穗前不落黄,穗分化开始晚,抽穗迟,叶片长、大、披垂,后生分蘖多,苗脚纷乱,提前封行,叶片含氮量在 4.0% 以上。

（二）巧灌穗水

在水稻一生中,拔节孕穗期是需水最多的时期,且对水分反应最为敏感,如果干旱则穗小粒少。河南省经验:一般情况下不断水,土壤含水量保持在最大持水量的 95%~100%。为促进根系生长及充分发挥其功能,应以浅水勤灌为主。拔节初期应轻度晒田,控制茎部节间伸长,防止后期倒伏;抽穗前落干透气,提高根系活力,促使抽穗整齐。河北省试验和高产实践证明:此期宜采取浅水灌溉,一般灌水深为 5~7 cm。东北地区:一般保持水层 7~10 cm,达到深水保胎的目的。如遇 17℃ 以下低温,还要将水层加深,达到 13~16 cm,待低温过后再恢复到原来水深。

（三）巧施穗肥

水稻在孕穗期需肥较多,也是肥料利用率最高的时期。穗肥要巧施,若施肥不当,不但起不到保花增粒的作用,反而会造成空秕率高,甚至贪青晚熟。因此,穗肥施用应根据品种、气候、土壤和理想的长势长相等综合考虑。在土壤肥沃,基肥足,长势旺,没出现拔节黄的情况下,可不施穗肥,以免贪青晚熟,引起倒伏;对于生育期短的中、早熟品种,可不施;对生育期长的品种,土壤肥力又低的稻田,要施穗肥。穗肥用量不宜过大,正常情况下每亩可施用硫酸铵3.5~10 kg。

促花肥一般在幼穗开始分化到一次枝梗原基分化时施用;保花肥在雌雄蕊形成到花粉母细胞形成时施用。穗肥用量不宜过大,正常情况下每亩可施用硫酸铵3.5~10 kg。

（四）加强病虫害防治

拔节孕穗期正是高温、多雨季节,容易发生病虫害,虫害主要有稻苞虫、稻纵卷叶螟、稻飞虱、二化螟、黏虫等,病害主要有纹枯病、白叶枯病、稻瘟病等。

1. 防治水稻纹枯病

（1）加强肥水管理。实行"前浅、中晒、后湿"的用水原则。施足基肥,多施有机肥,避免氮肥施用过多、过晚。

（2）化学防治。病情盛发初期,喷施井冈霉素,每亩用药4.5~5.0 g。

2. 防治水稻白叶枯病

（1）选用抗病品种,培育无病壮秧。

（2）种子消毒。用强氯精300~400倍液浸种24小时,洗净后再浸种催芽。

（3）化学防治。目前常用的有20%叶青双(噻枯唑)可湿性粉剂每亩75~100 g,10%叶枯净每亩250 g,以及20%龙克菌、25%叶枯灵等。

对稻纵卷叶螟、稻飞虱、二化螟和稻瘟病的防治见分蘖期。

📚 ［随堂练习］

1. 水稻拔节孕穗期的生育特点有哪些?

2. 影响水稻穗大粒多的主要环境因素是什么?

3. 水稻拔节孕穗期怎样诊断苗情?

4. 怎样防治水稻纹枯病?

✺ ［课后调查及作业］

了解当地在水稻拔节孕穗期是如何灌水的?

任务 3.5　抽穗结实期管理技术和收获技术

一、抽穗结实期管理技术

（一）生育特点

水稻从抽穗到成熟为水稻抽穗结实期。此期营养生长基本停止,转入以开花结实为主的生殖生长时期(图 3-6,图 3-7)。叶片光合作用制造的糖类以及抽穗前茎秆、叶鞘所贮藏的养分均向穗部输送,供应灌浆结实。此期是决定粒数和粒重的关键时期。

图 3-6　抽穗期

图 3-7　成熟期

水稻结实期经过抽穗开花和灌浆结实两个过程,对环境条件有较为严格的要求。

1. 温度　温度对开花、受精影响最大。最适温度为 28~32℃ ,最高温度为 37℃ ,日均气温 20℃ 为开花、受精的低温临界指标,且低温比高温危害更为严重。日均气温在 21~26℃ ,昼夜温差较大时,有利粳稻灌浆结实。灌浆结实最高温度为 35℃ ,日均气温 15℃ 为灌浆结实低温界限。

2. 光照　晴天开花提早,阴天推迟。灌浆期日照强度越大,结实率越高,千粒重也有所增加;光照不足,不仅影响产量,同时也会影响稻米品质。

3. 水分　是水稻一生中的第二个水分临界期。温度适宜时,空气相对湿度 70%~80% 为最适。温度低而相对湿度较高时,如遇阴天,对开花、受精不利;相对湿度过低时,如刮干热风,则抽穗困难,开花期推迟,花粉活力降低,授粉、受精受阻,显著增加空秕粒。此期保持一定的水层,能减轻高温的危害。

4. 营养　抽穗期适量追氮肥,能提高稻米的蛋白质含量。结实期叶片含氮量在1.3%以下时,粒重随氮素浓度的升高而增加。

（二）主攻目标

水稻抽穗结实期营养生长基本停止,营养器官逐步衰老死亡,而生殖生长旺盛进行。为保证顺利灌浆,促进正常成熟,应保持和延长根、叶功能期。因此,抽穗结实期主攻目标是:养根保叶,防止早衰、贪青、倒伏,以保穗、攻粒、增粒重。

（三）管理技术

1. 抽穗结实期苗情诊断

（1）壮株。抽穗后叶色转青,含氮量 1.0% ~ 1.5%,并维持 20 天左右,以后叶色逐渐落黄,黄而不枯,活熟到老。抽穗后 20 天内早熟种保持 3 片绿叶,中晚熟种 4 片绿叶,叶片直而不披,成熟时植株倾而不倒。

（2）早衰。叶色黄,叶片薄,含氮量在 1% 以下,下部叶片早枯,根系早衰,绿叶数少,成熟较早。

（3）贪青。上部叶片浓绿披软,含氮量在 2% 以上,下部叶片早枯,病虫害较重,常发生倒伏,灌浆不良,秕粒多,成熟晚。

2. 间歇浅灌　抽穗期是对水较为敏感的时期,不能缺水。在抽穗期可灌深水,以水调温,防御高低温危害。抽穗后应保持 3 cm 左右浅水层。开花后间歇浅灌,乳熟期"湿湿干干",以湿为主,灌一次水自然落干,停 1 ~ 2 天再灌;蜡熟期"干干湿湿",以干为主,灌一次水自然落干,停 3 ~ 4 天再灌。一般收割前 7 天停水,以便收割。

3. 酌施粒肥　施用原则是:早施、少施,只在薄地上,抽穗时叶片发黄、有脱肥早衰现象时才施。用量一般以每亩硫酸铵 5 ~ 7 kg 为宜。也可采取每亩用尿素 1 kg 左右,加磷酸二氢钾 0.2 kg(或过磷酸钙 1 ~ 2 kg,需溶解后捞渣),对水 50 ~ 60 kg,叶面喷洒。对贪青稻田可只喷磷酸二氢钾。

4. 防治病虫害　此期主要虫害有稻纵卷叶螟、稻飞虱等,主要病害有穗颈瘟、白叶枯病、纹枯病等,应做好预测预报,及时防治。防治方法同分蘖期和长穗期。

二、适时收获与安全贮藏技术

（一）适时收获

水稻收获适期为蜡熟末期和完熟初期。稻穗外部主要特征是:谷粒全部变硬,穗轴上干下黄,有 2/3 枝梗已干枯。出现上述特征,应及时收获。收获过早,青米、碎米多,产量和品质都差;收获过迟,落粒损失增大。收割要细、快、净,割茬低,轻割轻放,晒 3 ~ 6 天,拣净捆齐。

（二）安全贮藏

稻株风干后脱粒,风选,扬净晒干。当含水量在 13.0% 以下时,方可入库。留种田要严格去杂去劣,单打单收。在脱粒、晾晒、入库过程中严防混杂;操作要轻,防止擦破种皮(谷壳)。

[随堂练习]

1. 影响水稻结实期的主要环境条件是什么？
2. 水稻结实期的生育特点有哪些？
3. 水稻的适宜收获时期及该期的穗部特征。

［实验实训］

实 3-1　水稻秧苗素质调查

一、目的与意义

掌握水稻秧苗素质的测定项目和方法，并判断秧苗的质量。

二、材料与用具

移栽前的水稻秧苗（壮秧、弱秧各若干株）、小铲、米尺、剪子等。

三、内容与方法

（一）苗高

量取苗基部至最长叶片尖端的长度，以 cm 作单位。

（二）叶龄

每株展开叶片数。

（三）苗茎基宽

随机取 10 株秧苗，将茎平放、紧靠在一起，量每株茎基部最宽处的宽度，再除以 10，即为单株茎基宽（mm）。苗茎基偏宽者为壮秧。

（四）叶长

从叶枕量至叶尖的长度。

（五）叶鞘长

从叶鞘着生处量至叶枕的长度。正常植株 1~4 叶的叶鞘长度分别为 2 cm、3 cm、4 cm、6 cm，各叶不超过 0.5 cm。

（六）分蘖株率

有分蘖的单株占随机取样单株数的百分率。

（七）根数

将秧苗连根拔起，冲净根泥，取 10 株苗数计总根数（根长在 0.5 cm 以上的，下同），并分别记白根数、黄根数、黑根数，求各单株平均值。根色以白根为佳，黄根为不正常根，黑根为病态根。

四、作业

分别将两类秧苗测定结果，填入表 3-2 中。评价苗质的壮弱。

表 3-2　水稻秧苗素质测定

区号	处理	苗高/cm	叶龄	苗茎基宽/mm	叶片长度/cm	叶鞘长度/cm	分蘖株率/%	根数		
								白根数/根	黄根数/根	黑根数/根

实 3-2　水稻大田不同生育时期苗情调查

一、目的与意义

通过实验实习,掌握水稻不同生育时期长势、长相的诊断方法,根据诊断结果,分析判断水稻苗情好坏及提出相应的调节措施。

二、材料与用具

不同长势、长相(壮、弱、旺苗)的稻田,米尺、比色卡等。

三、内容与方法

水稻在各个生育时期中,不同的苗情(壮、弱、旺苗)有着不同的长势长相。

(一) 分蘖期的长势长相

1. 健壮苗　返青后,叶色由淡转浓,长势蓬勃,出叶和分蘖迅速,稻苗清秀健壮。早晨有露水时看苗弯而不披,中午看苗挺拔有力。分蘖末期群体量适中,全田封行不封顶;晒田后,叶色转淡稍落黄。

2. 徒长苗　叶色黑过头,墨绿色;分蘖末期叶色"一路青",封行过早,封行又封顶。

3. 瘦弱苗　叶色黄绿,叶片和株型直立;出叶慢,分蘖少,分蘖末期群体量过小;植株矮瘦,迟或不封行。

(二) 拔节长穗期的长势长相

1. 健壮苗　晒田复水后,叶色由黄转绿,到孕穗前保持青绿色,直至抽穗。稻株生长稳健,基部显著增粗,叶片挺立清秀,剑叶长宽适中,全田封行不封顶。

2. 徒长苗　叶色"一路青",无效分蘖多,群体过大,稻脚不清爽,下田缠脚;叶片软弱搭篷,最上两片叶过长,病害亦严重。

3. 瘦弱苗　叶色落黄不转绿,全田生长量过小,茎蘖少,植株矮,不封行,最长叶与其他叶的长度差异小。

(三) 抽穗结实期的长势长相

1. 健壮苗　青枝蜡秆,叶青籽黄,黄熟时仍有 1～2 片绿叶,穗封行,植株(穗颈)弯曲而不倒。

2. 瘦弱苗　叶色枯黄,剑叶尖早枯,显出早衰现象,粒重降低。

3. 徒长苗　叶色乌绿,贪青迟熟,秕谷多,青米多。

通过田间观察判断水稻的长势长相(苗情诊断),就可鉴别出苗情类别,从而可采用相应的栽培措施。

四、作业

观察比较不同苗情的稻苗长势长相,做好详细记录。根据所学知识,分析形成不同苗情的主要原因,并提出田间管理措施。

实 3-3　水稻分蘖特性的观察

一、目的与意义

通过实验实训,了解水稻分蘖的习性和分蘖发生的规律。

二、材料与用具

分蘖稻株,试验田或水稻标本、刀片、镊子、红油漆、铅笔、记载本等。

三、内容与方法

本实验可分实验室观察和田间观察两部分。

(一) 实验室观察

同一品种(或处理)取具四叶以上且分蘖数较多的分蘖稻株,依次观察下列项目:

1. 分蘖位次　用刀片将茎基部纵向剖开,辨明主茎,各次和各位分蘖。

2. 调查主茎出叶和分蘖出现的关系　取不同叶数的分蘖,分别计数其完全叶数及该蘖着生节位以上主茎的叶节数,推算出分蘖各叶出现期与主茎各叶出现期的关系。

3. 观察分蘖根系发生与其叶片数的关系　将分蘖自主茎上剥下,观察具有不同叶数的分蘖发根的情况(根数与根长)。

(二) 田间观察

在试验田或标本园里观察下列项目:

1. 分蘖位的观察　在单株插植区,插秧时选定样株5~10株,用红漆标记主茎叶龄,以定后期(3天一次)观察记载主茎叶龄及各位次分蘖发生时期及节位。

2. 观察分蘖的消长变化情况　在多株插植区,插秧时选定样株5~10穴(要求距田埂1 m远以上),做好标记,定期观察。返青后计数每穴基本苗(茎蘖数);分蘖开始后,每隔3~5天观察一次,计数每穴茎蘖数,直至抽穗为止;成熟期再调查每穴有效穗数。

四、作业

1. 绘一水稻分蘖实况或模式图,标明主茎及各次和各位分蘖。

2. 将分蘖出现与主茎叶片出现的关系,以及分蘖叶数与根系发生情况填入表3-3,并略加说明。

表 3-3　分蘖叶数与根系发生记录表

分蘖位次	分蘖叶数	该蘖着生节位以上主茎的叶数	分蘖根系发生情况		备注
			根数/根	根长/cm	

3. 根据主茎叶龄及分蘖位次的田间观察资料(见表 3-4),整理出本田营养生长期、生殖生长期的出叶速度及最高、最低分蘖位等数据,并略加说明。

表 3-4　水稻叶龄及分蘖位次观察记载表

调查日期(日/月)	1		2		……		9		10		平均	
	主茎叶龄	分蘖位次	主茎叶龄	分蘖位次			主茎叶龄	分蘖位次	主茎叶龄	分蘖位次	主茎叶龄	分蘖位次

4. 根据分蘖动态的田间观察资料(见表 3-5)等,整理出本田分蘖始期、最高分蘖期、有效分蘖终止期和无效分蘖期及有效分蘖百分率等数据,并略加说明。

表 3-5　水稻分蘖动态观察记载表

调查日期	1	2	3	……	9	10	平均

实 3-4　水 稻 测 产

一、实验目的

通过实际操作,使学生掌握水稻成熟时的测产方法,并能根据产量高低,分析其原因。

二、材料与用具

成熟期的稻田,钢卷尺、1/10 天平、小簸箕、袋子、计算器等。

三、实验内容与方法

(一) 测定每亩有效穗数

1. 取样　每块田五点取样,在每个取样点中,随机取 10 穴,计数总有效穗数(每穗结实粒数≥10),除以 10,求出平均每穴的有效穗数。

2. 计算　依下式求得每亩的穴数:

$$每亩穴数 = \frac{667(\text{m}^2)}{行距(\text{m}) \times 穴距(\text{m})}$$

再求出每亩有效穗数:

$$每亩有效穗数 = 每穴有效穗数 \times 穴数$$

（二）测出平均每穗结实粒数

在每个样点中不同穴内随机取 20 个有效穗，脱粒后，用小簸箕簸掉空秕粒（胚乳充实度小于 1/2），数其粒数，除以 20，即是平均每穗的结实粒数。

（三）测定千粒重

从晒干（含水率为 15%）、扬净的稻谷中，随机取 100 粒，用天平称重，重复两次，取其平均值并换算为千粒重（以 g 为单位）。

（四）理论产量

$$每亩理论产量 = \frac{每亩有效穗数 \times 每穗结实粒数 \times 千粒重（g）}{1\,000 \times 1\,000}（kg）$$

四、作业

将测定结果填入表 3-6。根据测产结果，分析产量高低的原因，并提出改进意见。

表 3-6　水稻产量测定表

区号	处理	每亩有效穗数/万					每穗结实粒数					千粒重/g			理论产量	估测产量	实际产量
		样　点					样　点					第一次	第二次	平均			
		1	2	3	4	平均	1	2	3	4	平均						

[回顾与小结]

本项目学习了水稻的生长发育，水稻育秧、返青分蘖期、拔节孕穗期、抽穗结实期的生产管理技术，进行了 4 个实验实训项目的操作训练。其中需要重点掌握的是：水稻育秧技术，水稻本田生产栽培的各个时期的主攻目标和生产管理技术，杂交水稻、无公害水稻、麦茬水稻旱种的生产技术要点。

[复习与思考]

1. 水稻湿润秧田培育壮秧技术要点是什么？

2. 在水稻生产栽培上，何谓"两黑""两黄"？对生产有什么指导意义？

3. 简述并分析比较水稻返青分蘖期、拔节孕穗期、抽穗结实期的主攻方向。

4. 简述并分析比较水稻返青分蘖期、拔节孕穗期、抽穗结实期的管理技术要点。

5. 简述并分析比较杂交水稻、无公害水稻、麦茬水稻旱种生产技术要点。

项目 *4*

玉米生产技术

学习目标

1. 知识目标　了解玉米的生育期、生育时期等概念,了解玉米的产量形成因素,掌握玉米各生育期的生育特点、主攻目标等。

2. 技能目标　播前种子处理技术,播种期和播种量的确定,玉米的整地与施肥技术,玉米的田间灌溉技术,玉米病虫害防治技术,玉米田间估产技术,玉米良种选择技术等。

玉米是世界上重要的粮食作物之一,我国玉米的种植面积及总产量仅次于小麦和水稻,居秋粮作物之首,是一种高产农作物。玉米籽粒营养丰富,在城市及发达地区的农村,玉米是粗粮细做的主要原料,也是食品工业的原料之一。玉米的籽粒、秸秆还是优质饲料。因此,搞好玉米生产,对我国粮食生产和养殖业、食品加工业的发展都具有十分重要的意义。

我国北方玉米种植的类型,主要是春玉米和夏玉米两种。春玉米主要分布在黑龙江、吉林、辽宁等地区,以一年一熟为主。夏玉米主要集中在黄淮海地区,包括河南、山东两省,河北省中南部、陕西省中部、山西省南部等地区。

任务 4.1　玉米的生长发育

一、玉米的一生

从玉米播种到新种子成熟所经历的生长发育过程,称为玉米的一生。玉米的一生可划分为不同的生育时期和生育阶段。

（一）生育期与生育时期

1. 生育期　玉米从播种到成熟所经历的天数，称为玉米的生育期。玉米生育期的长短随品种、播期及光照、温度等环境条件的改变而变化。播种早、日照时间长、温度较低时，生育期延长；反之，则缩短。但就某一品种而言，环境条件相同时，其生育期是稳定的。

2. 生育时期　在玉米的一生中，随着生育进程的发展，植株形态发生特征性变化的日期，叫生育时期。玉米的生育时期有以下几个阶段：

出苗期　幼苗出土高 2~3 cm，全田有 50% 以上植株达此标准的日期为出苗期。

拔节期　全田有 50% 以上的植株基部茎节长度在 2~3 cm 的日期为拔节期。

大喇叭口期　玉米植株棒三叶（果穗叶及其上下二叶）开始抽出而未展开，心叶丛生，上平中空，整个植株外形像喇叭。全田 50% 植株达此标准的日期为玉米的大喇叭口期。

抽雄期　全田 50% 玉米植株雄穗尖端从顶叶抽出 3~5 cm 的日期。

开花期　全田 50% 植株雄穗开始开花散粉的日期。

吐丝期　全田 50% 植株雌穗抽出花丝 2 cm 的日期。

成熟期　全田 90% 植株果穗上的籽粒变硬，籽粒尖冠出现黑层或籽粒乳线消失的日期。

（二）玉米的生育阶段

玉米从播种到成熟，根据外部形态和新器官出现的特征，可分为以下 3 个生育阶段：

1. 苗期　玉米从播种到拔节所经历的时期称为苗期。一般经历 25~40 天。这一时期属营养生长阶段，主要是生根、长叶、分化茎节，但以根系生长为中心。田间管理的主攻方向是，苗全、苗齐、苗匀、苗壮。

2. 穗期　玉米从拔节到抽雄所经历的时期称为穗期。一般经历 30~35 天。穗期是营养生长和生殖生长并进期，植株经历了小喇叭口、大喇叭口、抽雄等生育时期，是田间管理的关键时期。管理的中心任务是，促叶、壮秆，争取穗多、穗大。

3. 花粒期　玉米从抽雄到成熟所经历的时期称花粒期。一般经历 45~50 天。这一时期植株营养生长基本停止，进入以开花、授粉、籽粒发育、成熟为主的生殖生长阶段，是产量形成的关键时期。田间管理的主要任务是，保护叶片不受损伤、不早衰，争取粒多、粒重，夺取高产。

二、玉米的产量形成

玉米的经济产量由单位面积有效穗数、穗粒数、千粒重三个因素构成。在三个因素中，穗数对产量的影响最大。

（一）穗数

玉米多为单株成穗，单株生产力高，单株穗数是决定玉米产量的关键因素。但当穗数增加到一定范围引起个体营养生长不良时，再增加穗数产量反而下降。决定穗数的要素有两个：一是根据所用品种特性和生产栽培条件，在播种时做到合理密植；二是在苗期管理上，实现苗全、苗齐、苗匀、苗壮,这是玉米高产的基础。

(二)穗粒数

穗粒数的形成在穗期,穗粒数的多少受雌穗分化形成期、授粉期及灌浆期的植株营养状况、气候条件等环境条件影响较大。当营养充足,光、温、水适宜时,就会有较多的雌花分化形成,授粉后发育成籽粒;反之,则空秆、缺粒或秃尖增加,严重影响产量。

(三)粒重

花粒期是争取粒重的主要时期,粒重的形成与灌浆时的气候条件及植株体的营养状况有直接关系。花粒期如光、温、水协调,植株生长健壮,干物质向籽粒运输快而且持续时间长,籽粒则充实、饱满;如低温寡照,植株弱小、早衰,灌浆时间短,则秕粒多、粒重轻。

因此,生产上必须加强穗期、花粒期水肥管理,减少空秆、缺粒和秕粒,才能争取粒多、粒重,实现高产。

[随堂练习]

1. 什么是玉米大喇叭口期?

2. 玉米的一生分哪几个生育时期?有哪几个生育阶段?

3. 玉米的产量构成因素有哪些?

任务 4.2 玉米的播种技术

玉米生产"种好是基础,管好是关键",随着玉米产量的提高,对播种技术的要求也较高。

一、玉米的类型及良种选择

(一)玉米的类型

玉米类型较多,分类依据不同,种类也不同。

1. 按生育期分 根据生育期的长短,玉米可分为以下 3 个类型:

早熟型 春播 70～100 天,夏播 70～85 天。一般植株矮小,叶片数较少,籽粒小。

中熟型 春播 100～120 天,夏播 85～95 天。植株较早熟种高大。

晚熟型 春播 120～150 天,夏播 96 天以上。一般晚熟品种植株高大,叶片较多,果穗长,籽粒大。

2. 按籽粒形态及结构分 根据籽粒形态及淀粉的结构,玉米可分为以下 6 个类型:

硬粒型 果穗多为圆锥形,籽粒方圆形,坚硬、平滑且有光泽,顶部和四周的胚乳均为角质淀粉,只有里面居中部分为粉质淀粉,适应性强。

　　<u>马齿型</u>　果穗多为圆柱形,籽粒较大、扁平,呈方形或长方形。角质淀粉分布于籽粒两侧,中央和顶部为粉质淀粉,成熟时粒顶凹陷,品质差。

　　<u>半马齿型</u>　果穗长锥形或圆柱形,籽粒粉质淀粉较马齿型少,较硬粒型多,粒顶凹陷深度较马齿型浅,也有不凹陷的。品质比马齿型好。

　　<u>糯质型</u>　亦称蜡质型,见图 4-1。籽粒胚乳全部由角质淀粉组成,不透明,坚硬平滑且暗淡无光泽。

　　<u>甜质型</u>　亦称甜玉米,见图 4-2。胚乳中含有较多糖分及水分,成熟时水分散失而种皮皱缩、坚硬,呈半透明状,多为角质胚乳。一般用于鲜食和加工。

图 4-1　白糯质型玉米　　　　　　　　　　图 4-2　甜质型玉米

　　<u>爆裂型</u>　果穗较小,穗轴较细,见图 4-3。籽粒小而坚硬,顶端突出,爆裂性好。粒形分米粒形和珍珠形两种。

图 4-3　爆裂型玉米

　　3. 按营养成分分类　按籽粒所含营养成分,玉米可分为以下 4 种类型:

　　<u>普通型玉米</u>　氨基酸、糖分和油分含量为正常水平。我国的玉米绝大部分属此型。

　　<u>高赖氨酸玉米</u>　籽粒中赖氨酸和色氨酸含量比普通型玉米高 1 倍,有较高的营养价值,籽粒不透明,无光泽。

　　<u>甜玉米</u>　籽粒含糖量比普通玉米高 1 倍或更多。籽粒呈皱缩、透明状。

　　<u>高油玉米</u>　籽粒中含油量比普通玉米高近 1 倍。赖氨酸和色氨酸含量也比普通玉米高。该类玉米有较高的医疗保健价值。目前我国种植的品种有高油 1 号。

（二）良种选择的原则

选用优良杂交种是提高玉米产量较为经济有效的方法。在选用良种时应注意掌握以下原则：

1. 要根据栽培制度选用生育期适当的良种　在我国北方，玉米有春播、套播和夏播 3 种生育类型，在生产中要选用适合当地栽培制度的良种，既要保证其正常成熟，又不影响下季农作物的播种。春播一般应选用生育期在 120 天以上的晚熟品种；套种应选用生育期在 95~115 天的中熟品种；而夏播则宜选用生育期在 80~95 天的早熟品种。

2. 要根据当地的自然条件、生产条件选用良种　优良品种都有一定的适应性，对自然条件、生产条件有一定的要求。在土壤肥沃、肥水充足而且生产管理水平又比较高的地区，可以选择产量潜力高、增产潜力大的高产良种；而在土壤瘠薄、肥水不足、生产水平较低的地区，应选择耐瘠薄、适应性强的良种。

3. 要选用抗病品种　近年来，我国北方各地玉米病害比较严重，选用抗病品种，可以降低生产成本，保持高产稳产。

此外，还应根据经营目标和生产上的特殊需要选用良种，如饲用玉米、甜玉米、糯玉米等。

（三）良种介绍

在我国北方，生产上推广的玉米杂交种很多，现选择几个新品种介绍如下：

1. 豫单 9953　由河南农业大学选育，2018 年通过全国农作物品种审定委员会审定，为耐密品种，幼苗叶鞘紫色，花药浅紫色，颖壳浅紫色。株型紧凑，株高 255.5 cm，穗位高 88 cm，成株叶片数 19 片。果穗筒形，穗长 16.9 cm，穗行数 16~18 行，穗粗 5.2 cm，穗轴红，籽粒黄色、半马齿形，百粒重 32.6 g。

品种容重 763 g/L，粗蛋白含量 11.85%，粗脂肪含量 4.57%，粗淀粉含量 72.31%，赖氨酸含量 0.29%。

生育期 118 天，需≥10 ℃活动积温 2 320 ℃。种植密度 5 000 株/亩。苗期注意蹲苗，保证充足的肥料供应，并注意 N、P、K 配合使用；籽粒乳腺消失后收获。注意防治瘤黑粉病和粗缩病等病害。

2. 伟科 702　由郑州伟科作物育种科技有限公司、河南金苑种业有限公司选育，2012 年通过全国农作物品种审定委员会审定。品种幼苗叶鞘紫色，叶缘紫色，花药黄色，颖壳绿色。株型紧凑，保绿性好，株高 252~272 cm，穗位 107~125 cm，成株叶片数 20 片。花丝浅紫色，果穗筒形，穗长 17.8~19.5 cm，穗行数 14~18 行，穗轴白色，籽粒黄色、半马齿形，百粒重 33.4~39.8 g。

品种籽粒容重 733~770 g/L，粗蛋白含量 9.14%~9.64%，粗脂肪含量 3.38%~4.71%，粗淀粉含量 72.01%~74.43%，赖氨酸含量 0.28%~0.30%。平均亩产 770.1 kg，适宜密度为每亩 4 000 株左右。

3. 登海 605　由山东登海种业股份有限公司选育，2011 年通过山东省农作物品种审定委员会审定，株型紧凑，全株叶片数 19~20 片，幼苗叶鞘紫色，花丝浅紫色，花药黄绿色。夏播生育期 107 天，株高 275 cm，穗位 100 cm，倒伏率 0.2%、倒折率 0.3%。果穗筒形，穗长 17.4 cm，穗粗 5.0 cm，秃顶 1.7 cm，穗行数平均 16.7 行，穗粒数 537 粒，红轴，黄粒、半马齿形，出籽率 85.2%，千粒重 343 g。

品种籽粒容重 740 g/L，粗蛋白含量 10.6%，粗脂肪含量 4.4%，赖氨酸含量 0.33%，粗淀粉含量 71.6%。适宜密度为每亩 4 000~4 500 株。

4. 裕丰 303　由北京联创种业有限公司、河南隆平联创科技有限公司选育，2020 年通过全国农作物品种审定委员会审定，幼苗叶鞘紫色，花药浅紫色，花丝浅紫色。株型半紧凑，株高 297 cm，穗位高 113 cm，成株叶片数 20 片。果穗筒形，穗长 19.0 cm，穗行数 14~16 行，穗粗 5.1 cm，穗轴红色，籽粒黄色、半马齿形，百粒重 36.9 g。

全株粗蛋白含量 8.5%，淀粉含量 30.85%，中性洗涤纤维含量 37.45%，酸性洗涤纤维含量 18.9%。平均亩产 1 413.3 kg。中抗灰斑病、茎腐病，感大斑病、丝黑穗病。适宜种植密度每亩 4 500~5 000 株。在乳线 1/2 时，带穗全株收获。注意防治大斑病和丝黑穗病。

5. 郑单 958　由河南省农业科学院粮食作物研究所选育，2009 年通过黑龙江省农作物品种审定委员会审定，为耐密型品种。幼苗期第一叶鞘紫色，第一叶尖端形状圆尖形，株高 268.6 cm，穗位高 110 cm，果穗筒形，穗轴白色，成株叶片 19 片，穗长 19.5 cm，穗粗 5.3 cm，穗行数 14~16 行，籽粒马齿形，黄色。

品种籽粒容重 740~744 g/L，粗淀粉含量 74.21%~75.46%，粗蛋白含量 8.47%~9.05%，粗脂肪含量 3.88%~4.57%。生育期 130 天，需 ≥10 ℃活动积温 2 750 ℃左右。种植密度每亩 4 000~4 600 株。

6. 嫩单 18 号　由黑龙江省农业科学院齐齐哈尔分院选育，2015 年通过黑龙江省农作物品种审定委员会审定，为普通型品种。幼苗期第一叶鞘浅紫色，株高 266 cm，穗位高 103 cm，成株可见 17 片叶。果穗圆筒形，穗轴粉色，穗长 20.0 cm，穗粗 5.0 cm，穗行数 16~18 行，籽粒偏马齿形、黄色，百粒重 38.3 g。

品种籽粒容重 714~742 g/L，粗淀粉含量 71.50%~71.51%，粗蛋白含量 9.83%~11.43%，粗脂肪含量 3.83%~4.10%。中抗至中感大斑病，丝黑穗病发病率 6.3%~15.5%。平均每亩产量 856.1 kg。

生育期为 125 天，需 ≥10 ℃活动积温 2 600 ℃左右，种植密度每亩 4 000 株以上。

二、播前准备

(一) 整地

玉米适应性较强，对土壤要求不太严格。但玉米是高秆农作物，有强大的须根系，需水、需肥量大，一般要求土层深厚、结构良好、疏松通气、保肥保水能力强、耕层有机质和速效养分含量高、土壤 pH 5~8.0 的土壤。

1. 春玉米整地技术　　春玉米整地应在前茬农作物收获后，及时灭茬并深耕，一般耕深20~30 cm，以熟化土壤。若前茬腾地晚，来不及秋耕，应尽早春耕，随耕随耙，防止跑墒，耕深以 10~13 cm 为宜。

2. 夏玉米整地技术　　夏玉米早播是实现丰产的关键技术之一。为实现早播，可采用以下整地方法：一是采取耕、耙、播种复合作业措施。二是在前茬农作物收获后，用圆盘耙灭茬，耙后随即播种。三是前茬农作物收获后不整地，立即播种，待玉米出苗后马上深中耕灭茬。

（二）种子处理

种子处理是在精选种子、做好发芽试验的基础上进行晒种和药剂拌种、浸种。种子处理可有效提高种子发芽率，减轻病虫为害，为苗早、苗齐、苗壮打下基础。

1. 晒种　　在播种前晒 2~3 天，以提高发芽率，早出苗。在高温季节晒种时，切忌将种子摊晒在水泥地、沥青地或金属板上，以免温度过高烫伤种子。

2. 药剂拌种　　根据当地经常发生的病虫害确定药剂种类。防治地下害虫时，用0.3％的林丹粉拌种；防治丝黑穗病时，可用 20％萎锈灵拌种。药剂拌种要注意防止对环境造成污染，对鸟兽造成为害。有条件时，尽量用种衣剂进行包衣处理。

3. 浸种　　浸种的主要作用是供给水分，促进发芽，用营养液浸种还有促进根系的作用。常用的浸种方法如下：

<u>清水浸种</u>　　用 20~30℃凉水，春玉米浸 12~24 小时，夏玉米浸 4~6 小时。

<u>温汤浸种</u>　　水温 55~58℃，浸 6~10 小时。以水能浸没种子为度。

<u>微量元素浸种</u>　　土壤缺锌时，可用 0.02％~0.05％硫酸锌溶液浸种，缺锰时用0.01％~0.1％硫酸锰浸种，缺硼时用 0.01％~0.055％硼酸液浸种。浸种时间均以12~15 小时为宜。

浸种必须在土壤墒情较好或带水点种时才能进行。浸种后遇雨不能及时播种时，可把浸过的种子薄薄地摊在席上，放阴凉处，防止发芽过长。

（三）合理密植

在一定土壤肥力、地势条件下，根据玉米品种特性，确定适宜的种植密度，以充分利用地力，合理利用光能，发挥玉米生长潜力，提高玉米产量，这就是合理密植。

1. 合理密植的原则　　合理密植是实现玉米高产的中心环节，应掌握好以下原则：

（1）根据品种特性确定密度：早熟、矮秆、株型紧凑的品种密度应大；晚熟、高秆、叶片平展的松散型品种密度应小。

（2）根据地力、水肥条件确定密度：一般肥地种植应密，薄地应稀；水浇地应密，旱地应稀。

（3）根据播期确定密度：夏播玉米生育期短，宜密；春播玉米生育期长，宜稀。

（4）根据气候条件确定密度：在生产上，地势较高，气温较低的应密植；地势低，气温高的应稀植。

2. 合理密植的适宜幅度　应根据当地的自然条件、土壤肥力及施肥水平、品种特性等因素确定。综合各地经验，单产每亩 500~600 kg 时，紧凑型杂交种适宜密度为每亩 4 500~5 500 株，平展型杂交种适宜密度为每亩 3 500~4 000 株。每亩产 700~800 kg 的高产田，紧凑型杂交种适宜密度为每亩 5 000~6 000 株。当前玉米生产上种植密度上不去，是影响产量的一个重要因素。

3. 种植方式　有等行距和宽窄行两种种植方式。等行距种植时，一般行距在 60 cm 左右；宽窄行种植时，宽行 80~75 cm，窄行 50 cm。

三、播种

（一）播种时期

1. 春玉米适时早播　春玉米要求适时早播，使玉米避开低温的影响，充分利用光、热资源，增强抗逆能力，减轻病虫为害，适时成熟，取得高产。华北地区 5~10 cm 地温稳定在 10~12℃时为春玉米的适宜播期，一般在 4 月中、下旬；东北地区 5~10 cm 地温稳定在 8~10℃时为春玉米的适宜播期，一般黑龙江、吉林等省的适宜播期在 5 月上、中旬，辽宁省、内蒙古自治区及新疆北部多在 4 月中旬到 5 月上旬。

2. 夏玉米早播技术　"春争日，夏争时""夏播无早，越早越好"等充分说明夏玉米要抢时早播。在河南，夏玉米力争在 6 月上、中旬播完，早的可以提前到 5 月末，最迟也不要超过 6 月 20 日。夏玉米早播技术有以下 3 种：

麦垄套种　套种时期以麦收前 7~15 天为宜。每亩产量为 300 kg 以上的田块麦收前 7 天，每亩 200~250 kg 的田块麦收前 10 天，每亩 150 kg 以下的田块麦收前 15 天进行套种。套种玉米宜选用中晚熟品种，并保证足墒全苗。小麦、玉米共生期间，由于麦行间通风透光条件较差，土壤板结，因而，麦收后要及时间苗、定苗，追肥、浇水，并进行中耕灭茬。在田间管理上要掌握"一促到底"的原则。

麦茬播种　麦收后不整地，直接冲沟播种或挖穴点播。麦茬播种由于土壤板结、肥水不足，播后应加强管理，及时浇水、施肥，以及中耕灭茬松土等。只有早管、细管，才能保证早播的增产效果。

育苗移栽　首先，应培育好壮苗，壮苗返苗速度快，成活率高。其次，应适龄移栽，移栽时，苗龄以 18~22 天、叶龄以 5~7 片为宜。再次，应及时管理，栽后浇水，返苗后立即中耕、施肥。

麦后抢种　麦收前备好粪、浇好水。麦收后及时整地，并抓紧时间抢种。

（二）播种方式

我国北方通常有两种播种方式：垄作和平作。东北地区由于温度较低，常用垄作；华北地区常因雨水少而采用平作。无论采用哪一种种植方式，播种方法主要分为人工条播、点播和机械精量点播 3 种。

1. 条播　首先用工具开沟，然后将种子撒在沟内、覆土，或用耧直接播种。条播工作效率高，深浅一致，但用种量较大。

2. 点播　先按预定的行株距挖穴，点种，覆土镇压。点播节省种子，但要求随挖穴、随点种、随覆土、随镇压。

3. 机械精量点播　用精量点播器播种，一穴一粒，点播、施肥、下药、覆土和镇压等作业一次完成。这种方法，节省劳力和种子，播种质量好，工作效率高，但对种子质量要求高。机械精量点播是玉米播种技术的发展方向。

（三）播种量

播种量应根据密度、播种方法、种子大小、发芽率、整地质量等而定。凡是种植密度大、种子大、发芽率低、条播及地下害虫严重时，播种量应适当增加；反之应酌情减少。一般条播每亩用种 3~4 kg，点播 2~3 kg，每穴 2~3 粒。机械精量点播 1~1.5 kg。

点播时的播种量可按下面公式计算：

$$每亩播种量 = \frac{每亩穴数×每穴粒数×千粒重(g)}{1\,000×1\,000×发芽率}(kg)$$

（四）精选种子

为充分发挥优良品种的增产作用，选用具有光泽、粒大、饱满、无虫蛀、无霉变的种子播种，使苗齐、苗壮。

（五）足墒匀墒播种

为确保苗齐、苗匀，必须足墒匀墒播种。土壤墒情不足或不匀是造成缺苗断垄、出苗早晚不齐的重要原因。

（六）播种深浅和覆土厚薄均匀一致

一般情况下播深以 4~6 cm 为宜。土质黏重、墒情好的以 4~5 cm 为宜；沙土地、墒情差时，播深 6~8 cm。播种时若带种肥，要注意种、肥不能接触，以免烧种。

（七）播后镇压

播后镇压使种子与土壤紧密接触，有利于种子吸水萌发。一般墒情好、土壤黏重时，应等地表稍干时镇压；墒情差、沙土地，播后立即镇压。

🕮 ［随堂练习］

1. 按营养成分分类，玉米有哪几种类型？

2. 玉米选择良种的原则是什么?

3. 玉米合理密植的原则是什么?

4. 简述夏玉米早播技术。

5. 玉米播种方式有哪些?

[课后调查及作业]

调查了解当地玉米生产上每亩的密度,并简要分析其是否合理(如与农时不符,建议通过问询调查完成作业)。

任务4.3　玉米的苗期管理技术

一、生育特点

玉米苗期是营养生长阶段,主要是根、茎、叶的分化生长,地上部主要以长叶为主,根系是这一时期的生长中心。保证根系良好发育,协调地上部与地下部之间关系,对促苗早发、培育壮苗有重要意义。

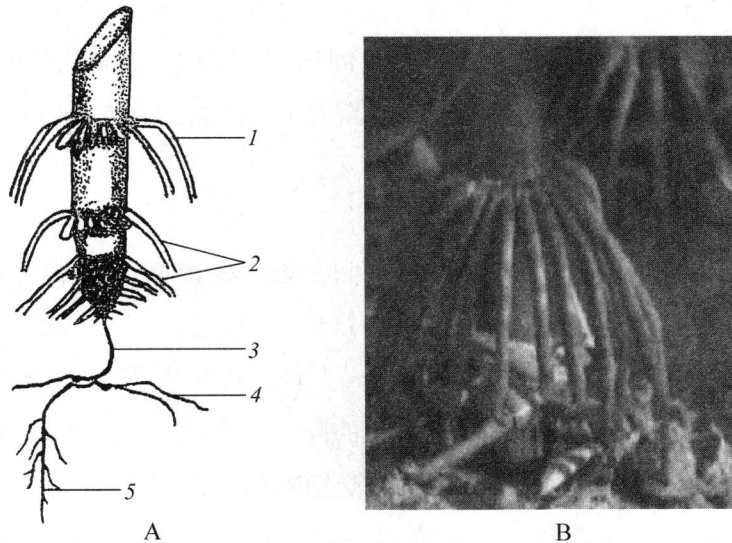

图 4-4　玉米的根系(A 为示意图,B 为实物图)
1. 气生根;*2.* 次生根;*3.* 根茎;*4.* 侧生根;*5.* 主胚根

玉米的根为须根系,由胚根和节根组成。胚根又分初生胚根和次生胚根。节根分地上节根和地下节根。地下节根也叫次生根。当幼苗出土1周左右,长出2~3片叶时,在第一片完全叶的节间基部开始长出第一层次生根,以后大致每出两片叶长 1 层次生根。地上节根也叫支持根、气生根。从玉米孕穗至抽雄前,在靠近地面 1~3 个茎节上长出轮生的气生根(图 4-4)。

玉米的根系入土深度可达 2 m,水平分布 1 m 以上,但绝大部分根集中在 0~30 cm 的表土层。玉米的根系具有吸收养分、水分、固定植株、合成氨基酸等作用。

二、主攻目标

玉米苗期田间管理的主攻目标是:促进根系良好发育,实现苗全、苗齐、苗匀、苗壮。

三、田间管理技术

(一)查苗补苗

在玉米播种后,常因播种质量差、土壤干旱、病虫危害、机械损伤等原因,造成缺苗。所以,玉米出苗后要及时查苗,发现缺苗应立即补苗。补苗的方法有浸种补种和移苗补栽两种方法。玉米出苗后若发现缺苗严重,发现时间早时可立即用浸种催芽的方法补种;若缺苗程度轻,浸种补种赶不上原播幼苗时,则应采用移苗补栽的方法。即播种时在行间有目的地多播数行以备移栽,移栽苗龄以 2~4 片叶为宜。移栽应在阴天或晴天下午带土移栽,栽后浇水,以利成活。

(二)间苗定苗

为了避免幼苗拥挤和相互遮光,节省土壤养分和水分,培育壮苗,玉米出苗后应及早间苗,适时定苗。特别是点播玉米,种子集中、苗距小,间苗早迟与幼苗壮弱有很大关系。通常在三叶期间苗,每穴留 2 棵苗。五叶期定苗,定苗应留匀苗、齐苗、壮苗。但在干旱或虫害较重地区,间、定苗时间应适当后延。

(三)中耕除草与化学锄草

玉米是中耕农作物,需要勤中耕。苗期中耕可以控制地上部生长,促进地下部生长,达到壮苗目的。苗期中耕一般进行 2~3 次,第一次在出苗后、定苗前,耕层宜浅,一般 3~5 cm 为宜;第二次在定苗后;第三次在拔节前,耕层以 10~13 cm 为宜。机械中耕时,要特别防止压苗。

化学除草已在玉米上广泛应用,目前玉米田的除草剂种类很多,从施用时间上可划分为两类,一是播种后出苗前的除草剂,二是出苗后的除草剂。

1. 玉米播种后出苗前的除草技术　玉米播后出苗前,杂草尚未出苗是玉米田杂草防治的一个有利时期,可选用一些土壤封闭性除草剂,将杂草消灭在萌芽状态。常用的除草剂及使用方法为:

40%乙莠水悬浮剂:用 40%乙莠水悬浮剂(土壤封闭兼茎叶喷雾药剂)每亩 150~200 mL,对水 40~50 kg,在玉米播种后出苗前均匀喷施于土表,可有效防除一年生禾本科杂草和阔叶杂草。

50%的禾宝乳油:用50%的禾宝乳油(土壤封闭兼茎叶喷雾药剂)每亩80~100 mL,对水40~50 kg,在玉米播种后出苗前均匀喷施于土表,对一年生禾本科杂草及马齿苋等部分阔叶杂草有特效。

另外,还有50%都阿悬浮剂、50%乙草胺乳油等除草剂。

2. 玉米苗期除草技术　用4%的玉农乐(烟嘧磺隆)悬浮剂每亩80~100 mL,对水40~50 kg,在玉米3~5叶期(杂草三叶期前后)均匀喷雾,能有效防除一年生和多年生禾本科杂草、部分阔叶杂草。在阔叶杂草为害严重的地块,每亩用4%玉农乐50 mL,加40%阿特拉津胶悬剂80 mL,对水40~50 kg,混合喷施效果更好。也可用40%乙莠水悬浮剂等除草剂喷施。

(四)蹲苗促壮

蹲苗就是采用控制肥水、扒土晒根的措施,控制地上部生长,促进地下部生长,以达壮苗的目的。具体方法是在底肥足、底墒好的情况下,苗期不追肥、不浇水,多锄地,造成上虚下实、上干下湿的土壤环境,促根下扎;或者定苗后结合中耕,把苗四周的土扒开,使地下茎节外露,晒根7~15天,晒后结合追肥封土。

蹲苗应掌握"蹲黑不蹲黄、蹲肥不蹲瘦、蹲湿不蹲干"的原则。蹲苗应在拔节前结束。

(五)弱苗偏管

发现弱苗后应立即偏浇水、偏施肥,使弱苗迅速赶上其他植株,否则易形成空秆或者穗小、缺粒、秃尖以及后期倒伏等。

夏玉米播种仓促,往往未施基肥,特别是套种玉米,在共生期间受前茬农作物影响,苗较瘦弱,定苗后应及时追施有机肥或酌施速效肥,以促苗壮。

(六)加强病虫害防治

苗期害虫主要有地老虎、蛴螬、蝼蛄等地下害虫和蚜虫、黏虫等地上害虫。

1. 防治地下害虫　在为害高峰期进行连片彻底防治。

毒饵诱杀　用90%晶体敌百虫或40%甲基异柳磷乳油等,用药量为毒饵重的1%。先用适量水将药剂稀释,然后拌入炒香的麦麸、豆饼等,每亩施用1.5~2.5 kg,在傍晚空气潮湿时撒于地面。

喷雾防治　对地老虎在其幼虫入土前,发现为害症状时,应及时喷药防治。可用50%的甲胺磷或40%氧化乐果1 000倍液喷雾防治。

人工捕杀　对地老虎,每日清晨在被害苗根际周围扒土捕捉幼虫。也可用新鲜泡桐树叶,于傍晚均匀地分布在田间,第二天清晨在泡桐树叶下捕捉。

2. 防治地上害虫　对蚜虫、黏虫、棉铃虫等地上害虫,用50%的甲胺磷或40%氧化乐果1 000倍液喷雾防治。

[随堂练习]

1. 玉米苗期怎样查苗补苗、间苗定苗?

2. 玉米苗期怎样中耕除草？

3. 什么是玉米蹲苗？蹲苗应掌握哪些原则？

4. 简述玉米苗期的生育特点。

5. 玉米苗期主要害虫有哪些？

［课后调查及作业］

绘玉米根图，并分析其特点。

任务 4.4　玉米的穗期管理技术

一、生育特点

玉米穗期是营养生长与生殖生长并进期，此期不仅茎叶生长旺盛，而且雌、雄穗先后开始分化，茎叶生长与穗分化之间争水争肥矛盾较为突出，对营养物质的吸收速度和数量迅速增加，是玉米一生中生长最旺盛的时期，也是田间管理的关键期。

在这一时期内包括了茎的生长和雌、雄穗的分化等过程。玉米的茎粗壮、高大，直径 2～4 cm，株高因品种和栽培条件不同而有显著差异。一般生产上称 2 m 以下的为矮秆型，2～2.7 m 的为中秆型，2.7 m 以上的为高秆型。

玉米是雌、雄同株，异花授粉的农作物，天然杂交率很高，一般在 95% 以上。

玉米雄穗着生在茎秆顶部，为圆锥花序，由主轴和 15～40 个分枝组成（图 4-5）。雄穗主轴较粗，上部着生 4～11 行成对排列的小穗；雄穗分枝较细，着生两行成对排列的小穗，每个节上有 1 对小穗；其中一个为有柄小穗，位于上方，一个为无柄小穗，位于下方。每个小穗由两个

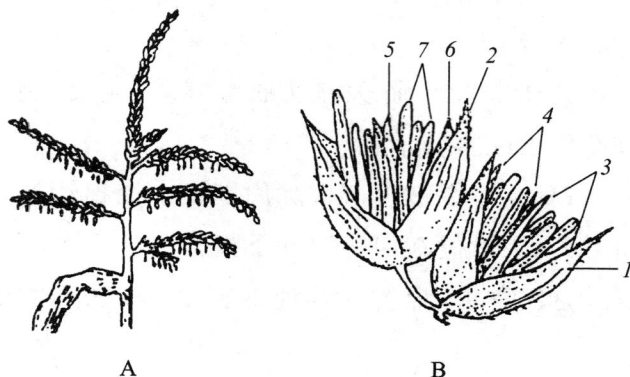

图 4-5　玉米的雄花序（A）与雄小穗花（B）

1. 第一颖；*2.* 第二颖；*3.* 第一花；*4.* 第二花；*5.* 内颖；*6.* 外颖；*7.* 雄蕊

颖片包被着两朵小花,成对排列的两个小穗花中内侧的为第二花,外侧的为第一花,每朵小花由 1 片内颖、1 片外颖及 3 个雄蕊组成,雄蕊由花丝和花药组成。雄穗的分化开始于拔节期。

玉米的雌穗为植株中部着生的肉穗花序,俗称果穗。雌穗最下面是一段分节的穗柄,穗柄分为 6~10 个较密的节,每节着生 1 片由叶鞘变成的苞叶。穗柄上端连接 1 个圆筒形的穗轴,穗轴上有 4~10 行成对排列的小穗,每个小穗两朵花,其中只有 1 个能结实,所以通常果穗上的籽粒行数总是成双的,一般 8~20 行(图 4-6)。每朵结实雌小花由 2 片护颖(内颖、外颖)和 1 个雌蕊组成,每个雌蕊包括子房、花柱、柱头三部分。花柱细长如发丝,叫花丝。花丝露出苞叶叫吐丝,花丝的任何部位都有接受花粉的能力,受精后花丝枯萎,子房膨大发育成种子。

雌穗的分化:玉米茎秆上除上部的 4~6 节外,每节都有腋芽,通常基部的腋芽不发育,中下部的腋芽则停留在穗分化的早期阶段,只有中上部 1~2 个腋芽发育成果穗。玉米雌穗的分化过程与雄穗相似,但雌穗分化比雄穗晚,分化速度快。

图 4-6　玉米的雌穗

二、主攻目标

穗期的管理水平将决定每个果穗上形成籽粒的多少,进而决定果穗的大小。田间管理的主攻目标是:壮秆、大穗。植株应敦实粗壮,生长整齐、均匀,气生根多,叶色深绿,叶片宽厚。

三、田间管理技术

(一)去除分蘖

玉米拔节前,茎秆基部有时会长出分蘖,分蘖通常不结穗或结穗很小,且分蘖与主茎争夺养分,对产量影响很大,应将分蘖及时拔除。去蘖宜早不宜迟,而且最好选择晴朗天气,以利于伤口愈合,减少病害侵染。同时,去除分蘖时要防止松动根系或将主茎拔起。

(二)中耕培土

玉米穗期为生殖生长和营养生长并进期,要求有充足的养分、水分、光照和氧气。拔节后及时中耕,能蓄水保墒和消除杂草,促进根的层数和数量。

穗期中耕一般进行两次,耕深以 3~5 cm 为宜。在拔节至小喇叭口期中耕 1 次,在小喇叭口期至大喇叭口期再中耕 1 次。

培土就是把行间的土壤培在玉米根部形成土垄,能增加表土受光面积及防止倒伏。培土一般结合中耕进行,时间最好在大喇叭口期。在干旱和无灌溉条件的地区,不宜强调培土。

(三)施肥

1. 施攻秆肥　春玉米生育前期温度低,对肥料的吸收速度慢,若植株长势好,可不施攻秆肥。若基肥不足,土壤贫瘠,植株长势弱,应早施攻秆肥,一般以速效性氮肥为主,每亩施肥量不超过总追肥量的 10%。

2. 施攻穗肥   大喇叭口期,植株的营养生长和生殖生长十分旺盛,科学施用攻穗肥,可保花保粒,防止叶片早衰。春玉米攻穗肥应占总追肥量的 60%~70%。到吐丝初期再追施总追肥量 20%~30%的攻粒肥,以满足玉米在生育后期对养分的需求,提高产量。

夏玉米穗期追肥应根据地力、植株长势而定。对地力好、长势旺的中高产田,可采用"前轻后重"方式追肥;对于地力差、长势弱的则采用"前重后轻"方式追肥。高产田一般每亩追施标准氮肥 40~50 kg,追肥方法一般在玉米行一侧开沟施肥或穴施。

（四）灌溉

穗期气温高,生长快,需水量大,要及时进行灌溉。大喇叭期是玉米的需水临界期,缺水会造成雌穗小花退化和雄穗花粉败育;严重干旱,则会造成"卡脖旱",抽不出雄穗,严重影响结实,甚至绝收。因此,此期干旱一定要浇水。

（五）防治病虫害

穗期主要病害有玉米大、小斑病和瘤黑粉病;害虫主要有玉米螟、黏虫等。

1. 防治玉米大、小斑病   玉米抽雄期是防治玉米大、小斑病的关键时期。在防治方法上除选用抗病品种外,主要采用化学防治。即在发病初期,每亩用 70%甲基托布津可湿性粉剂 100 g,或 50%多菌灵可湿性粉剂 100 g,或 65%代森锌可湿性粉剂 100 g,或 70%代森锰锌可湿性粉剂 100 g,或 50%速克灵可湿性粉剂 50~100 g,或 50%扑海因可湿性粉剂 200~400 g 等,对水 50 kg,在玉米抽雄穗前喷 1~2 次。

2. 防治玉米螟   对玉米螟的防治方法主要有以下 3 种:

处理秸秆   在 4 月底玉米螟蛹羽化前,将秸秆沤肥或作燃料,或把玉米秸秆密封,彻底消灭玉米螟越冬幼虫。

生物防治   在玉米螟产卵初期和盛期各放一次赤眼蜂,每亩放蜂量 1.5 万~2 万头,即把人工繁殖的赤眼蜂卡别在玉米植株中部叶片的背面,每亩设 5~10 个放蜂点。

药剂防治   在心叶末期,用 1.5%辛硫磷颗粒剂,每亩 3 kg,或用 50%辛硫磷乳油 1 kg 加细砂 40 kg 配成 2.5%的辛硫磷毒砂,施于心叶内。或用 1 000~1 500 倍 50%甲胺磷向心叶内定向喷雾,或每亩用 25%杀虫双 0.2 kg,对水 50~60 kg,喷雾或浇心叶。

[随堂练习]

1. 玉米穗期培土的概念和作用是什么?

2. 简述玉米穗期的生育特点。

3. 假设有农户来咨询夏玉米穗期施肥技术,请详细介绍之。

4. 防治玉米螟的方法有哪些?

➡[课后调查及作业]

若正当农时,参加一次给玉米施肥的生产实践。

任务 4.5 玉米的花粒期管理技术

一、生育特点

玉米花粒期营养器官基本形成,植株进入以开花、散粉、受精结实为主的生殖生长时期。包括开花受精和籽粒发育,是决定粒数和粒重的关键时期。

玉米开花后花粉粒遇高温干燥天气会很快丧失活性,遇雨淋吸水膨胀也容易失去生活力。玉米雌穗花丝寿命一般为 10～15 天,以抽出 2～3 天内受精能力最强。玉米授粉后进入籽粒形成阶段,该阶段分为 4 个时期:

(一)籽粒形成期

玉米在受精后 15 天左右,进入胚的分化形成期。籽粒含水量达 80%～90%,外形似珍珠,胚乳呈清浆状。此期条件不良易形成秕粒。

(二)乳熟期

自授粉后 15 天起到 30～35 天止。此期籽粒干物质积累迅速,胚乳逐渐由乳状变为糨糊状。此期是增加粒重的关键时期。

(三)蜡熟期

自授粉 35 天起到 50 天左右止为蜡熟期。此期干物质积累速度减慢,籽粒处于缩水阶段。胚乳由糊状变为蜡状。籽粒硬度不大,用指甲能掐破。

(四)完熟期

从蜡熟期末到种子完全成熟为完熟期。此期籽粒变硬,指甲不易掐动,表面呈现光泽,靠近胚的基部出现黑层,乳线消失,苞叶开始枯黄。

二、主攻目标

玉米花粒期管理的主攻目标是:保根保叶,防止早衰,提高粒重。

三、田间管理技术

(一)酌施粒肥

玉米生育后期需肥较多,在花粒期追施攻粒肥,可防早衰,增加粒重。粒肥应以氮肥为主,一般应占总追肥量的 $10\% \sim 20\%$，每亩可施尿素 $1.5 \sim 2$ kg。要早施、少施，时间不晚于吐丝期。要控制氮肥用量，以免贪青晚熟。

（二）灌溉与排涝

玉米抽雄后 30 天内仍处于需水高峰，因此，在开花灌浆期间应及时浇水防旱。抽雄后遇涝会使根系早衰，故应及时排涝。

（三）去雄

去雄就是拔除玉米的雄穗。去雄可以节省养分，使雌穗早吐丝，受精结实好；降低株高，改善中上部叶片光照条件；将部分玉米螟带出田外，减少螟害。因此去雄是一种简便易行的增产措施。

去雄时间和方法：去雄应在雄穗刚抽出而未散粉时进行。最好选在晴天 10：00 至 15：00 时去雄，以利伤口愈合，避免病菌感染。阴雨连绵或高温干旱时，不宜去雄，以免花粉减少，影响授粉。一般采用隔行或隔株进行，地头地边的雄穗应保留，全田去雄不应超过 1/2。

（四）人工辅助授粉

玉米是雌雄同株异花授粉作物，且雌雄穗开花时间常间隔 $3 \sim 5$ 天。在开花授粉期间，常因高温、干旱无风、密度过大等原因使授粉不良，造成缺粒秃尖。在这种情况下进行人工辅助授粉是减少缺粒秃尖、增粒增产的有效措施。

人工辅助授粉，是在盛花期选择晴天无风或微风的天气，在露水干后用拉绳法和摇棵法进行，每隔两天进行 1 次，连续进行 $2 \sim 3$ 次。

（五）加强病虫害防治

玉米花粒期主要害虫有玉米螟、棉铃虫等，必须加强防治。对玉米螟的防治方法同穗期。

（六）适时收获

适时收获是实现玉米高产、优质的重要环节之一。完熟期千粒重最高，是适宜收获期。收获标志为：苞叶开始枯黄松散，籽粒变硬，表面呈现光泽，乳线消失，胚基部出现黑层。

[随堂练习]

1. 玉米花粒期有哪几个时期？
2. 简述玉米花粒期的生育特点。
3. 玉米去雄的好处是什么？如何操作？
4. 简述玉米人工辅助授粉的意义和方法。

任务 4.6　玉米倒伏、空秆和缺粒的防止技术

一、倒伏的类型及原因

倒伏是指玉米茎秆倾斜或节间折断。根据茎秆倾斜程度,又分为茎倒、根倒和茎折断三种。茎倒是指茎秆基部机械组织强度差,遇暴风雨时造成茎秆倾斜。根倒是根系发育不良,灌水或雨水过多,遇大风引起倾斜度较大的倒伏。茎折断主要是指抽雄前玉米植株生长较快,茎秆组织嫩弱或受病虫为害,遇风造成茎折断。常见的倒伏是茎倒和根倒。倒伏的原因主要有:

(一) 密度过大

种植密度过大,株间光照不足,光合产物少,造成茎秆纤细,特别是基部节间细长,其硬度和韧度降低;高密度还引起茎秆高度增加,导致穗位增高,使植株的抗倒伏能力降低;高密度引起根系发育不良,特别是节根数减少,降低植株的抗倒伏能力。

(二) 施肥、灌水不合理

氮、磷、钾三要素配合不当,机械组织发育不好;苗前受涝或灌水过多以及拔节前后肥水攻得过急等都易发生倒伏。

此外,品种本身抗倒能力差、中耕培土不及时、病虫为害、暴风雨的侵袭等都会引起不同程度的倒伏。

二、空秆和缺粒的原因

空秆和缺粒是影响玉米产量的两个主要因素。空秆是指玉米植株未形成雌穗,或虽有雌穗但无籽粒。缺粒表现为多种形式,有的果穗一侧自基部到顶部整行没有籽粒,有的整个果穗结子很少,缺粒在果穗上散乱分布,有的果穗顶端籽粒小呈白色,也称秃尖。空秆、缺粒的主要原因有:

(一) 高温

玉米是喜温作物,穗分化过程要求较高的温度条件,适宜温度为 $20\sim23℃$,气温过高,雌穗分化期短,致使形成的小穗数目减少或果穗不能正常发育,形成秃尖或空秆。高温还影响开花授粉和花粉活力。玉米开花期适宜的日平均温度为 $26\sim27℃$,当温度高于 $32\sim35℃$ 时,花粉在花药开裂后 $1\sim2$ 小时就失去萌发能力,花丝寿命也缩短。当温度高于 $38℃$ 时,雄花很少开放。

(二) 养分、水分供应不足

玉米生长发育需要从土壤中吸收大量养分和水分,如供应不足,植株生长矮小细弱,雌穗

的分化与发育受阻。

磷对果穗的分化与发育影响很大,缺磷时,果穗发育缓慢以至停止,增加玉米空秆率。

开花时遇高温干燥天气,土壤水分又不足时,花粉、花丝寿命缩短,导致缺粒;但雨水过多,尤其是开花时连天阴雨,也影响正常开花授粉,使空秆、缺粒增加。

(三)密度过大

种植密度过大,田间通风透光不良,光照不足,植株光合作用减弱,从而影响雌穗分化和形成所需要的营养物质供应,使雌穗不能发育,或不能吐丝。所以密度越大,空秆越多。同时密度过大,叶片遮挡花粉严重,导致授粉不良,也使缺粒增加。

(四)病虫为害

有些病虫害如玉米螟、病毒病的为害,阻碍养分的运输,从而影响玉米正常的生理活动,也会造成空秆或缺粒。

(五)品种本身的遗传特性

有些品种对栽培条件的适应能力较差或花粉量少,导致空秆、缺粒现象。另外,授粉时无风或风力过小,也增加缺粒率。

三、防止倒伏、空秆和缺粒的措施

(一)选用良种

不同杂交种遗传特性不同,应因地制宜,选用优良品种。土质肥沃及栽培水平高的地块,宜选用丰产性能较高、耐密性强的杂交种;土质瘠薄及栽培水平较低的地块,宜选用适应强的杂交种。

(二)合理密植

根据品种、地力、栽培方式,因地制宜地确定适宜的种植密度,保证有良好的通风透光条件,使茎秆粗壮,特别是满足中部叶片对光照的要求,保证果穗良好的发育,是减少玉米倒伏、空秆和缺粒的主要措施。采用宽窄行种植,对改善群体内光照条件有一定作用,也可降低倒伏、空秆和缺粒率。

(三)适时早播

夏玉米适期早播,不仅能充分利用光、温、水资源,更重要的是使雌穗分化提早在7月上中旬高温季节前完成,使穗分化期在较低温度下进行,分化时间长,有利于小穗分化,提高结实率。

(四)合理肥水管理

适时适量供应养分,保证雌穗形成和发育所需要的养分,并注意施足氮肥,配合磷、钾肥。从拔节到开花是雌穗分化和授粉的关键时期,肥水供应及时,能促进雌穗分化和正常结实。对土壤肥力低的地块,应增施肥料,追肥宜采用前重后轻式,即第一次追肥在拔节期施入,占总追肥量的 60%，其余 40% 在大喇叭口期施入；对土壤肥力高的田块，宜采用前轻后重式追肥，即在拔节期追施总量的 30%~40%，大喇叭口期追施 60%~70%。对肥力较差、长势弱的田块，定苗后应立即追施适量氮肥提苗，一般占总追肥量的 25% 左右，对局部点片的弱苗应进行单株管理，偏施少量氮肥，以保证苗壮、苗齐、苗匀。

在水分供应上，拔节后玉米生殖器官发育旺盛，水分供应适时、适量，不仅可以促进雌穗发育，还可缩短抽雄与抽丝间隔，使雄穗散粉和雌穗吐丝协调，利于授粉，增加结实率。因此，穗期应结合追肥进行灌水，使土壤含水量保持在田间持水量的 70%~80%。水分过多时，应及时排水防涝。

（五）加强田间管理

在玉米生育期间，应及时中耕培土除草，选留壮苗，控大苗促小苗，加强病虫害防治，进行人工辅助授粉等，对降低倒伏、空秆和缺粒有一定作用。

四、玉米倒伏后的补救措施

倒伏若发生在拔节前，玉米自身有一定的恢复直立的能力，不必人工扶直。倒伏若发生在抽雄前后，植株上部较重且株间相互压盖，很难自然恢复直立状态，倒后必须立即人工扶起，并铲土将根部培好，最好在 2~3 天内完成，若拖延时间不但难以扶直，也会加重损失。因倒伏后新根不断增加，根系重新扎深、长牢，叶片重新调整，这时再扶起，必定会拉断根系，打乱重新调整好的叶层，影响植株体内物质运输和光合作用。

[随堂练习]

1. 请解释：玉米倒伏、玉米空秆、玉米缺粒、玉米秃尖。
2. 玉米倒伏的原因有哪些？
3. 玉米空秆、缺粒的原因有哪些？
4. 如何防止玉米倒伏、空秆和缺粒？

[实验实训]

实 4-1   玉米形态特征及主要类型识别

一、目的与意义

（一）熟悉玉米各部分的形态特征。

（二）识别玉米主要类型的特点。

二、材料与用具

玉米幼苗和成株标本及挂图，玉米的类型标本及挂图，米尺、铅笔、记载本等。

三、方法步骤

（一）取玉米的幼苗植株进行观察，并填入表 4-1。

表 4-1　玉米幼苗植株观察

茎的粗细	叶的宽窄	叶面平滑与否	叶缘	叶脉色泽	叶基大小	茎叶有无蜡粉和紫色

（二）取玉米成株，对照实物及挂图仔细观察各部分的形态特征，并回答下列问题。

1. 根　根系的组成及发育状况。

2. 茎　高度、粗度、地上茎节数、茎色、形状、有无蜡粉。

3. 叶　叶片着生方式、叶的组成（叶片、叶鞘、叶枕、叶舌），最长叶片的长度、宽度。

4. 花　雌、雄花序着生的部位，花序类型及结构。

5. 果实种子　取玉米果穗从中部横切，自断面观察着生点行数与籽粒行数的关系，并绘图表明其排列的特点。

观察玉米种子的形状、大小、颜色、胚乳质地等。

（三）取玉米不同类型的果穗及籽粒标本（可选用当地主要类型），进行观察比较，将观察结果填入表 4-2。

表 4-2　玉米主要籽粒类型性状比较

类　型	大　小	形　状	顶　端	表　面	胚乳质地
硬粒型					
马齿型					
半马齿型					

四、作业

绘出玉米硬粒型和马齿型籽粒外形及纵剖面，注明角质、粉质的分布。

实 4-2　玉米生长发育时期观察

一、目的与意义

了解玉米各生长发育时期的生长发育情况及生长发育规律。

二、材料与用具

放大镜、镊子、解剖刀、米尺、铅笔、实验用纸，学校农场玉米试验田，或附近农村玉米种植田。

三、观察步骤与方法

（一）苗期

从发芽到幼穗开始分化的一段时期。每组取 3~5 株玉米苗，观察真叶的形成情况；苗期末的株高、总叶片等。然后用解剖刀纵向解剖玉米苗，观察幼叶的形成情况，基部节的伸长情况。

（二）拔节孕穗期

雄穗开始分化至雌穗抽出。在此期末到玉米田中随机取3~5株玉米苗,用放大镜观察雌穗、雄穗的发育及玉米主茎的拔节情况。

（三）抽穗开花期

田间观察记载玉米雄穗始花至终花的时间,雌穗吐丝及授粉的时间。

（四）成熟期

在玉米生产田中,剥开玉米雌穗的苞叶,观察玉米乳熟期、蜡熟期、完熟期籽粒的硬度变化,以及苞叶的颜色变化。

四、作业

根据对玉米不同生长发育时期的观察,列下表（表4-3）说明各时期的生长发育特点及外观特征。

表4-3　玉米各生育时期观察记录

生长发育时期观察项目	苗　　期	拔节孕穗期	抽穗开花期	成熟期
生长发育特点				
外观特征				

实4-3　玉米田间测产及产量分析

一、目的与意义

了解玉米产量形成因素,掌握其田间测产的方法和室内考种技术。

二、材料与用具

玉米田、皮尺、米尺、铅笔、记载本等。

三、内容与方法

（一）田间测产

1. 测株行距　平均行距测法是量取21行的垂直长度除以20。平均株距的测法是在行中连续数出51株量其间总长度,再除以50。如播种不均匀,应多测几个点求其平均数。

用求得的株、行距计算每亩株数。

$$每亩株数 = \frac{667(\text{m}^2)}{平均株距(\text{m}) \times 平均行距(\text{m})}$$

2. 测每穗粒数　在测产的田块中沿对角线选点,在每个样点上连取10株,将果穗取下,数其每穗的行数和一行的粒数,求出平均每穗粒数,再求出每亩的平均粒数。

$$每亩粒数 = 每穗平均粒数 \times 每亩株数（或穗数）$$

3. 预测产量　参考所测品种常年的千粒重（g）,折算当年的平均产量。

$$预测每亩平均产量 = \frac{每亩粒数 \times 千粒重}{1\,000 \times 1\,000}(kg)$$

（二）产量分析

对不同栽培条件或不同品种已成熟的典型植株取样（最好结合测产时取样），每点取10～20株，带回室内进行单株分析。

四、作业

将上述各步骤分析结果填入表4-4内。

表4-4　玉米产量分析表

测产地点_____　品种_____　密度_____　调查日期_____　调查人_____

植株编号	株高/cm	茎粗/cm	果穗经济性状							备注
			穗长/cm	穗粗/cm	穗粒数/个	每行平均粒数/个	穗重/g	千粒重/g	出子率/%	
1										
2										
3										
⋮										
平均										

🦅 [回顾与小结]

本项目学习了玉米的生长发育的知识，学习了玉米的播种、苗期管理、穗期管理、花粒期管理技术和倒伏、空秆及缺粒的防止技术，进行了3个实验实训项目的操作训练。其中需要<u>重点掌握</u>的是：玉米合理密植的原则，玉米各生育期的生育特点、主攻目标及管理技术，夏玉米早播技术，玉米倒伏、空秆及缺粒的防止技术。

🔍 [复习与思考]

1. 玉米播种要抓住哪些主要技术环节？
2. 简述并分析比较玉米苗期、穗期、花粒期的主攻目标。
3. 简述并分析比较玉米苗期、穗期、花粒期的管理技术要点。
4. 简述无公害鲜食玉米、饲用玉米生产技术要点。

项目 5

棉花生产技术

1. 知识目标　了解棉花的生育期、生育时期、果枝、叶枝等概念,以及棉花产量的形成因素;掌握棉花生长发育特点、棉花蕾铃脱落的原因。

2. 技能目标　棉花播前种子处理,确定播种期,棉花营养钵育苗与移栽技术,棉花长势长相诊断技术,棉花的整地与施肥技术,棉花的田间灌溉技术,棉花病虫害防治技术,棉花田间估产技术,棉花良种选择技术。

棉花是我国主要的经济作物,"棉花全身都是宝",棉纤维是纺织工业的主要原料,也是轻工、化工、医药和国防工业原料,棉籽是重要的食油来源和化工原料,棉籽壳是化工和食用菌原料,棉粕是优质的饲料和肥料来源,棉杆是重要的造纸原料。因此,搞好棉花生产,实施区域化种植、规模化生产和综合利用,可以满足国民经济发展多方面的需要。

我国的棉花生产划分为 5 个种植区,即黄河流域棉区、长江流域棉区、西北内陆棉区、北部特早熟棉区和华南棉区(零星分布)。其中,黄河流域棉区的播种面积与产量均居第一位,而单产最高的是西北内陆棉区。

任务 5.1　棉花的生长发育

一、棉花的一生

棉花从播种到拔柴所经历的生长发育过程为棉花的一生,一般 200 天左右。棉花的一生经历了不同器官的发生、发育过程,表现出不同的外部特征。

(一) 生育期

棉花从出苗到棉铃成熟吐絮所需的天数,称为棉花的生育期。生育期的长短,因品种、气候及栽培条件的不同而有很大差别,在黄河流域棉区,中熟陆地春棉品种的生育期为 120~140 天。

(二) 生育时期

根据棉花一生各器官的建成顺序以及外部形态和内部生理生化变化的特点,把棉花的生育期划分为 5 个生育时期。

1. 播种出苗期 从播种到有 50% 的子叶出土并展开,称为播种出苗期。一般在 4 月中、下旬播种,播后 7~15 天出苗。此期是决定一播全苗的关键时期。

2. 苗期 从出苗到棉田有 50% 的棉株出现第一个幼蕾,称为苗期。早熟品种 25~30 天,中熟品种 40~50 天。苗期是以营养生长为主的时期,生长速度较慢,所积累的干物质约占一生总干物重的 1%。该期的生长中心是地下部分的根系,所以,促根壮苗是该生育时期各项农艺措施的关键。

3. 蕾期 从现蕾到 50% 棉株开第一朵花称蕾期,一般 25~30 天。蕾期一般处于当地的 6 月上中旬至 7 月上旬,所积累的干物质占总干物重的 5%~6%,该期已进入生殖生长期,但仍以根、茎、叶生长为主,是为高产优质奠定基础的时期。

4. 花铃期 从开花到有 50% 棉株第一个棉铃吐絮称花铃期,一般 50~60 天。花铃期多处于 7 月上旬至 8 月中旬的气候环境中,温度高,雨水多,是营养生长与生殖生长两旺时期,此期决定棉花产量高低,也是棉田管理的关键时期。

5. 吐絮期 从开始吐絮到收花结束为吐絮期,约 70 天。一般在 8 月中、下旬开始吐絮,9 月为吐絮盛期,10 月中、下旬到 11 月初基本收获完毕。此期积累的干物质约占总干物重的 10%~20%,其中,棉铃积累的干物质约占此期积累量的 90% 以上,此期所需肥水显著减少。

二、棉花生长发育特点

(一) 无限生长习性

棉花在生长发育过程中,只要温度和光照条件适宜,主茎生长点就能够连续不断地生长发育,果枝、果节不断增加,不断现蕾、开花和结铃。栽培的陆地棉品种,在常规栽培条件下,单株总果枝数为 14~20 个,果节数 50~80 个;但在超高产条件下,单株总果枝数可达 23~26 个,果节数 90~110 个。在棉花生产上要采取延长棉花生长时间的技术(如地膜覆盖、间套作、育苗移栽等),以延长有效开花结铃期,发挥个体与群体的增产潜力。

(二) 再生能力强

棉花的地上部和地下部都有较强的再生能力,因此表现出良好的抗灾性。地上部分的再生能力主要是棉花叶腋中有潜伏的腋芽及茎秆有较强的愈伤能力,因此,当棉花生长受到雹灾和害虫为害时,依靠茎节的再生能力,原来潜伏的腋芽就会萌发长出新的枝条,并现蕾、开花和结铃;地下部的再生性表现在根系有很强的再生能力,当主根受损或移栽断根时,会促进大量的侧根生长,并且棉株越小,这种再生能力越强。

(三)结铃数可根据栽植条件调节

一株棉花可有很多果节,但最终结铃的多少因条件而异。如栽植密度小时,单株结铃数就多;密度大时,单株结铃数就少。肥水充足时,结铃数较多,反之就少。这就给在不同条件下创造高产提供了条件,如在肥水条件较差的地区,可采用矮株、密植、早打顶的办法,充分发挥群体的增产潜力;在肥水条件较好的地区,采用稀植、大株,充分发挥个体的生产潜力。棉铃的调节功能还表现在,坐桃早、前期结铃多时,易早衰;前期棉铃脱落多的棉田,只要加强后期管理,就可以增加秋桃。

(四)适应性广

棉花的种植遍及各地,从海拔 1 000 m 以上的高地,到低于海平面的洼地,从黄壤、红壤到旱、薄、盐碱地等,均有一定的适应能力。

(五)营养生长和生殖生长重叠时间长

从现蕾到吐絮,棉花既长根、茎、叶等营养器官,又有现蕾、开花、结铃等生殖器官的发育,营养生长与生殖生长重叠时间长达 70~80 天。在生产中,要采取适当的措施,使营养生长和生殖生长协调发展,实现早发、稳长、多结铃、早熟不早衰。否则,就会使营养生长过旺或早衰,导致蕾铃大量脱落。

三、棉花的产量及其形成

(一)棉花产量的形成

棉花产量有籽棉产量和皮棉产量之分,一般以皮棉产量来表示。皮棉产量主要由单位面积的总铃数、单铃重和衣分三因素构成。在三因素中,衣分主要受遗传特性的影响,变化最小,而总铃数、铃重都易受生长条件的影响。

$$每亩皮棉理论产量 = 亩铃数 \times 单铃重 \times 衣分$$

1. 单位面积总铃数　单位面积总铃数是构成棉花产量的主要因素,它的变化幅度较大,高产田每亩总铃数可达 8 万~9 万个,低产田只有 2 万~3 万个,相差 4~5 倍。若单铃重 4 g,衣分 35%~38%,则每亩生产 50 kg 皮棉需要成铃 4 万个左右,每亩生产 75 kg 皮棉需成铃 5.5 万个左右,每亩生产皮棉 100 kg 需要成铃 6.5 万~7 万个。

$$棉田单位面积总成铃数 = 单位面积株数 \times 单株平均铃数$$

在一定的密度范围内,随着单位面积株数的增加,单株结铃数相应减少,但单位面积总铃数增多。在一定的肥力范围内,单位面积总成铃数还随施肥量的增加而增加。另外,品种、季节、打杈时间、病虫防治和棉株长势等的不同,单位面积总铃数也不同。

2. 铃重　铃重常以单个棉铃籽棉的质量来表示。在单位面积总铃数相同的情况下,铃重是决定籽棉产量的主要因素。陆地棉的单铃重一般为4~6 g,在同一棉株上,主茎中部内围铃最重。同时,棉铃大小还受肥水条件、病虫害等条件的影响。

3. 衣分　衣分是皮棉占籽棉质量大小的质量分数。衣分的高低主要受品种遗传特性的影响,比较稳定,但也受纤维发育期间的光、温、水、肥等条件和棉铃着生部位的影响,高衣分品种,衣分可达45%左右,一般为33%~40%。

根据上述分析,要获得棉花高产,必须采取一系列抓早苗、促早发、争早熟的措施,使产量形成的主要时期处于最佳的时空环境,争取多结铃、结大铃,同时还要调控个体与群体关系,协调营养生长与生殖生长的矛盾,减少蕾铃脱落,提高棉花产量。

（二）影响棉花生长发育的因素

1. 温度　棉花为喜温农作物,但不同生育阶段对温度的要求不同。棉籽发芽最低温度为11~12℃,最高温度为44~45℃,最适温度是28~30℃。现蕾到开花期适宜气温是25~30℃;开花结铃期适宜气温为25~35℃,昼夜温差大,有利于开花结铃。日最低温度低于15℃,或日最高温度高于35℃,则影响棉花的授粉和成铃;日均温度超过40℃,棉株则停止生长。吐絮期最适宜温度为25~30℃,气温低于20℃时棉铃开裂延迟;特早熟棉,从播种到吐絮约需≥10℃积温2 900~3 100℃;中熟棉需3 200~3 400℃。

2. 光照　棉花是喜光短日照农作物,对光照十分敏感,光照不足会抑制棉花的发育,造成大量蕾、铃脱落。所以,在棉花生长过程中,应保持充足的光照。棉花属短日照农作物,晚熟陆地棉品种和海岛棉的生长要求短日照,适当缩短日照,可以促进现蕾开花。但早、中熟陆地棉品种对短日照反应不敏感。

3. 养分　不同产量水平的棉花,所需要的氮、磷、钾数量不同。一般每生产100 kg皮棉需要氮17.7 kg,磷(P_2O_5)6.4 kg,钾(K_2O)15.5 kg。棉花不同生育阶段吸收氮、磷、钾的数量不同。一般是苗期吸肥较少;现蕾以后,需肥增多;开花结铃期需肥最多;后期对肥料的吸收量减少。棉花一生中需肥高峰在花铃期,氮肥吸收高峰在前,磷钾肥在后。在生产上施肥时,要因地制宜,合理掌握。

4. 土壤　棉花是直根系农作物,以土层深厚、肥力较高、地下水位低、排水良好的壤土最好。沙质土植棉无后劲,易早衰;黏质土植棉,苗期生长缓慢,中后期易旺长。此外,轻度盐碱地对棉花生长较为适宜。

5. 水分　棉花是需水较多的旱作农作物。试验表明,每生产1 kg干物质需要耗水380~650 kg。棉花一生耗水量的多少,与种植地区、不同年份和生产栽培措施有关。如黄河流域棉区需水量在400~600 m³,长江流域棉区在300~500 m³。棉花不同生育阶段,其耗水量不同。一般中期耗水量多,早期和后期耗水量少,其中,盛蕾期至初花期是灌水的关键时期。

[随堂练习]

1. 请解释：铃重、衣分。

2. 棉花的一生有哪几个生育时期？

3. 棉花生长发育有哪些特点？

4. 简述棉花的产量形成因素。

5. 影响棉花生长发育的因素有哪些？

任务 5.2　棉花的播种技术

一、良种选择

生产上推广的棉花良种主要有常规种和杂交种两种类型。杂交种营养体大，优势强，增产潜力大，但制种成本高。各地应根据当地的地力状况、生产条件、种植制度及市场需求特点选择适宜的品种。

1. 新彩 28 号　由石河子农业科学研究院选育，2017 年通过新疆维吾尔自治区棉花品种审定委员会审定，早熟陆地彩色棉、非转基因抗虫常规棉，生育期 124.6 天，霜前花率 98.3% 以上。植株呈筒形，单铃重 5.3 g，子指 10 g，衣分 41.65%。纤维上半部平均长度 30.75 mm，比强度 30.76 cN/tex，马克隆值 4.38，整齐度指数 86.77%。高抗枯萎病，黄萎病病指 28.8，耐黄萎病。平均亩产皮棉 136.8 kg，适宜在新疆北疆早熟棉区种植。

2. 新海 63 号　由新疆塔里木河种业股份有限公司、新疆溢达纺织有限公司选育，2017 年通过新疆维吾尔自治区棉花品种审定委员会审定。生育期 137 天，霜前花率 95.5%。植株呈筒形，零式果枝，茎秆粗壮、直立。株高 110 cm 左右。单铃重 3.3 g 左右，子指 12.4 g，衣分 32.1% ~ 33.3%。纤维上半部平均长度 38.25 mm，比强度 43.12 cN/tex，马克隆值 4.09，整齐度指数 88.0%。高抗枯萎病，黄萎病病指 5.2，高抗黄萎病。适宜在新疆南疆早熟长绒棉区域种植。

3. 新陆中 86 号　由南京木锦基因工程有限公司选育，2017 年通过新疆维吾尔自治区棉花品种审定委员会审定。早中熟常规棉，生育期 136 天，霜前花率 95% 以上。植株呈筒形，单铃重 5.2 g，子指 10.3 g，衣分 44%。纤维上半部平均长度 30.75 mm，比强度 31.55 cN/tex，马克隆值 4.3，整齐度指数 85.2%。高抗枯萎病。平均亩产皮棉 176.7 kg，适宜南疆早中熟陆地棉区种植。

4. 新陆早 80 号　由石河子农业科学研究院选育。常规早熟陆地棉，生育期 117 天，霜前花率 95.6% 以上。植株塔形，株型紧凑，茎、叶中量绒毛，花冠乳白色，花药乳黄色。叶层分布合理，通透性好。茎秆坚韧抗倒伏，宜机采。Ⅱ式果枝，第一果枝节位 5~6 节，果枝台数 8~10

台。子叶为肾形,真叶普通叶型,掌状五裂,叶片中等大小,深绿色、缘皱,背面有细绒毛。铃卵圆形,中等偏大。多为5室,铃面光滑,有腺体,单铃重5.6 g,吐絮畅,不落絮,好拾花,可机采。种子肾形,褐色,中等大,毛籽灰白色,短绒中量,子指10.4 g,衣分43.0%。抗枯萎病,耐黄萎病。纤维上半部平均长度30.0 mm,断裂比强度31.4 cN/tex,马克隆值4.7,整齐度指数85.3%。适宜北疆早熟棉区域种植。

5. 新陆早84号　新疆合信科技发展有限公司选育。生育期120天,霜前花率98.7%。植株筒形,植株较紧凑,茎秆多毛,果枝夹角小。叶层分布合理,通透性好。茎秆坚韧抗倒伏,宜机采。整个生育期长势稳健。I式果枝,第一果枝节位5~6节,果枝台数8~10台。子叶为肾形,真叶普通叶型,掌状五裂,叶片中等大小,绿色、缘皱,背面有细绒毛。铃卵圆形,中等。铃面光滑,有腺体。种子梨形,褐色,中等大,毛籽灰白色,短绒中量。单铃重5.2 g,子指10.5 g,衣分41.9%,皮棉亩产140 kg。高抗枯萎病,耐黄萎病。纤维上半部平均长度31.3 mm,断裂比强度32.7 cN/tex,马克隆值4.1,整齐度指数84.6%,品质达到Ⅱ型品种类型。适宜北疆早熟棉区域种植。

6. 新海63号　新疆塔里木河种业股份有限公司和新疆溢达纺织有限公司选育。生育期137天,植株筒形,零式果枝,茎秆粗壮、直立。叶片中等大小,叶色深绿,叶片3~5裂。生长稳健,株高110 cm左右。平均始果节位3.6台,果枝数14~15台,结铃性好,单株铃数12~13个。铃较大,铃形圆锥形,单铃重3.3 g,子指12.4 g,衣分32.1%~33.3%。早熟性好,霜前花率95.5%。絮色洁白,含絮力好,吐絮畅,易采摘。纤维品质综合优良。高抗枯萎病和黄萎病。上半部平均长度38.25 mm,比强度43.12 cN/tex,马克隆值4.09,整齐度指数88.0%。适宜南疆早熟长绒棉区种植。

二、播前准备

(一) 种子准备

包括备选良种与种子处理。

1. 选好、备足良种

要选用适合当地生长条件的丰产、优质和抗病虫的品种,并备足种子数量。一般备种量应比播种量多50%,手工条播每亩需备种7.5~10 kg;育苗移栽、精量机播、定株穴播时每亩需备种2~4 kg。

2. 播种前可采用下列几种方法对棉花种子进行处理

晒种　在播种前抢晴天晒4~5天。

浸种　温汤浸种采用2份开水对1份凉水,将水温调节到55~60 ℃,倒在盛有一定数量棉种的容器中,并快速搅拌,使棉籽均匀受热。浸20~30分后,立即倒入冷水中均匀搅开,使棉籽迅速降温。在30~40 ℃的水中再浸泡8~10小时,胚芽萌动时捞出晾干,拌上药剂后即可播种。浸种是我国北方干旱少雨棉区取得一播全苗的重要措施之一。

为防止苗期病害发生,可用 40% 多菌灵液浸种。原液 1 kg 对水 10 kg 稀释,可浸种 5 kg,浸泡 10~14 小时后,捞出晾干即可播种。

硫酸脱绒　用硫酸脱去棉籽外面的短绒,可以杀死种子表面所带的黄萎病、枯萎病、角斑病等病菌,而且种子易吸水发芽。硫酸脱绒是先将棉籽放入缸内,按每 10 kg 棉籽加 700~800 mL 浓硫酸,边倒边搅拌,经 10 分左右,短绒全部脱净,立即取出放入尼龙纱袋或竹筐中用清水反复冲洗,直至水不显酸性为止,摊开晾干备用。

药剂拌种　常用的药剂和处理方法是:按 10 kg 干棉种用多菌灵可湿性粉剂 50 g 加 50% 福美双可湿性粉剂 30 g 拌种。或用 40% 拌种双可湿性粉剂 125 g;或 80% 炭疽福美可湿性粉剂 60 g;或 50% 福美双粉剂 60 g 拌种即可。

闷种　我国北方和西北内陆棉区播种期间雨水稀少,墒情不足,为了节水,可用闷种的方法。方法是:每 50 kg 棉种用 25~30 ℃ 的温水 25 kg,分两次加入。第一次先加 10 kg,用喷雾器均匀喷洒,并不停地搅拌,然后用塑料布盖好。5~6 小时后,再把余下的 15 kg 均匀喷入,拌和均匀后,用塑料布盖好,堆闷 24~30 小时即可。

种衣剂的应用　应用长效、内吸杀虫剂与生理活性强的杀菌剂、生长调节剂等物质复配成种衣剂后,对棉种进行包衣处理,可以控制种子和土壤带菌传染病菌及某些害虫的为害,培育矮壮苗,且隐蔽施药可以保护天敌,减少农药对环境的污染。如呋多种衣剂药效可长达 50 天左右,能防治棉花苗期病害和棉蚜、蓟马等。随着种子供应的商品化、种子质量标准化、硫酸脱绒的工厂化、包衣一条龙流水线生产等工业化程度的提高,种衣剂必将得到普及推广。

（二）棉田准备

1. **一熟棉田的准备**　认真做好冬施(底肥)、冬耕、冬灌,是我国北方棉区长期生产实践的经验总结。具体措施是:冬耕后的棉田,要及时耙糖 1 次,消灭坷垃,然后开沟整畦,准备冬灌。冬灌水量一般为每亩 80~100 m³,新疆棉区灌水量常达 160~200 m³,冬灌后的第二年春天及时“顶凌耙地”,以利保墒。

2. **两熟棉田的准备**　北方麦、棉两熟棉田,在头年棉花拔柴后,将次年棉花和小麦的基肥足量施入。然后深耕耙糖,按预定种植方式做成高低垄,垄高 15 cm,小麦种在垄沟内,高垄为预留棉行。次年春于棉花播种前 10~15 天,结合小麦浇水洇透高垄,用耙搂平保墒,即可开沟直接播种,也可采用地膜覆盖。采用麦套地膜棉的种植方法,要边播种边盖膜,这是一条保全苗、促早发、提高产量的好经验。

三、播种技术

（一）播种期的确定

1. **北部特早熟棉区**　辽宁及山西晋中一带 5 cm 地温稳定在 14 ℃ 的时间为 4 月 20~30

日,这时一熟露地棉即可播种。地膜棉由于地膜的增温效应,播期可适当提早。

2. 西北内陆棉区　地处西北内陆棉区的新疆,春季气温低而不稳,全区 90% 以上的棉田采用了地膜覆盖。南疆早春气温回升快而且稳定,适宜播期为 4 月 15 日前后。北疆无霜期只有 150 天左右,且易受晚霜为害,在地膜覆盖条件下,播种期以 4 月 15~20 日为宜。吐鲁番地区春季气温回升迅速,地膜棉的播种期为 4 月上旬。

3. 黄河流域棉区　一熟露地棉和两熟麦套春棉的适宜播期均为 4 月 15~25 日。滨海盐碱地一熟露地棉,播期为 4 月 25~30 日。一熟地膜棉和麦套地膜棉的适宜播期为 4 月 10~15 日。晋南、陕西关中地区地膜棉在 4 月初即可播种。河北黑龙港旱地露地棉的适宜播期为 4 月 15~25 日。

（二）播种量的确定

播种量应根据发芽率的高低、种子的大小、留苗密度、土壤、气候、病虫害等情况决定。一般播种粒数不少于留苗数的 8~10 倍。条播要求每亩播精选种子 5~6 kg;点播时用种 2.5 kg 左右,每穴播 4~5 粒。如果棉籽发芽率低,土壤墒情差,整地质量不佳,病虫害重或土壤中含有盐碱,则播种量应增加 10%~15%。

（三）播种方法

播种方法一般有条播和点播两种。条播易于控制深度,苗齐、苗全,易于保证计划密度。点播节约用种,株距一致,幼苗顶土力强。采用机械条播或定量点播机播种,能将开沟、下种、覆土、镇压等作业一次完成。

（四）播种深度

播种深度一般应掌握"深不过寸,浅不露子",深度以 1.5 cm 左右为宜。北方棉区一般播种略深,沙壤土以 3.5~4.0 cm 为宜,黏土以 3.5 cm 为宜。

四、播种后的保苗技术

（一）查苗补种

在种子落干处,人工顺行小水补墒,水渗下后上面盖上干土保墒;或在种子落干处用催芽后的同一品种种子补上。对已经发芽但顶土困难的行段用手横扒表土,减少覆土厚度。对补种已晚的棉田,可采取芽苗移栽。对于棉苗已出现 1~2 片真叶,仍有少量缺株的棉田,可利用田间的预备苗或邻近棉行的多余棉苗进行移栽。移栽前,先在缺苗处挖好坑,再用移苗铲在棉苗四周插入土中 5~6 cm,使土团挤紧,然后放入坑内,用细土培好土团后,浇少量"团结水"。

（二）破除雨后板结

用畜力拉的长齿耙与播种行垂直横耙,也可人工用小钉耙在播种行上横耙。当棉苗出土现行后,贴近棉苗浅锄。

（三）间苗定苗

间苗要求苗齐后进行,间到叶不搭叶的程度,1~2 片真叶时定苗。

▤ [随堂练习]

1. 棉花播种前需要做好哪些准备工作?
2. 黄河流域棉区如何确定播种期?
3. 棉花种子处理有哪些方法?
4. 试述棉花播种后的保苗技术。

☛ [课后调查及作业]

若正当农时,参加棉花播种作业,总结其操作要点,比较课堂所学的异同点,并分析利弊。

任务 5.3　棉花的育苗移栽技术

棉花育苗移栽是一项有效的增产措施,一般可比直播棉花增产 20%~30%。目前,生产上多采用营养钵育苗法育苗移栽。

一、育苗技术

棉花营养钵育苗如图 5-1。

（一）选择苗床

苗床应选在背风向阳,排水良好,水源方便,无黄、枯萎病,离大田较近,土壤肥沃的田块。苗床的宽度一般为 1.2 m 左右,长 20 m 左右,深 12 cm,苗床四周开好排水沟,防床内积水。苗床与大田比为 1:25 左右。苗床底面要平,可撒少量敌百虫或石灰粉,以防地下害虫。

（二）钵土配制

营养钵土以熟化肥沃的沙质土为宜,再加 2~3 成腐熟的厩肥,1% 的过磷酸钙和适量的速效氮肥等(一般每个苗床上可加尿素 0.5 kg 或硫酸铵 2 kg、过磷酸钙 1 kg)。在制钵的前 1~2天,将配好的钵土浇水,边浇水边翻拌,达到干湿适度,以"手握成团,平胸落地散开"为适宜。钵要靠紧摆平,钵间空隙用沙填满,钵面高度一致。

（三）适期播种

棉花育苗播种期要看天气变化情况,抓住"寒尾暖头,抢晴播种",我国北方一般在 3 月下旬。播前选好棉籽,下种时进行温汤浸种。摆钵后,浇透钵块底墒水,待水下渗后,每钵点种 2~3 粒,然后覆盖一层湿润细土,厚度 2~3 cm 为宜。

图 5-1　棉花营养钵育苗过程

A. 准备苗床;B. 配制营养土;C. 棉苗适宜移栽期;D. 播种及覆膜

（四）立架盖膜

播种后,立即用已准备好的竹片弯成弓形插入苗床两边,约每隔 1 m 插 1 根,要求竹架插平插直,然后用薄膜绷紧,覆盖在拱架上。拱架用绳固定,四周用土压实,防止大风吹起薄膜。

（五）苗床管理

<u>出苗前</u>　苗床温度保持在 25～30 ℃,出苗后 20～25 ℃,出现第一片真叶后,保持20 ℃左右。

<u>出苗后</u>　尽量少浇水,到第一、二片真叶期,做好通风炼苗工作。通风口应由小到大,并逐渐加长通风时间,使棉苗逐渐适应自然环境。移栽前 3～5 天,薄膜全部揭开,锻炼棉苗。如有寒流、阴雨和大风天气,要及时盖好薄膜,以防棉苗受害。齐苗后,选择晴天间苗,2 片真叶时定苗。间、定苗时应剪苗,不得手拔。另外,要拔除杂草,并防治地老虎、棉蚜及苗期病害。

二、移栽技术

（一）合理密植

1. 合理密植的原则　应掌握因地制宜的原则。一般无霜期短、丘陵旱薄地、株型紧凑的早熟品种,种植密度可偏大;无霜期长、土壤肥力高、灌溉条件好、株型高大松散的中晚熟品种,种植密度要小些。

2. 合理密植的幅度　我国北方棉区,多依棉株后期的株高来确定密度。一般株高 100~120 cm 时,每亩 3 000~3 500 株;株高 80~100 cm 时,每亩 3 500~4 000 株;株高 70~80 cm 时,每亩 4 000~5 000 株。目前生产上推广的杂交棉密度为每亩 2 000 株左右。

（二）行株距配置方式

合理配置行株距,既能充分利用地力和光能,又能保持较好的通风透光条件,使群体与个体均能协调发展,也便于田间管理和棉田机械化作业。配置方式主要有等行距和宽窄行两种:

1. 等行距　以宽行密株的方式配置,即加宽行距以延迟棉田封行,有利于中后期通风透光,减少烂铃,便于田间操作;缩小株距以保证密度。一般高产田的等行距是 80~90 cm,中产田等行距是 60~70 cm,旱薄地为 50~60 cm。等行距种植有利于棉株均衡生长,坐桃均匀,防止倒伏。

2. 宽窄行　其优点是有利于增加密度,通风透光。一般高产田的宽行为 80~100 cm,窄行 50 cm;中等肥力田宽行 70~80 cm,窄行 40 cm。宽窄行多在中上等肥力棉田或间套作棉田应用。

[随堂练习]

1. 简述棉花营养钵育苗技术要点。
2. 棉花合理密植的原则是什么?
3. 棉花合理密植的幅度是多少?
4. 简述棉花合理配置行株距的意义。

任务 5.4　棉花苗期的管理技术

一、生育特点

（一）以营养生长为主

棉花苗期的生长,主要是扎根、长茎和生叶,并开始花芽分化,以营养生长为主,并为以后的营养生长和生殖生长奠定基础。

（二）根系生长快,地上部生长慢

由于苗期温度较低,地上部生长较慢,地下部根系生长较快。主根从子叶展开到第 2~3 片真叶时,平均每天长 1.5 cm,较地上部快 4~5 倍。

（三）对肥水吸收量少

由于苗期温度低，地上部生长缓慢，蒸腾量低，吸收肥、水较少。

（四）抗灾能力弱

苗期营养体幼嫩，对不良环境的抵抗能力差，特别是在 3 片真叶以前，由于棉茎尚未木质化，抗御灾害的能力更差。

二、主攻目标

棉花苗期主攻目标是在齐苗、匀苗、壮苗的基础上，控制旺苗，防止弱苗。我国北方棉区在棉花苗期阶段，常有低温寒冷等不利天气影响，易造成出苗不齐、缺苗断垄或弱苗晚发等现象。为了解决这些问题，管理应以促为主，促控结合，确保苗齐、苗匀，实现壮苗早发。

三、管理技术

（一）苗情诊断

结合我国北方不同棉区的情况，每亩生产皮棉 75～100 kg 的棉田各类苗的长势长相特点如下：

1. 壮苗长势长相　棉苗生长敦实，株矮发横，宽大于高，茎杆粗壮，节间较短，下红上绿，红绿各半；主茎平均日增长量为 0.3～0.5 cm；叶色青绿，叶片平展，大小适中，真叶生长快；现蕾时一般株高 15～18 cm，真叶 6～8 片，5 月底至 6 月上旬现蕾；棉苗的主侧根发达，主根扎得深，侧根分布均匀。

2. 弱苗长势长相　茎矮纤细，叶少发黄，红茎过高，说明地瘦缺肥，是弱苗的表现。

3. 旺苗长势长相　棉苗株大叶肥，脚高节稀，叶片乌黑，茎色青绿，说明肥水过多，地上部生长偏旺，这类棉花属于旺苗。

在田间管理上，应结合苗情进行分类管理。

（二）查苗补种

生产上，在棉苗出土 70％～80％时应进行查苗，发现缺苗应及时补种。若补种过晚，则棉苗大小不一致。为确保棉苗生长一致，对缺苗多、发现早的田块，可采用催芽补种或芽苗移栽的办法。

（三）中耕松土

棉花苗期中耕分两次进行，一次是棉花显行时进行浅中耕松土，以破除板结、提高地温。二是棉花定苗后，要进行深中耕松土，深度 10～12 cm，促使根系深扎，扩大营养吸收范围，为棉花壮苗奠定基础。以后遇雨，要及时中耕，破除板结，增温保墒，促苗早发。我国北方群众的经验是"早发不早发，锄头来当家"。说明棉花苗期早中耕、勤中耕、深中耕，对提高地温、促根下扎、促进棉苗早发具有重要作用。

（四）间苗、定苗

播种量较大，密度高，容易形成高脚苗，晚结桃。因此，棉苗出齐后，要尽早进行间苗。间苗标准，以叶片不互搭为好。二、三叶期可定苗。但在阴雨低温、棉苗细弱和有病虫为害条件下，可适当推迟定苗。

（五）轻施苗肥

棉花苗期需肥不多，在施足底肥的基础上，轻施苗肥即可满足苗期生长的需要，一般每亩施纯氮 1 kg 左右。在土壤肥沃和棉苗生长正常情况下，可以不施此肥。但在土地瘠薄和苗弱条件下，可适当多施，以穴施或条施效果较好。

（六）遇旱浇水

棉花苗期需水较少，在足墒下种的情况下，苗期一般不需浇水；如果在现蕾前后天气干旱，可结合追肥进行浇水，促苗发棵。但浇水量不宜过大，宜轻浇，或隔沟浇，注意浇后及时中耕保墒。民谚："麦收前后浇棉花，十年准有九不差"。

（七）防治病虫害

棉花苗期害虫主要有地老虎、金针虫、棉蚜等，病害主要有立枯病、炭疽病、红腐病等。

1. 防治地下害虫

物理防治　用黑光灯、糖醋液诱杀成虫。

化学防治　可用 2.5％敌百虫粉剂每亩 2.5~3 kg 防治三龄幼虫。防治三龄以后的幼虫，则采用棉籽饼（麦麸、豆饼）拌毒饵，即每亩用 90％敌百虫晶体 100 g，加水 1 kg 喷洒在炒香的 10 kg 饼粉上，制成毒饵，于傍晚在受害作物田间撒施，或每 2 m² 撒一堆诱杀幼虫。

2. 防治棉蚜

农业防治　因地制宜地采用多种作物条带种植，如麦棉套种等，充分发挥天敌对棉蚜的自然控制作用。

化学防治　播种时用内吸杀虫剂处理种子；棉蚜发生期，每亩用 10％氯氰菊酯乳油 15~30 mL，对水 20~50 L，或吡虫啉可湿性粉剂 50~70 g，对水 50 kg 及时防治。

3. 防治苗期病害

种子处理　按有效成分计可用种子质量 0.05％~0.08％的粉锈宁可湿性粉剂、种子质量 0.5％~1.0％的多菌灵可湿性粉剂拌种。

喷药防治　在齐苗后，每亩用 50％多菌灵可湿性粉剂或 50％甲基托布津可湿性粉剂 50~75 g 对水 50~75 kg 喷雾，或 65％代森锌 500~800 倍液喷雾，每 10 天一次。

［随堂练习］

1. 简述棉花苗期的生育特点。
2. 简述棉花苗期中耕技术要点。

3. 棉花苗期如何防治地下害虫?

4. 棉花苗期如何防治棉蚜?

任务 5.5　棉花蕾期的管理技术

一、生育特点

(一)营养生长与生殖生长并进

蕾期仍以营养生长占优势,以增大营养体为主。

(二)根系生长达到高峰期

与地上部比较,主根的增长速度比株高的增长速度快 2~3 倍。出苗后 70 天左右,棉花整个根系基本建成,吸收水肥的能力显著增强。

(三)地上部生长加快

棉花蕾期温度增高,光照增强,叶面积迅速扩大,主茎节数、节间伸长的速度、果枝和蕾的出生速度都加快,在蕾期,全株干物质质量增加 8~9 倍。

此期如棉株生长过旺,营养物质大量消耗在整株和枝叶上,花蕾得不到充足的营养,就会导致生理脱落;如果长势过弱,果枝、果节、叶片数少,影响整个光合产物的合成与积累,会使蕾少蕾小,脱落严重或导致早衰。所以,这一阶段应该使棉株达到稳长增蕾的要求。

二、主攻目标

棉花蕾期主攻目标是:使营养生长和生殖生长协调发展,实现稳长增蕾,达到壮而不旺,生长稳健,力求蕾多脱落少,搭好丰产架子。

三、管理技术

(一)蕾期的长势长相

棉花蕾期稳长的长势长相是:棉株"壮而不旺,稳而不弱,发棵稳健"。根系深广,吸收能力强;株型紧凑节间短;叶色鲜绿,叶片大小适中;主茎顶端生长点肥壮。现蕾初期主茎日增长量 1~1.5 cm,盛蕾期 2~2.5 cm。开花前的株高 45~50 cm,节间平均长度3~5 cm,主茎红色比例占 60%左右。单株果枝数 8~10 个;蕾数 25~30 个,且蕾大、柄短,苞叶紧,脱落少。现蕾后叶色逐渐褪淡,叶面积系数由现蕾时的 0.6 左右,达到盛蕾时的 2 左右。小暑开花。

(二)稳施蕾肥

对底肥充足、肥力较高、生长正常的棉田,要适当控制氮肥的施用,可以不施或少施速效氮肥,使棉株稳健生长。若土壤肥力低,底肥不足,苗期追肥少,棉苗生长弱,则应早施肥,适当加大施肥量,促苗发棵,搭起丰产架子。

一般对中等肥力棉田,如蕾期追纯氮 3 kg,以初蕾期 1 kg 和初花期 2 kg 为宜;如追肥量较少,只进行 1 次追肥,以初花期施用,增产作用最明显。丰产棉田应施好"当家肥",于蕾期每亩施优质农家肥 1 000 kg、腐熟饼肥 20~30 kg 和磷肥(过磷酸钙)20~30 kg,开沟条施或穴施,并尽量深施,以增蕾保桃,减少脱落。

(三) 巧浇蕾水

蕾期需水量占全生育期的 12%~20%,北方棉区正是干旱季节,及时浇水对发棵增蕾、搭好丰产架子极为重要。棉花现蕾后,当棉田 0~60 cm 土层田间持水量低于田间最大持水量的55%~60%时,表现为缺水,应及时浇水。蕾期浇水量宜小,最好采用隔行沟灌或灌跑马水,浇后及时中耕保墒。

(四) 早去叶枝

棉花的分枝是由主茎上的腋芽发育而成,根据分枝的形态特点及生长习性,将分枝分为果枝和叶枝,两者的区别见表 5-1,图 5-2。

叶枝又称营养枝或"油条",是棉花营养的消耗器官,及早去掉叶枝,能调节棉株养料分配,控制营养生长,有利于发棵和增蕾。

表 5-1　棉花果枝与叶枝的区别

	叶　　枝	果　　枝
1. 分枝类型	单轴分枝	合轴分枝
2. 枝条长相	斜直向上生长	近水平方向曲折向外生长
3. 发生部位	主茎下部(3~6 节以下)	主茎中、上部(3~6 节以上)
4. 叶序	螺旋形互生	左右对生
5. 蕾铃着生方式	间接着生蕾铃,蕾铃着生于二级果枝上	直接着生蕾铃

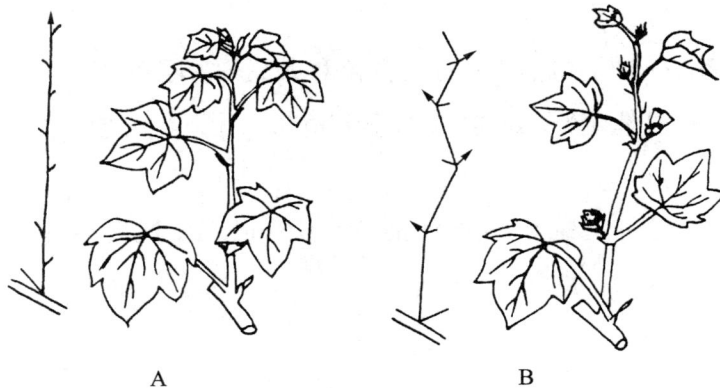

图 5-2　棉花叶枝与果枝的比较

A. 棉花叶枝;B. 棉花果枝

棉花去叶枝的时间,应在第一果枝与叶枝可以区别时,将第一果枝以下的叶枝全部去掉,保留主茎叶。在缺苗处、地头、渠边也可保留部分叶枝,待叶枝上长 2~3 个小果枝时,把顶尖打去,争取多结桃,充分发挥单株的增产潜力。

目前在杂交棉生产中,采用简化整枝技术,主要方法是:去除下部弱营养枝,留 1~2 个强营养枝,营养枝早打顶。

(五) 化学调控

农作物的化学调控是从农作物体外施加能改变其内部激素系统的植物生长调节剂,使农作物朝着人们预期的方向和程度发生变化,从而提高农作物产量,改善农产品品质的技术。

在盛蕾期,当棉株有旺长趋势时,可喷施缩节安控制生长,促进发育,增加蕾数。方法是每亩用缩节安粉剂 2 g 对水 40 kg,喷洒棉株。

(六) 中耕培土

棉花蕾期根系迅速生长,加强中耕,是促进根系深扎横发、抑制地上部营养生长过旺、实现发棵稳长的有效措施。一般蕾期中耕 2~3 次,应在棉田浇水或雨后及时进行。如有杂草必须中耕,经常保持土松草净。中耕深度,蕾期棉田行间中耕以 10~12 cm 为宜。对旱薄地棉田,应进行浅中耕松土,防旱保墒;对旺长的棉田,应进行深中耕,切断部分侧根,减少对水分和养分的吸收。中耕时为防止侧根损伤过重,可采用在棉行一侧深中耕,深度 16 cm 左右,如仍有旺长现象,再在棉行另一侧进行深中耕。棉花现蕾后,应结合中耕进行分次培土,在雨季到来前培土结束,既利于防风抗倒,又利于棉田排灌。

(七) 防治病虫害

蕾期发生较普遍、为害较大的害虫有棉蚜、红蜘蛛等;病害主要是枯萎病、黄萎病,枯萎病比黄萎病发病较早,后期两者混合发生,是棉花上为害最重的传染性病害。

1. 防治枯萎病和黄萎病　防治策略是保护无病区,控制轻病区,消灭零星病区,改造重病区。

(1) 严格执行检疫制度,保护无病区。

(2) 采取轮作倒茬,棉种消毒,用无病土育苗移栽,压缩轻病区。

(3) 选种抗病品种,改造重病区(发病株率在 5% 以上)。选用抗病品种和轮作尤其是水旱轮作效果更好。

2. 防治红蜘蛛　每亩用三氯杀螨醇乳油 50~75 mL,或 20% 双甲脒乳油 50~75 mL,或 73% 克螨特乳油 30~50 mL,加水 50 kg 喷雾。

[随堂练习]

1. 简述棉花蕾期的生育特点。

2. 简述棉花去叶枝的时间和技术。

3. 棉花蕾期主要病虫害有哪几种？如何防治？

☞ **［课后调查及作业］**

　　1. 列表描述棉花果枝与叶枝的区别。

　　2. 绘图：绘一枝棉花叶枝、一枝棉花果枝，充分体会两者的区别。

任务 5.6　棉花花铃期的管理技术

一、生育特点

（一）发育旺盛期

棉花从初花到盛花期内，棉株生长非常迅速，营养生长和生殖生长并进，两者均出现高峰。初花期仍以营养生长占优势，这时叶片制造的有机物质有 60%~80% 运向蕾、花、铃，供生殖生长的需要。

（二）需肥、需水最多的时期

从始花期到吐絮期吸收的肥料量占一生总量的 62%。从初花期到盛花期的吸氮量约占一生总量的 56%，吸磷量占一生总量的 24%，吸钾量占一生总量的 36%；盛花期到吐絮期吸氮量占一生总量的 28%，吸磷量占一生总量的 65%，吸钾量占一生总量的52%。花铃期需水量占一生总量的 45%~65%。

（三）各种矛盾表现最集中的时期

棉花花铃期不仅营养生长和生殖生长的矛盾很突出，而且随着棉株生长的进展，个体和群体之间的矛盾也有发展。

二、主攻目标

棉花花铃期主攻目标是：增蕾保铃，控制旺长，防止早衰，减少脱落，实现早坐桃，多结桃，结大桃，不贪青晚熟。

三、管理技术

（一）花铃期的长势长相诊断

花铃期稳长的长势长相为：新根增加，叶色鲜绿，花冠肥大，带桃入伏，三桃齐结，稳长 7月，嫩过 8月，9月不早衰。初花期前后株高增长达到高峰，主茎日长量为 2~2.5 cm，不超过3 cm；盛花期主茎日长量为 1~1.5 cm，打顶前降至 0.5~1 cm。初花期叶面积系数达 2~3，盛花期以 4~4.5 为宜。花铃期要求 2~3 天长出一层果枝,单株日增蕾 0.3~0.5 个,成铃数应占 70% 以上。

在管理上,应结合长势长相进行分类管理。

(二)重施花铃肥

花铃期需要养分最多,重施花铃肥为棉株生育提供充足的养分,是增蕾保铃和防止早衰的重要措施。

对一般棉田,可在初花期重施花铃肥,每亩施纯氮 3 kg。而高产棉田,应适当推迟到棉株结有 1~2 个成铃时,每亩施纯氮 4 kg,既可达到增蕾保桃不旺长,又能防止早衰多结早秋桃。

花铃期也可采用根外追肥,如喷 1% 的尿素或 1%~3% 的过磷酸钙液,或 0.5% 的磷酸二氢钾加 1% 的尿素混合喷施,对增蕾保铃都有良好的效果。

(三)灌溉与排水

花铃期若干旱,轻则造成蕾铃脱落,重则造成早衰,因此,及时灌水,对提高产量十分重要。花铃期正是降雨集中时期,要注意排水防涝,严防棉田积水。

(四)适时打顶

棉花的主茎生长点具有顶端优势,适时打顶,可消除顶端生长优势,使大量的养料运向生殖器官,有利于增蕾保铃。打顶效果好坏,关键在于适时。打顶的适宜时期,应根据霜期和棉花生育情况确定。在棉花正常生长情况下,从现蕾到吐絮共需 70~80 天,后期因温度逐渐降低,所需天数亦随之延长,因此,各地必须在当地早霜到来之前 80~90 天打顶。我国北方棉区地域辽阔,早霜来临的时间差异很大,各地应根据实际情况,灵活确定打顶的适宜时期。黄河流域 7 月 25 日前后打顶为宜,新疆棉区在 7 月 15~25 日打顶。

(五)中耕培土

花铃期应搞好棉田封垄前的中耕培土,特别是在雨后,中耕破除板结,疏松土壤,调节水、肥、气、温状况,为根系创造一个良好的环境条件,促使棉株正常发育。花铃期中耕不宜过深,以免伤根,中耕深度以不超过 6 cm 为宜。若棉株生长过旺,可适当加深,抑制旺长。为了避免地上部造成机械损伤,可采取先推株并垄,随后进行中耕培土的做法。

(六)化学调控

为了控制棉花旺长,促使正常发育,减少脱落,增蕾保铃,花铃期要喷施生长调节剂。一般棉花有旺长趋势时,可用缩节安粉剂每亩 3~4 g,加水 50 kg 喷施。但要注意在打顶前后 5 天内不宜喷施,以免影响顶部果枝的伸长而造成减产。

(七)加强病虫害防治

棉花花铃期主要害虫有棉铃虫、红蜘蛛、造桥虫等,病害主要有黄萎病、细菌性角斑病等。

棉铃虫是黄河流域及西北内陆棉区花铃期最主要的害虫,在防治上要农业、物理、生物、化学防治相结合。其防治技术为:

（1）选用抗棉铃虫的棉花品种。

（2）利用黑光灯诱杀成虫。

（3）每亩用 50% 对硫磷乳油 100 mL，或 50% 辛硫磷乳油 100 mL，对水 50~60 kg喷雾。严格按防治指标用药，并合理轮用或混用农药。

［随堂练习］

1. 简述棉花花铃期的生育特点。

2. 棉花花铃期稳长的长势长相如何？

3. 简述棉花花铃期需肥特点和施肥技术。

4. 怎样保证棉花花铃期打顶的效果？

5. 棉花花铃期主要病虫害有哪几种？如何防治？

任务 5.7　棉花吐絮期的管理技术

一、生育特点

（一）营养生长趋于停止，生殖生长逐渐减弱

入秋后，温度逐渐下降，棉花的生理活动减弱，光合能力下降，对肥水的要求比花铃期要低。因此，营养生长进一步减弱，直至停止，生殖生长也逐渐转慢，进入衰老阶段。

（二）代谢活动减弱，代谢中心再次转移

棉花吐絮后，叶片由下而上逐渐衰老，根系活动减弱，吸收肥水能力下降。但叶和根应保持一定水平的生理功能，以保证上部秋桃及伏桃充实增重。

二、主攻目标

棉花吐絮期主攻目标是：增加铃重，提高品质，多坐秋桃，防止早衰。

三、管理技术

（一）吐絮期的长相诊断

吐絮期壮株的长相是：下、中、上三桃满座，植株老健清秀，绿叶托白絮，早熟不早衰。根系缓慢死亡，叶片自下而上依次变黄脱落，叶面积系数由大逐渐变小。

（二）灌好吐絮水

棉花后期需水较少，其耗水量仅占全生育期的 10%~20%，这时保证水分供应，对多坐秋

桃、增加铃重和提高纤维品质非常重要。所以,当土壤含水量低于田间持水量的 55％时,应及时灌水。但灌水量应小,以免田间湿度过大,增加烂铃。

（三）整枝

对肥水充足的棉田,棉株生长旺盛,枝叶茂密,郁闭严重,可将主茎下部发黄的老叶打去,并可剪空枝、打边心、摘除无效花蕾,以改善棉田通风透光条件,减少养分消耗,多坐秋桃,增加铃重,促进早熟,减少烂铃。

（四）喷洒催熟剂

生产上对晚熟棉田,多采用喷洒乙烯利催熟,促进棉铃提前集中吐絮,使霜前花增加 20％以上,增产 10％左右,对纤维品质没有明显影响。喷洒时期以枯霜前 20 天左右为宜,要求喷后几天内,温度高于 20 ℃,利于药剂分解,提高施药效果。用药剂量以每亩用 40％的乙烯利125～200 g,稀释 300 倍进行喷洒。

（五）防治害虫

棉花吐絮期主要害虫有造桥虫、红铃虫等,病害主要是铃病,即红粉病、红腐病、疫病、角斑病等。

1. 防治造桥虫　用 50％辛硫磷防治,或用有机磷粉剂喷粉防治效果也较好。

2. 防治铃病

物理防治　合理施肥,及时整枝、打顶,使田间通风透光;合理排灌,切忌大水漫灌;及时摘除老熟棉铃。

化学防治　每亩可用 70％代森锰锌可湿性粉剂 75～100 g,40％多福混剂100 g,疫病严重时,可用甲霜灵锰锌 50～60 g对水 50～75 kg,在花铃期对中下部进行喷雾。

四、棉花的采收及分级技术

（一）棉花的收获

1. 收花时期　棉花从吐絮到采收结束,一般需 60～70 天。为保证棉纤维质量,必须分多次采收。棉花吐絮后,应及时收摘棉花。适时收花的时间,一般以棉铃开裂后 7 天左右为好。过早收摘棉花,纤维尚未充分成熟,强度低,色泽差,捡花费工,且籽棉含水量高,贮藏过程中容易发热变色;过迟摘花,纤维在日光下曝晒过久,发生光氧化作用,使强度降低,长度变短,严重降低品质。

2. 收花技术　采取“三净、五分”收花法。三净是指收花时株净、壳净、地净,五分是指分摘、分晒、分存、分轧、分售。

分摘　棉花分摘是“五分”中的关键。分摘的方法很多,如分人法(有的人专摘好的,有的人专摘次的)、分袋法(一个人挂两个袋,一袋装好的,一袋装次的)。但无论采取哪种方法,都必须做到“五要”、“四不准”、“三找”和“两分”:“五要”是要适时收摘,要好坏分摘,要种子棉与一般棉分摘,要沙壤土地与岗地分摘,要雨前抢摘与雨后分摘;"四不准"是不准带桃壳摘花,不准晴天摘笑口花,不准摘露水花,不准剥青桃;"三找"是找落地棉,找僵瓣棉,找眼睫毛棉;"两分"是摘花时粗分,晒花时细分。

分晒　要求不在地面上晒花,提倡搭木架帘子晒花。地面晒花不仅不易晒干,而且容易增加杂质,降低品级。高搁摊晒,不仅干得快,而且可除掉一部分杂质和红铃虫。晒花时,应严格分清好坏和干湿,做到薄晒勤翻,边晒边翻,去僵拣黄,晒干拣净,达到口咬棉籽有响声。

分存　应按照不同品种、不同等级、不同干湿程度的棉花分别存放,严格避免混装、混存。棉花存放地点,要求通风向阳,上不漏,下不潮,铺垫好,避免受潮,影响品质。

分轧　轧花时要切实做到不混级、不混轧,杜绝不顾质量、盲目追求产量和衣分的片面做法。

分售　按照不同品种、不同等级,分别评级,分别过秤,分别出售。

（二）棉花的分级

棉花由于品种、气候及轧花方法不同,在外观上、品质上形成的类别也不同。不同类别的棉花价格各异,使用价值亦不同。为了贯彻国家"优质优价,优棉优用"的政策,按照纺织业的要求和棉花的使用价值,国家对不同类别和类型的棉花规定了各种条件和实物标准。

1. 品级　品级是根据纤维的成熟程度、色泽特征及轧工质量而定的。棉花成熟程度是决定棉花质量高低和使用价值的重要因素。成熟好的棉花,纤维强力大,弹性、光泽等都比较好。色泽的好坏直接影响纱布的外观质量。轧工质量对棉花的质量和使用价值也有很大影响。按照国家标准,品级实物标准分籽棉、皮辊棉、锯齿棉三种,作为生产上指导"五分"使用。皮辊棉、锯齿棉实物标准是棉花定级的依据。棉花品级根据成熟度、色泽特征、轧工质量分为 7 个级别,即一至七级,如表 5-2。三级为标准级,七级以下为级外棉。

2. 长度　纤维长度是影响纺纱支数和成纱质量的主要因素,也是确定皮棉价格的依据。棉花纤维长度以 mm 为计算单位,分为:

23 mm,包括 24 mm 及以下;25 mm,包括 24.01～26 mm;27 mm,包括 26.01～28 mm;29 mm,包括 28.01～30 mm;31 mm,包括 30.01～32 mm;33 mm,包括 32 mm 以上;27 mm 为标准长度。长度不足 23 mm,按 23 mm 计算;长于 33 mm,按 33 mm 计算。五级棉花长于 27 mm,按 27 mm 计算,六、七级均按 23 mm 计算。

3. 水分　棉花含水率是指棉花所含水分质量占棉花湿重的质量分数,含水率标准统一规定为 10%,实际含水率不足或超过标准时,实行补扣。最高限度为 12%,超过最高限度应摊晒处理。

4. 杂质　杂质与棉花生长期间的虫害情况、不孕籽多少、收获方法以及加工工艺等许多方面有关。皮棉中的杂质包括非纤维性杂物(如尘土、断枝、铃壳、碎叶等)和纤维性杂质(如不孕籽、棉籽、籽棉、破籽、籽屑上的棉纤维等)。皮棉含杂标准,皮辊棉为 3%,锯齿棉为 2.5%。实际含杂率不足或超过标准时,实行补扣。

5. 衣分　籽棉衣分以皮辊轧花机试为准。要求不出破籽,不带油污棉。黄根率和棉籽毛头率应符合轧花质量参考指标的规定。籽棉衣分计算到 0.5%,不足或超过的按"二舍八入,三七作五"舍入。

表 5-2　棉花品级条件

级别	籽棉	皮辊棉			锯齿棉		
		成熟程度	色泽特征	轧工质量	成熟程度	色泽特征	轧工质量
一级	早、中期优质白棉,棉瓣肥大,有少量一般白棉和带淡黄尖、黄线棉瓣,杂质很少	好	色洁白或乳白,丝光好,稍有蛋黄色	黄根杂质很少	好	色洁白或乳白,丝光好,微有蛋黄色	索丝,棉结杂质少
二级	早、中期好白棉,棉瓣大,有少量轻雨锈棉和个别半僵瓣棉,杂质少	正常	色洁白或乳白,丝光好,有少量蛋黄色	黄根杂质少	正常	色洁白或乳白,丝光好,稍有蛋黄色	索丝,棉结杂质少
三级	早、中期一般白棉和晚期好白棉,棉瓣大小都有,有少量轻雨锈棉和个别半僵瓣,杂质稍多	一般	色白或乳白,稍见阴黄,稍有丝光,淡黄色,黄染稍多	黄根杂质稍多	一般	色白或乳白,稍有丝光,有少量黄染	索丝,棉结杂质较少
四级	早、中期较差的白棉和晚期白棉,棉瓣小,有少量僵瓣和轻霜、淡灰棉,杂质很多	稍差	色白略带灰黄,有少量污染棉	黄根杂质较多	差	色白略阴黄,有淡灰黄染	索丝,棉结杂质稍多
五级	晚期较差的白棉,中期僵瓣棉,杂质多	较差	色灰白带阴黄,污染棉较多,有糟绒	黄根杂质多	较差	色灰白有阴黄,有污染棉或糟绒	索丝,棉结杂质较多
六级	各种僵瓣棉和晚期次白棉,杂质很多	差	色灰黄略带灰白,各种污染棉、糟绒多	杂质很多	差	色灰白或阴黄,污染棉、糟绒较多	索丝,棉结杂质多
七级	各种僵瓣棉、污染棉和部分烂桃棉,杂质很多	很差	色灰暗,各种污染棉、糟绒很多	杂质很多	很差	色灰黄,污染棉、糟绒很多	索丝,棉结杂质很多

📚 **[随堂练习]**

1. 简述棉花吐絮期的生育特点。
2. 棉花吐絮期壮株的长相怎样？
3. 棉花苗吐絮期主要病虫害有哪几种？如何防治？
4. 简述棉花的收花技术。
5. 什么是棉花的品级？棉花品级实物标准分哪几种？

📣 **[课后调查及作业]**

结合农时，参加一次棉花采收。

任务 5.8　棉花的蕾铃脱落及防止技术

棉花蕾铃脱落是棉花生产上普遍存在的一个问题。棉花蕾铃脱落率一般在 60% ~ 70%，严重的高达 80% 以上。一般地说，蕾铃脱落是一种正常的生理现象，但是，蕾铃过早、过多的脱落，就会造成生产上的损失。因此，如何减少蕾铃脱落，是提高棉花单位面积产量的一个重要问题。

一、蕾铃脱落的规律

（一）落蕾与落铃的比例

棉花蕾铃脱落包括开花以前的落蕾和开花以后的落铃。在蕾铃脱落中，一般落铃占总脱落数的 55% ~ 65%，落蕾占 35% ~ 45%。落铃率之所以大于落蕾率，是因为幼铃的生理活动强，需要的养料较多，一旦养分供应不上，幼铃便会脱落。落蕾和落铃的比例，在不同年份、不同地区、不同栽培条件下，也会有所变化。

（二）蕾铃脱落的日龄

棉花从现蕾到开花的整个过程都有蕾的脱落，但多集中在现蕾以后的第 10 ~ 20 天内，这段时间要占落蕾总数的 50% 以上。棉铃的脱落多集中在开花以后的 3 ~ 8 天之内，约占落铃总数的 80% 以上，10 天以上的棉铃很少脱落。试验表明，在不同条件下，落铃的日龄规律性基本上没有改变。

（三）棉花蕾铃脱落的部位

棉花蕾铃脱落与它在棉株上着生的部位存在一定的关系。棉花蕾铃是由下而上、从内到外形成的，一般情况下，上部果枝的蕾铃脱落率高于下部果枝，同一果枝上离主茎远的蕾铃脱落率高于离主茎近的。

（四）蕾铃脱落的时期

棉株从现蕾到开花结铃的整个生长过程中都有蕾铃脱落,但各生育阶段的脱落率不同。一般是棉株开花以前脱落少,开花以后逐渐增加,进入盛花期后达到高峰,以后又逐渐减少。如河南脱落高峰一般出现在 7 月下旬到 8 月上旬的 20 多天中,在这段时间内,脱落率约占50%以上。

二、蕾铃脱落的原因

造成棉花蕾铃脱落的原因可概括为以下三个方面:

（一）生理脱落

在外界条件的影响下,通过棉株内部生理变化,在蕾柄或铃柄处形成离层导致脱落。主要原因有:

（1）有机养料不足或养分分配失调。前者发生在贫瘠的棉田,后者发生在施肥多的旺长田。

（2）棉花由于多种原因而没有受精,使蕾铃脱落。特别是棉花开花时遇到暴雨或连阴雨或施用杀虫药液,使花粉吸水膨胀破裂,失去生活力,以致不能受精。由于没有受精,胚珠内的生长素形成受阻,影响有机养料输送到棉铃,最后棉铃因营养不良而脱落。观察发现,全日阴雨或上午降雨,当日开花的幼铃几乎全部脱落,午后降雨脱落率约为 90%,晴天仅为 40% 左右。

（3）光照不足,缺少氮肥,水分过少,温度过高或降雨等外部因素,均可引起营养不足或植株发育不良,进而引起脱落。

（二）病虫为害

病虫为害直接或间接地引起蕾铃脱落。直接为害蕾铃的害虫主要有棉盲蝽和棉铃虫,为害时间长而严重,有些地区成为棉花蕾铃脱落的主要原因。间接为害蕾铃的有蚜虫,造成棉叶蜷缩,棉株矮小,蕾铃脱落增加。病害有枯萎病、黄萎病和其他一些侵染棉叶和棉铃的病害,均可造成蕾铃脱落。

（三）机械损伤

棉花生育期内,由于人工操作或机械管理时造成损伤,引起蕾铃直接脱落;另外,由于自然灾害的影响,如狂风、暴雨、洪水等,造成蕾铃大量脱落。

三、防止蕾铃脱落的途径

（一）创建合理的群体结构

首先制定合理的种植密度,适当放宽行距,缩小株距,使棉花达到小暑小封行,大暑大封行;先开花,后封行;下封上不封,以改善棉田受光状况,有效地控制棉株的生育进程,协调营养生长与生殖生长,满足蕾铃发育所需要的营养物质,减少蕾铃脱落。

（二）加强肥水管理

通过肥水管理,协调营养生长和生殖生长的关系。施足基肥,以有机肥和磷钾肥为主。苗期少施肥,主要促早发,控水以长根;蕾期施肥要稳,以缓效性有机肥为主,控制肥水,防止营养生长过旺;花铃期重施花铃肥,适时灌水,保证蕾铃发育对肥水的需求;吐絮期根系吸收能力衰退,应及时补施叶面肥。

（三）合理整枝

棉花生产中及时去除叶枝,适时打顶和去边心,改善棉田受光状况,减少不必要的养分消耗,满足蕾铃生长的需要,是解决棉花蕾铃脱落的有效途径。

此外,选用株型好、抗病力强、脱落率低的品种,使用生长调节剂,加强病虫害防治等措施,对减少蕾铃脱落都有一定效果。

[随堂练习]

1. 棉花蕾铃脱落的规律是什么?
2. 棉花蕾铃脱落的主要原因有哪些?
3. 防止棉花蕾铃脱落的途径有哪些?

[实验实训]

实 5-1　棉花播前种子处理

一、目的与意义

掌握棉花播前种子处理的方法和操作技术。

二、材料与用具

棉种、工业用浓硫酸、402 灭菌剂及多菌灵等有关药剂,草木灰、陶瓷缸、烧杯、搪瓷缸、量筒、粗天平、玻璃棒、电炉、水桶、木棒、铁丝篮、砂锅、温度计(200℃)。

三、内容与方法

（一）种子处理

取棉籽 150 g,用 50 g 进行硫酸脱绒处理;50 g 做两开一凉温汤浸种,再拌多菌灵处理;另 50 g 不浸种不拌药。

1. **硫酸脱绒**　硫酸脱绒的基本程序是先将工业用浓硫酸(密度 1.8 g/cm^3),在砂锅中加热至 110~120℃,按棉籽 1 kg 加硫酸 100 mL 的比例,将浓硫酸倒入已晒过的棉籽上,宜在陶瓷缸中进行,迅速搅拌,至短绒发黑变黏,短绒脱尽,捞出用清水反复冲洗,至水色不发黄、种子不带酸味为止。操作时注意防护,切忌溅入眼睛和皮肤上,一旦接触,应用大量清水冲洗后及时就医。

2. **药剂拌种或浸种**　目前推广的种子处理用杀菌剂主要有 402 灭菌剂(浓度 0.1%,浸种 24 小时)、多菌灵(按有效成分 0.5%拌种)等。

3. **温汤浸种**　通常按两开对一凉准备温水(50~60℃),然后按 1 kg 种子对温水 2.5 kg 的比例,将种子倒入,用木棒迅速搅拌,水温很快下降,继续搅动直至水不烫手,再浸 3~4 小时,捞出沥干,再拌药播种。

4. **闷种**　经过药剂拌种的种子,加水拌匀,再堆集起来,使水分被棉籽吸入,每 100 kg 棉籽加水总量 100~120 kg,分 3~4 次加入。第一次用 40~50℃温水,便于棉籽吸收,以后几次用 30~40℃温水。种子堆大小以 500 kg 左右为宜,堆内温度保持 25~30℃,不超过 35℃,加水用喷壶,每次加水时搅动种子,加水后再上堆保温。一般 36 小时可使种皮软化,子叶分层。

5. **催芽**　将已浸好的种子沥干,在温暖处堆闷,保温保湿,经 12~24 小时即可发芽,约有 10%种子萌动就可播种。

(二)田间播种

将上述 3 种处理的种子,定点定量在田间播种,每一处理在 1 m 长的行内播 100 粒棉籽,盖籽后作好标记,调查、记载不同种子的出苗期及出苗数。

四、作业

1. 硫酸脱绒的过程如何,应注意哪些问题?

2. 三种处理对棉花出苗及幼苗生长有什么影响?

实 5-2　棉花育苗技术

一、目的与意义

掌握棉花育苗主要环节及技术,为正确应用育苗移栽打好基础。

二、材料与用具

已处理的精选棉籽,充分腐熟的堆肥或厩肥,腐熟的粪水、硫酸铵、过磷酸钙或腐熟的饼肥,制钵器、塑料薄膜、锄头、水壶、水桶、温度计、运输工具、篾弓、苗床、细沙。

三、内容与方法

(一)钵土配制

选用肥沃的表土,拣去石块、瓦片和草根。将腐熟堆肥和厩肥充分晒干,捣碎拣净过筛。然后按表土 80%加腐熟堆肥或厩肥 20%左右,另外加入土重约 0.1%的硫酸铵和约 0.3%的过磷酸钙,充分拌匀。再加入腐熟的稀粪水,边加边拌,使钵土含水量达到 25%~30%。

(二)制钵

制营养钵要求一边制钵一边摆钵。制钵器内要压满钵土,使营养钵丰满,高矮一致。摆钵前宜先在床面垫一层细沙,然后依次紧密排放。

(三)播种和盖籽

经精选的棉籽,在播种当天进行温汤浸种和药剂拌种。播种时每钵播种 2 粒。播完后,在钵面盖一层药灰,可用种子质量 0.5% 的稻脚青,与适量细土混合后施用,或在钵面上喷洒多菌灵以减少苗病。随后,用厚 1~2 cm 的细土将营养钵盖好,并将所有钵间空隙填满,上面刮平,最后在苗床四周也用细土围住,周围开好排水沟。

四、作业

写出营养钵育苗的主要过程。

实 5-3　棉花果枝、叶枝识别和整枝技术

一、目的与意义

识别棉花果枝、叶枝的形态特点,初步掌握棉花整枝技术。

二、材料与工具

有代表性的棉田、现蕾初期有果枝和叶枝的棉株,剪刀等。

三、内容与方法

(一) 棉花果枝与叶枝的识别

棉株各叶腋内都可产生分枝。根据分枝生长习性的不同,可分为果枝、叶枝两种(参见本章第 5 节)。

1. 果枝　果枝上各节能直接形成花蕾;枝条弯曲,为多轴枝;花蕾与叶相对着生;与主茎所成角度大;多着生在主茎中、上部各节。

果枝又可分为两类:

(1) 无限果枝。节数多,条件允许时可继续伸长,生产上所采用的品种多属此类。

(2) 有限果枝。仅能生长 1~2 个节即停止生长,果枝顶端丛生几个铃,株型紧凑。

2. 叶枝　叶枝不能直接着生花蕾,需再生出果枝后才能形成花蕾;枝条伸直,为单轴枝;与主茎所成角度小;多着生在主茎下部 1~7 节上。

(二) 棉花整枝技术操作要点

1. 去叶枝　当棉株现蕾后,能识别出果枝和叶枝时,及时除去第一果枝以下的叶枝,并保留未丧失功能的主茎大叶或全部叶。若在缺苗断垄处,或苗期主茎生长点遭到损坏时,也要适当利用叶枝。

2. 抹赘芽　将主茎和果枝叶腋内长出的赘芽及时抹掉。做到抹小、抹了,并要不断进行。

3. 打边心　当每一果枝上长出一定数量的果节时,将其顶尖摘除,称为打边心。打边心应自下而上分期进行。棉株各部位果枝的留果节数,应根据棉花长势、密度及霜期等情况灵活掌握。对长势差而封不了行(垄)的棉田,可不打边心。

4. 打顶心　将主茎顶部刚展叶的生长点摘除。打顶心的适宜时间及打顶大小,应根据棉花长势、密度、地力及霜期等情况灵活掌握。

5. 打老叶及剪空枝、空梢　在盛花期以后,对生长过旺、荫蔽较重的棉田,可分期分批打

去主茎中下部的老叶,并剪除空果枝和果枝空梢。

四、作业

1. 比较棉花果枝与叶枝的不同点。

2. 叙述棉花整枝的过程及注意事项。

实 5-4　棉花蕾铃脱落和"三桃"调查

一、目的与意义

掌握棉花蕾铃脱落和"三桃"调查方法,了解棉花蕾铃脱落情况和"三桃"的比例。

二、材料与用具

供调查的棉田,皮尺、计数器、计算器、记载本、铅笔等。

三、内容与方法

(一)选样点

根据棉田地块大小,肥力、土质差异情况,棉株生长整齐度决定选点数目。一般在一块棉田可选 3 个固定样点,棉株生长不整齐者可选 5~7 个或更多的固定样点(两项调查结合进行)。

(二)蕾铃脱落调查

在每一个样点任选连续 10 株,调查每株的实有蕾数、花数和脱落数(空果节数),求出单株平均蕾数、花数、铃数和脱落数,用下式计算蕾铃脱落率。

$$脱落数 = \frac{蕾、花、铃脱落数（空果节数）}{实有蕾、花、铃数 + 脱落数} \times 100\%$$

(三)"三桃"调查

1. "三桃"棉花按结铃的时间,可分为伏前桃、伏桃、秋桃。田间调查时,一般以棉铃直径达 2 cm 以上为成铃标准。

2. "三桃"调查方法　于伏前、入伏和秋后,在每一样点任选连续 10 株,插标记固定,分别计算成桃数,用下式算出单株伏前桃、伏桃、秋桃数,并求出"三桃"各占比例。

$$单株秋桃 = 调查秋桃时单株平均桃数 - （单株伏前桃数 + 单株伏桃数）$$

$$伏前桃 = \frac{单株平均伏前桃数}{单株平均总桃数} \times 100\%$$

$$伏桃 = \frac{单株平均伏桃数}{单株平均总桃数} \times 100\%$$

$$秋桃 = \frac{单株平均秋桃数}{单株平均总桃数} \times 100\%$$

四、作业

将调查结果填入表 5-3、表 5-4。

表 5-3 棉花蕾铃脱落调查结果

调查日期	单株平均总果节数/个	单株平均空果节数/个	脱落率/%	备注

表 5-4 棉花"三桃"调查结果

项目	调查日期	单株桃数/个	占单株平均总桃数的百分率/%	备注
伏前桃				
伏桃				
秋桃				

〔回顾与小结〕

本项目在学习棉花生长发育知识的基础上,学习了棉花的播种、育苗移栽技术,棉花苗期、蕾期、花铃期、吐絮期的田间生产管理技术以及蕾铃脱落及防止技术,进行了4个实验实训项目的操作训练。其中需要重点掌握的是:棉花的育苗移栽技术,各生育时期的主攻方向与管理技术,棉花蕾铃脱落原因及防止技术。在实用技术上需要掌握的有:棉花播前种子处理技术,育苗技术,棉花果枝、叶枝识别和整枝技术,蕾铃脱落与"三桃"调查技术等。

〔复习与思考〕

1. 简述棉花的播种技术。

2. 在棉花生产上,何谓"三桃"?"三桃"对获取棉花优质高产有何意义?

3. 列表分析比较棉花苗期、花蕾期、花铃期、吐絮期的主攻目标。

4. 简述并分析比较棉花苗期、花蕾期、花铃期、吐絮期的管理技术。

项目 6

花生生产技术

![学习目标]

1. 知识目标　了解花生的生育期、生育时期、花生清棵等概念，花生的一生和花生产量的形成因素，掌握花生各生育期的生育特点、主攻目标。

2. 技能目标　花生播前种子处理技术，播种期和播种量的确定，花生清棵技术，花生的整地与施肥技术，花生的田间灌溉技术，花生病虫害防治技术，花生田间估产技术，花生良种选择技术等。

　　花生是我国重要的油料作物之一，无论种植面积或产量都超过其他油料作物。花生仁含油率 45%~50%，高于油菜、大豆等农作物。在花生油脂肪酸组分中，不饱和脂肪酸占 80%，其中的亚油酸具有降低人体血液胆固醇含量、促进消化的作用。花生仁富含蛋白质、脂肪和维生素，是食品、医药和化学工业的重要原材料和传统的出口创汇商品。花生饼、茎叶、果壳是优质饲料和食品工业的原料。因此，搞好花生生产，对提高人民生活和食品工业的发展具有十分重要的意义。

　　我国花生种植类型有春花生和夏花生。生产上分为三大产区，北方大花生区、南方春秋两熟花生区和长江流域春夏花生区。北方大花生区包括山东、河北、北京、河南、安徽、江苏的淮河以北地区、山西省南部等。

任务 6.1 花生的生长发育

一、花生的一生

花生从播种到新种子成熟所经历的生长发育过程,称为花生的一生。

(一) 花生的生育期

花生植株见图 6-1。花生从播种到饱果成熟所经历的天数,称为花生的生育期。其生育期的长短与品种和播期有关。同一品种在春播条件下生育期较长,在夏播条件下生育期缩短。花生是具有无限开花结实性的农作物,开花和结实期长,且开花、下针和结果连续不断,交错进行。按生育期长短,春花生可分为早熟品种(生育期 130 天以下)、晚熟品种(生育期 160 天以上)、中熟品种(生育期 130~160 天)。

图 6-1 花生植株模式图
1. 叶;2. 主茎;3. 果针;4. 根瘤;
5. 花;6. 分枝;7. 荚果

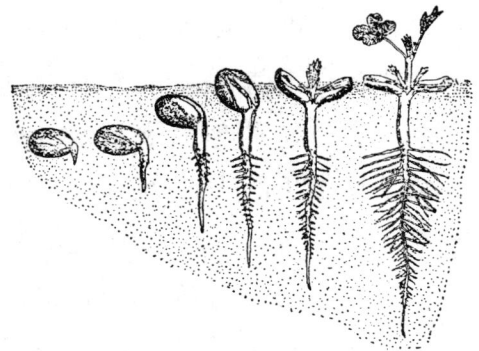

(二) 花生的生育时期

花生一生可分为发芽出苗期、幼苗期、开花下针期、结荚期和饱果成熟期 5 个生育时期。

1. 发芽出苗期 从播种到 50% 的幼苗出土,并展开第一片真叶为发芽出苗期。春播花生一般为 10~15 天,夏播花生为 5~7 天。

如图 6-2,播种后种子首先吸水,花生蛋白质含量高,吸水快而且量大,播种时土壤含水量以田间最大持水量的 60%~70% 最适宜。发芽出苗期根系生长迅速,先是胚根和胚轴开始生长,当胚根突破种皮伸长到 3 cm 时为发芽。发芽后胚根迅速向下生长,在胚根生长的同时,胚轴增粗伸长,将子叶及胚芽推向土表。到出苗时,主根长可达 20~30 cm,并能长出 30 多条侧根。当子叶顶破土面见光后,胚轴停止伸长,而胚芽则迅速生长,因此,花生的两片子叶不出土或半出土,使着生第一对侧枝的子叶节处于表土之下,影响第一对侧枝健壮发育,这是生产栽培上采取清棵措施的理论依据。

清棵是指在花生基本齐苗后,将子叶节周围的土向四周扒开,使子叶和子叶叶腋中的侧芽露出土面。

2. 幼苗期 从 50% 的种子出苗到 50% 的植株第一朵花开放为幼苗期,也称苗期。北方春花生 25~35 天,夏

图 6-2 花生种子发芽出土过程

花生 20~25 天。

苗期是花生生根、出叶、侧枝分生等营养生长为主的时期,同时也开始了花芽的分化。出苗后 3~5 天,当主茎第 3 真叶展开时,子叶节上两侧芽开始发育成两条对生分枝,为第一对侧枝;当主茎 5、6 叶展开时,第 1、2 叶叶腋中的侧芽相继发育为互生的第 3、4 个侧枝,由于这两片叶节间很短,习惯上称为第二对侧枝,这些分枝全部为结果枝。这些分枝上形成大量花芽,始花时花芽量可达 60~100 朵/株,其叶片构成光合面积主体。苗期根系生长很快,到始花时主根长达 50~70 cm,并可形成 50~100 条侧根。当主茎出现 4、5 片真叶时,开始形成根瘤。根瘤是根瘤菌在适宜条件下侵入花生、大豆等豆科植物根毛后形成的瘤状物,有固氮功能。花生在开花以前根瘤少,固氮能力弱,到开花盛期固氮能力最强。随着植株的生长,固氮能力增强,到开花盛期固氮能力最强。苗期适宜气温为 20℃ 左右。温度过高,苗期缩短,开花提早,花期短,产量降低。

3. 开花下针期　自 50% 植株开花到 50% 的植株出现鸡头状幼果为开花下针期,简称花针期。春播花生为 25~35 天,夏播花生为 15~20 天。

此期是营养生长与生殖生长并进时期,其突出特点是大量开花,同时形成大量果针。这一时期开花数占总花量的 50%~60%,形成果针数占总数的 30%~50%,并有大量果针入土,是决定有效花数和果针多少的关键时期。此期营养生长迅速,主要表现在根系发育迅速,茎叶生长旺盛,叶面积迅速增加,营养生长速度明显加快。是决定有效花数和果针多少的关键时期。

该期由于植株生长加快,对外界条件的变化较敏感。如果遇低温、弱光、干旱或积水等不良环境,将严重影响开花、果针形成与入土,尤其是对生育期短的夏花生和早熟品种影响更严重。此期根瘤大量形成,固氮能力增强,因此,合理灌排,增施磷、钾、钙肥,能提高固氮能力,增加有效花针数。

4. 结荚期　从 50% 植株出现鸡头状幼果到 50% 植株出现饱果为结荚期。北方中熟大果品种约为 50 天,早熟品种 30~40 天。

结荚期是花生生长发育最旺盛的时期,其主要特点是:大批果针入土形成幼果和秕果。该期形成的果数占总果数的 60%~70%,高的达 90% 以上。果重也开始显著增加,其增加量占最终产量的 30%~40%。结荚期的另一特点是营养生长达到最盛期,叶面积系数达 4~6,为花生一生中的最大值,株高在结荚初期增长速度最快,结荚末期或稍后达最高,以后停止生长。结荚期干物质积累迅速,积累量占干物质总重的 50%~70%,是争取高产的关键时期。

结荚期生长最旺盛,耗水量及对矿质营养的吸收达到最盛期,对干旱最敏感,吸收氮、磷占总量的 60%~70%。对光照、温度要求较高,若光照不足,果重显著减轻。

5. 饱果成熟期　从 50% 植株出现饱果到大多数荚果饱满成熟为饱果成熟期,简称饱果期。北方春播品种 35~45 天,晚熟品种约 60 天,早熟品种 30~40 天。

饱果成熟期营养生长逐渐衰退,荚果迅速增重,饱果数大量增加,是以生殖生长为主的时期。营养生长日渐衰退,表现在株高、新叶的生长接近停止,叶色逐渐变黄脱落,叶面积迅速减小,干物质积累速度下降,根系吸收能力显著降低,根瘤停止固氮,茎叶中有机营养大量向荚果运转。荚果迅速增重,饱果数大量增加,该期形成的产量占总产量的40%~60%,是花生荚果产量形成的主要时期。饱果期耗水量下降,但干旱对荚果充实有显著影响,对光、温仍有较高的要求。

二、花生产量及形成

花生产量一般是指单位面积内荚果的质量,由每亩株数、单株荚果数、果重 3 个因素构成。

(一) 单位面积株数

单位面积株数是决定产量的主导因素,主要受播种量、出苗率和成株率的影响。播种量依品种、气候条件、土壤状况、水肥和栽培方式、管理水平而定,要做到合理密植。出苗率受种子质量、气候条件、土壤条件以及播种质量等影响。提高出苗率,是实现合理密植,确保全苗的基础。成株率主要受自然条件和管理技术措施等影响。

(二) 单株荚果数

在产量形成中,荚果数起决定作用。花多、花齐是形成荚果高产的前提,所以田间管理必须为多开花、增加有效花创造条件。

单株荚果数主要受第一、二对侧枝发育状况、花芽分化状况及受精率和结实率的影响。花生的开花结果主要集中在第一、二对侧枝及次生分枝上,一般占单株结果数的80%以上,第一对侧枝占 60%以上。花生开花受精的特点是花期长、花量大,不孕花多、有效花少。普通型品种花期长达 100~180 天,单株花数 100~200 朵,能形成果针的占开花总数的50%~70%,能结果的占开花总数的 15%~20%,而能形成饱果的占10%~15%。所以生产上必须及时清棵,促进第一、二对侧枝的发育,争取花多、花早,从而增加荚果数,达到高产。

(三) 果重

一般情况下果数比较容易得到,而要获得足够数量的饱果则比较难。决定果重的因素主要是荚果内种子的粒数和粒重。粒数由胚珠的受精率和受精胚珠发育率决定。当每果只有 1 个胚珠受精并发育时形成单仁果,每果有两个或多个胚珠受精并发育时,形成双仁果或多仁果,其果重有明显的差异。而胚珠受精率和受精胚株发育率与花针期、结荚期的空气湿度、温度、营养状况等有关。粒重与果针入土迟早和结荚期、饱果期营养供应状况有关。因此,抓好中后期田间管理,保护好绿叶面积,提高光合效率,维持良好的群体长势,防止早衰,对实现高产非常重要。

总之,产量形成是三因素协调作用的结果。生产栽培上应根据品种特点,合理密植,并加强田间管理,协调营养生长与生殖生长的关系,达到苗全、苗壮,花多、花齐,果多、果饱,最终实现高产。

三、影响花生生长发育的因素

（一）温度

花生是喜温农作物，种子发芽的最低温度为 12~15℃，最适温度为 25~37℃。温度过低，种子不能发芽出苗，常会引起烂子烂芽；温度过高，达到 41℃时，种子容易霉变，有的品种甚至不能发芽。因此，春播花生不能播种过早，一般应在 5 cm 地温稳定通过 14~15℃时为宜。开花期以 23~28℃为宜，低于 22℃或高于 30℃，开花数量显著下降。果针伸长以 25~30℃为宜。荚果发育以结果层土温 15~33℃为宜，当昼夜平均温度低于 15℃时，荚果停止生长。因此，当温度低于 15℃时，即使荚果未成熟，也应立即收获。

（二）光照

花生为短日照农作物，多数品种对日照长度反应不敏感，但长日照仍能使开花略为延长。每日要求最适日照时数 8~10 小时。光照的强弱对花生生长发育影响较大，充足的光照是保证花早、花多的重要条件。光照不足时，会使始花期和盛花期延迟。

（三）土壤

花生是忌连作农作物，花生连作影响产量和品质。花生应与禾谷类或薯类农作物轮作，不宜与豆科农作物轮作，轮作期 3 年以上为宜。花生是深耕农作物，有根瘤菌共生，并且有果针入土结果的特点。因此，高产花生适宜的土壤条件是：土层深厚肥沃、排水良好、疏松易碎的沙质壤土。过于黏重的土壤透气性差，不利于果针入土和荚果发育，易造成烂果，影响产量和品质。

（四）水分

花生是较耐旱作物。花生不同生育时期对水分的需求量不同。播种出苗期耗水少，但对土壤水分要求较高，播种时最适宜土壤含水量为田间持水量的 60%~70%。低于40%时吸水慢，萌动慢；但土壤水分过大，因氧气不足，也会影响种子发芽和出苗，甚至造成烂种。幼苗期耗水少，抗旱性较强，土壤水分不宜过多，此期适宜的土壤含水量为田间持水量的 50%~60%。开花下针到结荚阶段，是花生一生需水量多、对水分敏感的时期，以土壤含水量为田间持水量的 60%~70%为宜。若低于 50%，则花量显著减少；若水分过多，易引起茎蔓徒长，过早封行，甚至造成倒伏。结荚期宜保持土壤湿润。饱果成熟期耗水量逐渐减少，土壤水分以田间持水量的 50%~60%为宜。

（五）养分

1. 花生的需肥特性　花生在整个生长发育过程中，需要吸收氮、磷、钾、钙、镁、硫等大量元素和铁、钼、硼等微量元素。在这些营养元素中，以氮、磷、钾、钙 4 种元素需求量较大，称为花生营养的四大要素。花生是喜钙农作物，需钙量远多于一般禾谷类农作物。钙能促进荚果发育，提高饱果率。植株缺钙时，幼嫩茎叶变黄，植株生长缓慢，种子发育受阻，果壳肥厚，空果、秕果增加。

花生对各种微量元素的吸收虽少,但缺一不可。钼是根瘤中固氮酶的主要成分,能提高根瘤固氮能力,缺钼时根瘤发育不良,常表现缺氮症状。硼可刺激花粉的萌发和花粉管的伸长,有利于受精结实。缺硼(土壤临界指标钙质土为 0.2 mg/kg,酸性土为 0.5 mg/kg)影响生殖器官发育,产生空心子仁,空果率增加。

2. 花生的需肥量　据各地试验,在每亩产 200~400 kg 的产量水平下,每生产 100 kg 荚果需要氮 4.6~5.8 kg、磷 0.9~1.1 kg、钾 2.0~3.1 kg、钙 2.0~3.0 kg,即氮:磷:钾:钙 = 5:1:3:2.5。随着产量水平的提高,需肥量随之增加。花生不同生育时期对养分的需求不同。

苗期　苗期根瘤开始形成,但固氮能力很弱,此期为氮素饥饿期。因此,未施底肥或底肥用量不足的花生应在此期追肥,尤其是麦套花生,生产上应结合第一次深中耕灭茬追施适量速效氮肥。此期施用磷、钼等肥料有利于根瘤菌形成和幼苗生长。

开花下针期　此期植株生长较快,且植株大量开花和形成果针,对养分需要量急剧增加,根瘤的固氮能力增强,能提供较多的氮素。此期早熟品种氮、磷、钾的吸收量占一生总需求量的比例均达到高峰,分别为 59%、59%、70%,晚熟品种分别为 34.2%、16.7%、47%。

结荚期　荚果发育所需要的氮、磷等元素可由根、子房柄、子房同时吸收供应,而所需的钙,主要依靠荚果自身吸收。因此,当结果层缺钙时,易出现空果、秕果。该期对养分的需要量较多,早熟品种氮、磷、钾吸收比例分别降到 24%、10% 和 12%。晚熟品种氮、磷吸收比例于此期达到高峰,分别为 48.8%、58.3%,钾为 35%。其中氮素主要由根瘤固氮提供。

饱果成熟期　此期根、茎、叶等营养生长趋于停止,对养分的吸收量减少,营养体养分逐渐向荚果中运转。氮、磷、钾吸收比例分别降到 10%、16%、6% 左右。由于此期根系吸收功能下降,栽培上应加强根外施肥工作,以延长叶片功能期,提高饱果率。

（六）黑暗与机械刺激

黑暗和机械刺激是荚果发育不可少的条件。果针不入土,则无论怎样伸长,子房始终不能膨大结实。果针入土后,不仅进入了黑暗环境,而且受到了土的机械刺激作用。入土的果针子房开始膨大,如果露出地面见光,也会停止进一步的膨大。

［随堂练习］

1. 花生生育时期有哪几个阶段?
2. 花生产量由哪些因素组成?
3. 简述花生的需肥特性。
4. 花生营养的四大要素是什么?
5. 简述黑暗与机械刺激对花生生长发育的影响。

任务 6.2　花生的播种技术

一、花生的类型及良种选择

（一）花生的类型

根据花生开花习性、荚果形状，我国花生栽培品种分为四大类型，即普通型、龙生型、多粒型和珍珠豆型（图 6-3）。

1. 普通型　是我国分布最广、栽培面积最大的类型。荚果为普通型，果体大，果嘴一般不明显，果壳较厚，网纹较平滑，典型荚果含两粒种子。属交替开花结实习性。分枝性强，能产生第三次分枝。小叶倒卵形，叶片大小中等。开花晚，花期长。种子椭圆形，种皮淡红色，有光泽。主要分布在北方大花生区及长江流域夏作花生区。生育期较长，春播 145~180 天，夏播 135~160 天，具有耐旱、耐瘠、抗病的特性。种子休眠期长，一般在 50 天以上。

图 6-3　花生荚果类型图
A. 普通型；B. 珍珠豆型
C. 多粒型；D. 龙生型

2. 龙生型　荚果为曲棍形，果嘴和龙骨明显，果壳薄，网纹深，每荚多含 3~4 粒种子，荚果皮色较灰暗。这类品种属交替开花结实习性。分枝性强，株型匍匐，结实范围大。小叶倒卵形。种子呈圆锥形或椭圆形，种皮暗红或黄白色，无光泽。生育期长，春播 150 天以上。该类型品种抗旱、抗病、耐瘠性强，种子含油率低，蛋白质含量高，适合食品加工。

3. 珍珠豆型　荚果为蚕茧形或葫芦形，果嘴不明显，果壳薄，网纹细而浅，典型荚果含两粒种子，种仁小而饱满。属连续开花结实习性。分枝性弱，株型紧凑、直立。开花早，花期短，花量少，结实集中。小叶椭圆形，叶片较大。种子圆形或桃形。种皮多为粉红色，有光泽。生育期较短，春播 120~130 天，夏播 110~120 天。此类品种多数耐旱，耐瘠性较差。

4. 多粒型　荚果串珠形，果嘴不明显，果壳厚，网纹平滑，果腰不明显。荚果多含 3~4 粒种子。属连续开花结实习性。株型直立，分枝少，花期长，结果范围大，结实性差。叶大，呈椭圆形或长椭圆形。种子形状不规则，种皮有光泽，多呈深红色或紫红色。生育期短，春播 120 天左右。此类品种耐旱、耐涝性较差，种子休眠期短。

（二）良种选择的原则

各地应根据耕作制度和肥水条件等选择适宜生育期、不同类型和特性的优良品种。如旱薄地宜选用株型直立、荚果中等、出仁率高、丰产性好、熟期适中的珍珠豆型；而普通型则耐肥

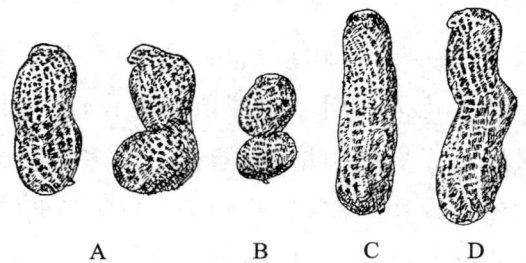

抗倒、开花结荚集中、增产潜力大,适于在土壤肥力较高土地种植。

(三) 花生良种介绍

1. **豫花 37 号**　由河南省农业科学院经济作物研究所选育,2018 年通过全国农作物品种审定委员会审定。属珍珠豆型,生育期 116 天,食用、油用、油食兼用。疏枝直立,主茎高 47 cm 左右,侧枝长 52 cm 左右,荚果茧形,籽仁桃形,种皮浅红色,内种皮深黄色,有油斑,果皮薄,百果重 177 g 左右,饱果率 82％左右;百仁重 70 g 左右,出仁率 72％左右。籽仁含油量 55.96％,蛋白质含量 19.4％,油酸含量 77.0％,籽仁亚油酸含量 6.94％。中抗青枯病、叶斑病、病毒病、感锈病,高抗网斑病。

适宜在河南春播、麦套、夏直播珍珠豆型花生产区种植;在新疆南北疆花生区种植。

2. **农大花 103**　由河南农业大学农学院选育,2018 年通过全国农作物品种审定委员会审定。属珍珠豆型,生育期 100 天,油食兼用,紧凑疏枝,主茎高 34.6 cm,饱果率高,出米率高,壳薄整齐,双仁果多。籽仁桃形,粉红色,色泽鲜艳,适口性好,商品性佳。百果重 179.5 g,百仁重 77.4 g,出仁率 76.7％。籽仁含油量 51.85％,蛋白质含量 28.51％,油酸含量 41.0％,籽仁亚油酸含量 35.8％。中抗青枯病,抗叶斑病,中抗锈病,抗旱性强,抗倒性、中抗锈病、叶斑病、网斑病,抗旱、耐涝。

适宜在河南、安徽、重庆、江苏南部春播和麦后直播种植。

3. **豫花 9719**　由河南省农业科学院经济作物研究所选育,2018 年通过全国农作物品种审定委员会审定。属普通型,生育期 126 天,株型直立,株高 45 cm,第一对侧枝长 49 cm。连续开花。荚果普通形,果嘴弱,荚果表面质地中,缢缩弱。籽仁柱形,种皮浅红色,内种皮浅黄色。百果重 267 g 左右,百仁重 114 g 左右,出仁率 69％左右。籽仁含油量 48.32％,蛋白质含量 24.61％,油酸含量 46％,籽仁亚油酸含量 32.8％。中抗青枯病,中抗叶斑病,中抗锈病,抗旱性强。

适宜在河南、山东、安徽、辽宁花生适宜区域麦垄套种、春播。

4. **花育 961**　由山东省花生研究所选育,2018 年通过全国农作物品种审定委员会审定。属中间型,生育期 120 天,株型直立,株高 45 cm,第一对侧枝长 48 cm,连续开花。荚果普通形,果嘴弱,荚果表面质地中,缢缩弱。籽仁柱形,种皮浅红色,内种皮浅黄色。百果重 221.5 g 左右,百仁重 82.8 g 左右,出仁率 77.5％左右。籽仁含油量 56.0％,蛋白质含量 24.61％,油酸含量 81.2％,籽仁亚油酸含量 3.3％。

适宜在安徽、山东花生产区春播种植。

5. **鲁花 22**　由山东鲁花农业科技推广有限公司选育,2018 年通过全国农作物品种审定委员会审定。属普通型,生育期 125 天,油食兼用。株型紧凑,株高 44.1 cm,连续开花。荚果普通型,荚果网纹浅,果腰明显,果嘴不明显,籽仁椭圆形。籽仁含油量 54.1％,蛋白质含量 24.2％,油酸含量 78.1％,籽仁亚油酸含量 3.9％。中抗叶斑病、锈病。

适宜在山东、河南、河北、江苏、安徽、湖北、新疆、辽宁、吉林、山西和内蒙古花生产区春播种植。

二、花生的播种技术

（一）整地

1. 春播花生整地

冬耕 在前茬农作物收获后要进行冬耕,耕深 25~30 cm。冬耕可以熟化土壤,提高土壤肥力。同时冬耕后土壤疏松,孔隙度加大,提高保水保肥性能。

顶凌耙地 早春顶凌耙地,以利保墒。

垄作 为加深活土层,增加受光面,提高地温,应实行垄作。垄作一般比平作早出苗两天,日平均气温增加 1.5℃。起垄的方法是两犁一垄,垄宽 33~34 cm,垄高约 17 cm,每垄播种 1 行。做到随起垄随播种,防止跑墒。

2. 麦垄套种花生整地 重点是在小麦播种前深耕细耙,施足基肥,耕后磨碎,消除坷垃;小麦收后,立即深中耕灭茬,疏松土壤,择时播种。

3. 夏直播花生整地 前茬农作物收获后,要及时施肥浅耕灭茬。一般浅耕 10~17cm,若土壤墒情良好,腾茬晚,应趁墒抢时播种,出苗后再及时中耕灭茬。

（二）施足基肥

夏花生为了及早播种,一般不施基肥,春花生结合整地要施足基肥。基肥施用量应占总施肥量的 80% 以上。一般每亩施有机肥 2 000~2 500 kg、过磷酸钙 25~40 kg、尿素 5 kg(或碳铵 10~15 kg)或花生专用肥 30~40 kg。

基肥多采用分层施肥法,以深施为主。即将基肥的 2/3(包括有机肥和化肥)在冬前结合耕翻施入中下层土壤,为中后期植株稳壮打基础;其余 1/3 基肥结合春季浅耕或起垄作畦施于耕作表层,以满足生育前期和结果层的需要。钾肥应全部施入结果层以下,防止结果层含钾过多,影响荚果对钙的吸收,增加烂果。对于精细肥料,可结合播种整地集中条施或穴施。

（三）种子准备

1. 选用良种 根据不同土壤质地及种植习惯,选用不同的良种。

2. 种子处理 播前种子处理,有利于实现全苗,缩短出土到齐苗时间。其措施有:

晒种 剥前带壳晒种 2~4 天,可促进后熟,打破休眠,提高 4.5%~14% 发芽率,同时具有杀菌作用。

剥壳和粒选 果壳有保护种子的作用,故剥壳宜在播种前 5~7 天进行。剥壳过早,种子易吸湿,发芽率降低,还易感染病菌。粒大饱满的种子是苗齐苗壮的基础。因此,剥壳后先剔除秕小、破碎、发霉的种子,再把饱满种子用 5 mm、7 mm 两种筛孔进行筛选分级,并分别播种。据试验,与不分级的相比,一级种子增产 16.4%,二级种子增产 4.3%。

浸种催芽　在低温干旱的情况下浸种催芽播种,是获得苗全、苗齐的好方法。但浸过的种子,播种后如遇低温多雨,常常萌发很慢或不能萌发,易造成烂种。所以,应根据气候条件灵活采用。

拌种　用微生物肥料或根瘤菌拌种,将促进根瘤形成,增加根瘤数量,一般可增产10%左右,在生茬地上效果更好。用杀菌剂拌种,能有效防治烂种、根腐病、茎腐病、冠腐病。其用量为:多菌灵可湿性粉剂拌种量的0.3%～0.5%。用杀虫剂拌种,可防治苗期某些地下害虫,如蛴螬、蝼蛄的为害,如用50%辛硫磷乳油,其用量为种子量的0.2%。另外,还有种衣剂拌种、抗旱剂拌种、微量元素拌种,所用微肥浓度不宜太大。使用时应注意用药安全。

(四) 播种技术

1. **确定播期**　春播花生适播期主要考虑温度条件。一般以5 cm地温稳定在15℃(珍珠豆型小花生12℃)以上即可播种,地温稳定在16～18℃时出苗快而整齐。一般北方大花生春播适期为4月下旬至5月上旬。播种过早,种子不能及时发芽,易受病虫侵害,造成烂种缺苗。带壳播种由于果壳单宁浓度高,有杀菌作用,可提早播种10天左右。地膜覆盖栽培则应早播10～15天。

夏播花生,当麦垄套种时,其适宜播期主要与小麦收获期有关。一般在小麦收获前15～20天播种。对于夏直播花生,主要抓一个"早"字。前茬农作物收获后立即整地播种,或铁茬播种(未清除前茬,先播种,称铁茬播种),播期不宜超过6月10日,否则,将严重减产。

2. **播种方法和播种深度**　花生有平作和垄作两种种植方式。播种方法多为开沟点种或挖穴点种,除要求株行距适宜,保证密度外,最基本的要求是掌握播种深度。播种过浅,易造成落干;播种过深,则出苗迟,幼苗弱,甚至烂种缺苗。北方适宜播深为4～5 cm。土质黏重的要浅些(不少于3 cm),沙土和沙壤土宜深些(不超过8 cm)。土壤墒情差时,宜深些,反之则宜浅些。

(五) 合理密植

1. 合理密植的原则

根据土壤肥力状况　土壤质地好,肥力水平高,个体生长繁茂,则种植密度宜小,以充分发挥单株生产潜力。对于旱薄沙地,种植密度宜大,若种植过稀,封行过迟或不封行,会影响地力和光能的充分利用。

根据播期　春播花生生育期较长,植株体大,单株生产潜力大,密度宜小;夏播花生,尤其是麦后直播花生,生育期较短,植株体小,密度宜大。

根据品种特性　不同品种由于生育期和株型不同,种植密度也不同。一般普通型直立花生品种,株型紧凑,种植密度宜大;普通型蔓生品种,株型分散,种植密度宜小。晚熟品种,生育期长,种植密度宜小,早熟品种与之相反。珍珠豆型品种,生育期较短,种植密度应大于普通型。

　　根据栽培条件　栽培条件中与种植密度关系最密切的是水肥条件。在土壤肥沃、灌溉条件良好时,植株个体发育旺盛,种植密度宜小;反之,种植密度宜大。另外,高温多雨地区,植株生长旺盛,种植密度宜小;干旱地区种植密度宜大。

　　2. 合理密植的幅度　花生的种植密度由每亩穴数和每穴株数两因素构成,以每穴两株产量最高。北方大花生区,在土壤中等肥力条件下,适宜种植的密度范围,春播普通型大花生为每亩 7 000~8 000 穴,春播小花生为每亩 9 000~10 000 穴。夏播花生密度应比春播花生增加 20%~30%。麦垄套种时,大花生应维持在每亩 8 500~9 000 穴,小花生为每亩 11 000 穴;小麦收后直播时,普通型大花生为每亩 9 000~10 000 穴。在此基础上,土壤肥力高时,可适当减少种植密度,而在旱薄地可适当加大种植密度。

［随堂练习］

　　1. 花生的类型有哪几种?
　　2. 花生选择良种的原则是什么?
　　3. 简述花生播种技术。
　　4. 花生合理密植的原则是什么?

［课后调查及作业］

　　了解当地花生生产上推广使用的主要品种,并仿照课文中的品种介绍描述其主要特点。

任务6.3　花生的田间管理技术

一、苗期管理技术

（一）生育特点

　　花生苗期(图 6-4)地上部生长缓慢,根系生长迅速,以生根、分枝、长叶等为主进行营养生长,同时有效花芽大量分化。对肥水的需要量较少,若肥水过多易引起茎叶徒长。

（二）主攻目标

　　花生苗期主攻目标是:在苗全、苗齐的基础上培育壮苗,促进第一、二对侧枝早生快发,争取有较多的有效花芽。

（三）管理措施

　　1. 查苗补种　齐苗后,及时查苗。若有缺苗,应催芽补种或移苗补栽。移苗补栽以两片真叶幼苗为好,趁阴天或下午进行,带土移栽。

2. 清棵蹲苗　清棵结合第一次中耕进行。花生出苗时，子叶半出土或不出土，因此，第一对侧枝开始生长时往往被埋在土里，及时清棵，使第一对侧枝一长出就直接见光，促进其生长发育，开花结果早而集中。清棵促使主根下扎，侧根增多，幼苗生长健壮，起到蹲苗作用。清棵疏松根际土壤，清除根际杂草，有利于果针入土和结实。据试验，清棵蹲苗一般可增产 10%～20%。

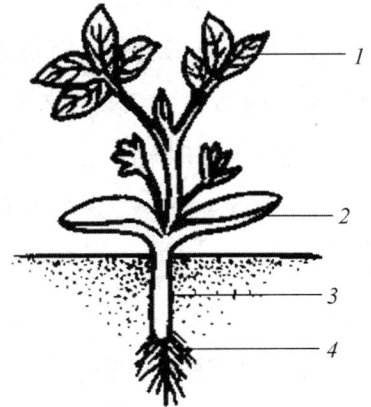

图 6-4　花生小苗
1. 真叶；2. 子叶；3. 茎；4. 根

清棵应在基本齐苗后进行，不能过早或过晚。过早，幼苗嫩弱，抵抗外界不良环境的能力较差，不利于幼苗的生长；若延迟到齐苗后 5 天再进行清棵，第一对侧枝已由土中伸出，降低了清棵的作用。清棵应使子叶刚好露出土面，不能过深或过浅。过浅，子叶不能露出地面，起不到清棵的作用；过深，则容易造成幼苗倒伏。一般在清棵 15～20 天后，结合第二次中耕进行平窝。

3. 追施苗肥　对基肥不足或未施种肥，幼苗生长不良时，应追施速效氮肥，追肥应在六、七叶前进行，一般每亩施硫酸铵约 10 kg。

4. 灌水　苗期一般不浇水，土壤适当干燥，促进根系深扎和幼苗矮壮。

5. 防治病虫害　苗期主要虫害有蛴螬、地老虎、蚜虫等，病害主要有根结线虫病等。根结线虫病是以幼虫从根尖侵入，所以苗期发病重，后期发病轻。

防治地老虎、蚜虫　防治方法同与棉花相同。

防治蛴螬　除精耕深翻、轮作换茬等农业防治外，主要进行土壤处理，即结合花生播种，每亩可用 5% 辛硫磷颗粒剂 2.5 kg，或 50% 辛硫磷乳油 100～150 mL，对细土 30 kg 或拌麦麸 2 kg，撒于播种沟内。

防治根结线虫病　以农业防治为主，实行轮作换茬，加强检疫，保护无病区。重病田可用药剂处理土壤。目前效果较好的有 20% 丙线磷（益舒宝）颗粒剂，每亩 2 kg，或 10% 力满库颗粒剂每亩 1～2 kg。

二、开花下针期管理技术

（一）生育特点

如图 6-5。此期营养生长和生殖生长并进，一方面根系、茎叶旺盛生长，另一方面是大量开花下针，有效花全部开放（开花前形成的花芽为有效花芽，开花后形成的花芽为无效花芽，只开花不结果）。部分果针入土结果，是决定有效花数和有效果针数多少的时期。根吸收能力增强，对肥水需要量增加。

（二）主攻目标

花生开花下针期（简称花针期）主攻目标是：生长稳而不旺，多开花，多下针。

（三）管理措施

1. 培土迎果针 在封行和大批果针入土前进行培土，高度 5~6 cm 左右，以不埋压分枝为宜。

2. 及时灌水 花针期需水增多，日蒸发量也大，土壤应保持较多水分，以促进开花和下针。如水分不足则开花减少，甚至中断开花。因此，如遇干旱，要及时浇水。此期浇水要细水浇或进行喷灌，不要大水漫灌，以免水分过多引起茎枝徒长。

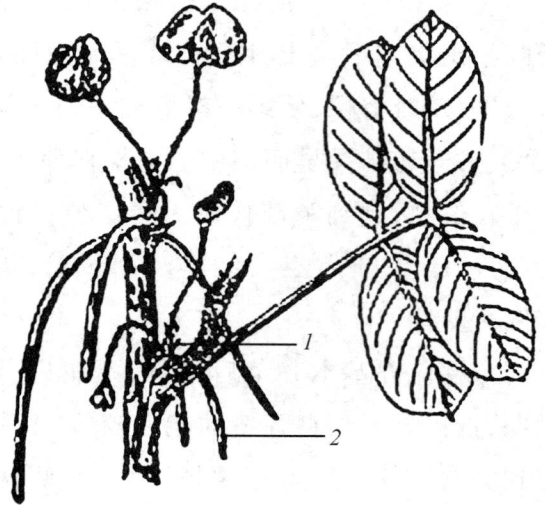

图 6-5 花针期花生果针的伸长与入土
1. 花序；2. 果针

3. 适时追肥 花针期需肥多，但根瘤固氮能力强，一般不施氮肥，主要补充磷、钾、钙肥，如石膏、草木灰，结合中耕施入结果层。对苗势较弱的要进行追肥，一般每亩施硫铵约 10 kg，并配合磷钾肥。钙肥一般在盛花期，结合中耕施于根际附近，每亩施用石膏 20~30 kg 于结果层中。地膜覆盖花生在起垄时施于耕作表层。

4. 使用生长调节剂 对长势过旺的花生（主茎高达 30 cm，节距大于 5 cm）可在单株盛花期喷矮壮素或缩节安，一般喷 1~2 次。

5. 防治病虫害 花针期虫害有蚜虫、地下害虫、棉铃虫等，要及时调查病虫害发生情况，及时进行防治。防治方法同棉花。

三、结荚成熟期的管理技术

（一）生育特点

花生结荚期营养生长和生殖生长最为旺盛，地上部生长量达高峰，植株逐渐封行，大批果针入土结果，果针、总果数不再增加；饱果成熟期营养生长逐渐衰退，荚果迅速膨大饱满，饱果数迅速增加，根系的吸收能力逐渐减弱。

（二）主攻目标

花生结荚成熟期的主攻目标是：促进荚果发育，实现果多、果饱，防止烂果。

（三）管理措施

1. 根外施肥 可用 1%~2% 尿素溶液、1%~3% 过磷酸钙浸提液、0.1%~0.2% 磷酸二氢钾溶液，每隔 7~10 天喷一次，能在一定程度上防止早衰，促进荚果发育。

2. 水分管理 结荚期大批果针入土并发育成荚果，需水增多。如墒情不足，应及时进行浇水,否则易形成空果、秕果。但此时荚果开始膨大,水分过多易烂果,所以既要注意旱天适时浇水,保持土壤湿润,又要注意雨多排涝,以免影响花生荚果发育和发生烂果。

3. 防治病虫害　结荚成熟期主要害虫有蛴螬等,病害主要有叶斑病。叶斑病从花针期开始发生,后期加重。蛴螬在花生整个生育期均有发生,但以后期发生为重。苗期取食种仁,咬断根茎,造成缺苗断垄,生长期至结荚期取食果柄、幼果、种仁,造成空壳、落果,咬断主根造成死株,受害轻的减产 30%~40%,重的 70%~80%,甚至绝收。

防治叶斑病　以农业防治为主,即消灭初侵染菌源,选用抗病品种,实行轮作换茬。化学防治是在发病初期喷施 30%百科、70%代森锰锌或 90%喷克 400~500 倍、50%多菌灵 800 倍、50%甲基硫菌灵 1 000 倍液等,每亩喷药液 50 kg,每隔 10~15 天喷 1 次,共喷 2~3 次,有较好的防病增产效果。

防治蛴螬等地下害虫　除采用适时灌水、合理施肥、及时除草、人工捕杀等农业防治外,化学防治采用每亩用 10%辛拌磷颗粒剂 1 kg 或 5%甲基异柳磷颗粒剂 2 kg 等内吸、触杀多作用药剂,直接或对细土 5 kg 拌匀,集中而均匀地施于花生主根处土壤上,同时兼治金针虫等地下害虫。在雨前或雨后土壤湿润时防治效果较好。

四、花生的收获与贮藏技术

(一) 适时收获

花生成熟期一般是根据植株长相、荚果及种仁特征来确定,具体标志是:茎枝停止生长,上部叶片发黄,中下部叶片脱落,多数荚果壳网纹清晰,荚内海绵层收缩破裂并有黑褐色光泽,多数荚果种仁饱满,果皮和种皮显现本品种固有的颜色。

适期收获的花生成熟良好,粒大饱满,含油量高,耐贮藏,商品及食用价值高。

(二) 及时干燥,安全贮藏

花生安全贮藏对种子含水量和温度条件要求较高。收获时荚果含水量一般为20%~40%,一般的安全含水量,荚果在 10%以下,大花生种仁在 8%以下,小花生种仁在 7%以下;温度应低于 20℃。另外,大气相对湿度低于 65%。贮藏期间要定期检查堆温和荚果含水量,若发现种子含水量超过安全界限时,必须立即通风翻晒;温度过高时,应及时翻仓、倒囤、晾晒。若发现虫害应及时翻仓消毒,消除害虫,确保安全贮藏。

[随堂练习]

1. 花生清棵的作用及技术要点是什么?

2. 花生花针期的管理措施是什么?

3. 花生贮藏应注意什么问题?

［课后调查及作业］

结合农时,参加花生播种、清棵蹲苗等生产实践活动。

［实验实训］

实6-1　花生清棵技术

一、目的与意义

掌握花生清棵的技术,了解清棵时期和作用。

二、材料与用具

花生试验田,大锄、清棵耙或小手锄。

三、内容与方法

（一）清棵时间

在基本齐苗时进行。过早幼苗太小,对外界适应能力差;过晚则形成高脚苗,降低清棵效果。

（二）清棵深度

以两片子叶露出地面为准。过浅,子叶不能露出地面,起不到清棵作用;过深则容易造成幼苗倒伏。

（三）清棵方法

平作花生可先用大锄在行间浅锄一遍,然后用小手锄扒土清棵。起垄种植时,先用大锄深锄垄沟,浅锄垄背,然后用小手锄清棵。

四、作业

试说明花生清棵的过程及应注意的问题。

实6-2　花生生育时期的观察与记载

一、目的与意义

了解花生各生育时期的划分,掌握各生育时期的长势长相及记载标准,为田间管理提供理论依据。

二、材料与用具

花生田,相关挂图及标本、米尺、记载本、铅笔。

三、内容与方法

（一）花生生育期

花生自播种出苗到成熟这一过程为花生的生育期。花生生育时期分为种子发芽出苗期、幼苗期、开花下针期、结荚期和饱果成熟期。

（二）各生育时期记载标准

1. 播种期　花生实际播种的日期,以月/日表示。

2. 种子发芽出苗期　从播种到50%的幼苗出土并展开第一片真叶为种子发芽出苗期。

3. 幼苗期　从50%的种子出苗到50%的植株第一朵花开放为幼苗期。以真叶平展的幼苗数占播种粒数的50%为准,以月/日表示。

4. 开花下针期　从50%植株开花到50%的植株出现鸡头状幼果为开花下针期。全区累计有50%植株开花为开花期,以月/日表示。

5. 结荚期　全区有50%的植株出现饱果为结荚期,以月/日表示。

6. 饱果成熟期　植株上部部分叶变黄绿色、中下部叶脱落,地下部多数荚果饱满的日期为饱果成熟期,以月/日表示。

四、作业

根据对花生生长发育的观察,说明花生各生育时期的记载标准。

实6-3　花生主要形态特征及其类型的识别

一、目的与意义

认识花生各器官的主要形态特征,掌握鉴别花生4种类型的基本方法,明确各类型之间的区别。

二、材料及用具

花生各类型的新鲜植株或植株标本(包括根、茎、枝、花、果实和种子)及挂图、米尺、解剖针、放大镜等。

三、内容及方法

花生属豆科花生属,种植类型有普通型、龙生型、多粒型、珍珠豆型四大类。

(一) 花生形态特征的识别

1. 根　花生为圆锥形根系,由主根、侧根组成。在主根及侧根上有球形根瘤,根瘤主要集中在靠近地表的主根及其附近的侧根上。

2. 叶　真叶为羽状复叶,有4片小叶。小叶片椭圆形、长椭圆形、倒卵形等,其大小、形状、颜色因类型和品种而异。各类型的叶形稳定,故常作为鉴别品种性状的依据之一。

3. 茎和分枝　花生主茎直立,主茎上的分枝有匍匐型(侧枝几乎贴地生长)、半匍匐型(第一对侧枝近基部与地面呈30°,中部向上翘起)、直立型(第一对侧枝与主茎之间角度小于45°)。分枝上可再生分枝。

4. 荚果形状　种子间缢缩明显者为葫芦形,种子间缢缩不明显者多呈普通形、曲棍形、串珠形和茧形。果皮网纹的深浅、每荚所含种籽粒数以及荚果缢缩是否明显,是鉴定品种的主要特征。

5. 籽粒形态　一般分为桃形、椭圆形、圆锥形、三角形等。种皮一般为白色、褐色、暗红色、紫红色等。

（二）花生各类型的识别

从株型、分枝特性、荚果形状和种籽粒数及其颜色等方面比较。

1. 普通型　通常称为大花生。主要特点是交替开花，荚果壳厚，网纹浅，果型一般为大果，也有中果和小果。

2. 龙生型　通称本地小花生或蔓生小花生。交替开花，荚果一般为曲棍形，网纹深，壳薄，果嘴明显，有驼峰。种子一般小或中等。

3. 珍珠豆型　通称直立小花生。连续开花型，荚果一般两室，果皮较薄，网纹细，早熟。

4. 多粒型　直立小花生。连续开花型，荚果多室，果皮厚，网纹浅，种籽粒小。

四、作业

1. 写出花生根、茎、叶等的形态特征。

2. 比较不同类型花生荚果的不同点。

实6-4　花生的田间测产及经济性状考察

一、目的与意义

了解花生产量构成因素以及影响产量的原因，掌握田间测产技术；学习作物经济性状考察的方法。

二、材料及用具

花生试验田或大田、不同类型的完整干植株，米尺、天平、计数器、卷尺、铲、布袋等。

三、内容与方法

（一）考种项目及标准

如表6-1中各项记载标准如下：

表6-1　花生的主要经济性状表

品种	株号	主茎高/cm	侧枝长/cm	总分枝数/个	结果分枝数/个	单株荚果数				单株风干荚果重/g	百果重/g	百仁重/g	出仁率/%
						荚果数/个	幼、秕果数/个	饱果数/个	饱果率/%				

1. 主茎高　从第一对侧枝分生处到顶端展开叶叶节之间的距离（10株平均，下同）。

2. 侧枝长　第一对侧枝中最长的一个侧枝长度，即从主茎与第一对侧枝连接处量至侧枝顶端展开叶的叶节。

3. 有效枝长　第一对侧枝上最远的结实节位至该侧枝与主茎连接处的距离。

4. 总分枝数　全株所有枝数的总和（包括主茎），不足5 cm长者不计。

5. 总结果枝数　全株所有结果枝数的总和(空果枝不算)。

6. 幼果数　子房膨大但没有经济价值的荚果数。

7. 秕果数　种仁不饱满的荚果数(包括两室中有一室饱满,另一室不饱满的荚果)。

8. 饱果数　种仁充实饱满的单、双仁荚果数。

9. 千克果数　植株样本上摘下的荚果(饱秕皆算),称其质量换算之。

$$每千克果数 = \frac{样本果数 \times 1\,000(g)}{样本果重(g)} \times 100\%$$

10. 双仁果率　双仁秕果和双仁饱果占单株总结果数的比例(%)。

11. 饱果率　单、双仁饱果占总结果数的比例(%)。

12. 百果重　随机取具有本品种代表性的饱满荚果 100 个称重,重复 2 次,误差不超过 5%(以 g 表示)。

13. 百仁重　取饱满干子仁 100 个称重,重复 2 次,误差不超过 5%。根据种子大小可分 3 级:①大粒种,百仁重 80 g 以上;②中粒种,百仁重 50~80 g;③小粒种,百仁重小于 50 g。

14. 出仁率

$$出仁率 = \frac{子仁重(g)}{荚果重(g)} \times 100\%$$

(二) 花生田间测产

花生测产一般在收获前半个多月进行,其步骤如下:

1. 调查行距、穴距及每穴株数　先测量 20 行的行距,求其平均数,再量出 20~50 穴的穴距,求其平均数,并记录实有株数。根据田块大小测定 3~5 点,按平均行、穴距求出每亩内穴数及株数。

2. 调查每穴(或每株)果数　在田间选 3~5 个点,每点 5~10 穴,仔细挖出点上的植株,拾起落果,数清每点株数,将各点所有植株上饱果、秕果摘下,分别数出各点的双、单仁饱果秕果数,求出平均每穴果数或每株果数及双仁果率、饱果率。将调查数据记录于表中。

3. 推算产量　根据该品种常年每千克果数,考虑所测的双仁果率及饱果率,估计每千克果数的范围,再推算产量。

四、作业

1. 进行田间测产调查。

2. 每组考察不同类型品种的完整干植株各 10 株,按经济性状表 6-2 中的内容进行。

表 6-2　花生测产记录表

田块(或处理):						品 种:				年		月		日	
点号	行距/m	穴距/m	每穴株数/个	每平方米株数/株	每平方米穴数/个	每穴(株)果数				总果数/个	饱果率/%	双仁果率/%	每千克估计果数/个	每亩预测产量/kg	
						饱 果		秕 果							
						双/个	单/个	双/个	单/个						
1															
2															
3															
平均数															

[回顾与小结]

本项目学习了花生生长发育的知识,花生的播种技术和田间管理技术,进行了 4 个实验实训项目的操作训练。其中需要重点掌握的是:影响花生生长发育的因素,花生的播种技术和田间管理技术。

[复习与思考]

1. 影响花生生长发育的因素有哪些?

2. 试述春、夏播花生的施肥技术。

3. 简述花生苗期、开花下针期、结荚成熟期的主攻目标与管理措施。

4. 列表比较花生苗期、开花下针期、结荚成熟期的管理措施技术要点,分析各个时期的关键技术。

5. 简述花生的收获与贮藏技术。

项目 7

大豆生产技术

学习目标

1. 知识目标　了解大豆的生育期、生育时期、生长习性等概念,大豆产量的形成因素,掌握大豆各生育期的生育特点、主攻目标。

2. 技能目标　大豆播前种子处理,播种期和播种量的确定,大豆整地与施肥技术,大豆田间灌溉技术,大豆田间估产技术,大豆良种选择技术。

大豆是我国四大油料作物之一。大豆籽粒中含有约40%的蛋白质、约20%的脂肪和30%以上的糖类。大豆油富含人体所必需的亚油酸,有防止血管硬化的功能。大豆根瘤菌能固定空气中的氮素,属养地农作物,是禾谷类作物良好的茬口,在轮作中占有很重要的地位。搞好大豆生产,对提高人民生活、对农业可持续发展及国民经济的发展都具有十分重要的意义。

我国大豆种植类型主要有春大豆和夏大豆两种,根据自然条件和农作物轮作生产栽培制度,有三大产区:一是春作大豆区,包括东北三省和内蒙古、宁夏、新疆等省、自治区,熟制为一年一熟;二是黄淮海流域夏作大豆区,包括山东、河南、河北的中南部等地区,为一年二熟制,或二年三熟制;三是南方大豆区,包括长江流域各省,多为一年三熟制,有的为二年五熟制。

任务7.1　大豆的生长发育

一、大豆的一生

大豆从种子萌发开始,经过出苗、分枝、开花、结荚、鼓粒以至新种子成熟的生长发育过程,称为大豆的一生。

（一）大豆的生育期与生育时期

1. 生育期 大豆从出苗到成熟所经历的天数称大豆的生育期。春作大豆早熟品种少于120 天，中熟品种 121~140 天，晚熟品种多于 140 天；夏作大豆早熟品种少于 95 天，中熟品种96~110 天，晚熟品种多于 110 天。生育期的长短除与品种特性有关外，还受光温等环境条件的影响，同一品种在不同条件下生育期可能差别很大，在低温长日照条件下，生育期延长；在高温短日照条件下，生育期则缩短。

2. 生育时期 大豆生育期分为出苗期、幼苗分枝期、开花结荚期和鼓粒成熟期 4 个生育时期：

种子萌发和幼苗期 大豆种子含有较多的蛋白质，因而吸水量大，能吸收种子本身质量120%~140% 的水分，因此，萌发时需水量较大。种子萌发适宜的土壤水分为田间最大持水量的 50%~60%，低于 30% 以下时，则严重缺苗。但水分过多，也不利于种子的萌发，或造成烂种。

种子萌动，胚根伸长，当根长达种子长度、芽长达种子长度的 1/2 时，即为发芽。胚轴也迅速向上伸长，带着两片子叶露出地面，形成茎叶。当子叶出土并展开时为出苗，田间有半数大豆子叶出土展开后，即为出苗期。此期春大豆需 8~15 天，夏大豆 4~6 天。子叶出土见光变绿，即具有光合作用能力。

当日平均温度在 6~7℃ 时，大豆种子即可发芽，但很缓慢。日平均温度在 18~20℃ 时，大豆种子发芽快而整齐，一般播后 4 天即能出苗。

从出苗到花芽开始分化为幼苗期，一般历时 25~35 天。幼苗期植株生长较慢，根系生长较快，是以根系为生长中心的时期。苗期生长要求的最适温度为 20~22℃，低于 15℃ 生长受阻。苗期需水不多，有一定抗旱能力。此期对养分吸收量也较少，但此时土壤中速效氮、磷、钾养分含量，特别是速效磷的充分供应，对幼苗生长发育和后期生长均有重要作用。

大豆从三叶期后，已能进行独立的光合作用，根系向土壤纵深发展，根瘤开始形成。以后植株逐渐生长，不断长出复叶，在条件适宜的情况下，叶腋中开始有腋芽分化，并形成枝芽和花芽。

幼苗分枝期 第一分枝芽形成至第一朵花出现称为幼苗分枝期，亦称花芽分化期。

大豆主茎每个节的叶腋都有两个腋芽，一个为枝芽，一个为花芽。一般植株基部的几个节可由潜伏的枝芽长出 1~5 个分枝，中上部各节常由潜伏的花芽形成花序。分枝的多少决定于品种的遗传性和种植密度以及肥力水平。分枝对单位面积产量具有较好的调节作用，对缺苗有较强的补偿能力。

开花结荚期 从开始开花至开花结束为开花期。大豆进入开花期，是营养生长和生殖生长并进阶段，但仍以营养生长为主。开花期适宜温度是 22~25℃，同时需要供给充足的矿质营养。

大豆开花授粉受精之后,子房膨大形成软而小的绿色豆荚,当荚长 2 cm 时即称为结荚,田间有 50% 植株结荚,称为结荚期。豆荚的生长先是增加长度,而后增加宽度,最后厚度增加。

鼓粒成熟期 大豆结荚后,豆粒开始长大,当豆粒达到最大体积与质量时称为鼓粒期,以后随环境条件的变化,植株逐渐衰老,叶片变黄脱落,种子脱水干燥,由绿变黄、变硬,呈现本品种固有的籽粒色泽和大小,荚亦呈现固有的颜色,并与荚皮脱离,摇动植株,荚内有轻微响声,即为成熟。

(二)大豆的生长习性

大豆的生长习性主要是指大豆的开花习性和结荚习性。

1. 开花习性 大豆花很小,无香味,属自花授粉作物。花期长短因品种和气候条件而有很大差异,一般为 15~16 天。开花时间以上午 8:00 至 10:00 时最盛,下午开花很少,夜间不开花,一朵花开放时间约为 90 分。

大豆开花顺序因结荚习性不同而不同。有限结荚品种,由内而外、自上而下逐渐开花。无限结荚品种,由内而外、自下而上逐渐开花。

2. 结荚习性 大豆结荚习性可分为以下 3 种类型,如图 7-1。

无限结荚 此类大豆植株高大,节间长,株型松散,花梗短,结荚分散,多数豆荚着生在中、下部,往上逐渐减少。始花期早,一般出苗后 30~40 天开始开花,花期较长,一般为 30~40 天。主茎和分枝末梢不生花簇,只要环境条件适宜,顶端生长点可无限生长。这类品种较耐旱、耐瘠薄,适合在气候冷凉、干旱、生育季节短、水肥条件较差的地区种植。高肥多雨区种植易发生徒长倒伏。

亚有限结荚 此类大豆类型介于有限结荚和无限结荚类型之间。这类品种与无限结荚品种相比,要求水肥条件较高,如生产水平较高,能较好地发挥生产潜力。

图 7-1 大豆的结荚习性
A. 无限结荚习性;B. 亚有限结荚习性;
C. 有限结荚习性

有限结荚 植株矮而直立,节间短,茎秆粗壮,株型紧凑,不易倒伏。花梗长,结荚集中,多着生在主茎和分枝的中上部,开花顺序是由中上部开始,逐渐向上、下端开放。始花期较晚,一般出苗后 50~60 天开始开花,花期较短,为 15~20 天。当生长到一定时期,主茎和分枝顶端出现一个大花簇,顶端生长便停止,故为有限结荚。这类品种耐湿耐肥,不易徒长和倒伏,适于土壤肥沃、雨水充足地区种植。但在气候干旱或土壤瘠薄地区种植,往往生长发育不良,产量不高。

大豆的结荚习性是重要的生态性状,在地理分布上有明显的地域性,从全国看,南方温和多雨,生育期长,多种植有限结荚品种;北方则相反,雨量较少,在土壤肥力中等的平原地区,多种植无限结荚品种。

二、影响大豆生长发育的因素

(一)光照

大豆是短日照作物,在第一复叶出现时,进入光照阶段。较长的黑夜和较短的白天,促进大豆生殖生长,抑制营养生长。不同品种类型对光照条件要求不同,原产地纬度愈低的品种,短日性越强,反之,则越弱。

(二)温度

大豆是喜温作物,在一定温度范围内温度高有利于大豆生长和发育。温度主要是影响大豆的生育期,晚熟品种要求 >10℃ 的活动积温为 3 200℃ 以上,而夏播早熟品种则要求约 1 600℃。播期延迟,则生育期缩短,产量降低。

(三)水分

大豆是需水较多的农作物,但不同生育时期对土壤水分的要求不同。发芽时要求水分充足,如果土壤墒情不好,种子则不能发芽。幼苗期比较耐旱,此期水分少些,有利于大豆根系深扎。从始花到盛花期,需水量逐渐增加,既要求土壤相当湿润,又要求水分不过多。若土壤干旱,营养生长受阻,开花少;水分过多,则茎叶生长过旺,蕾花脱落。从结荚开始到鼓粒期,要求土壤水分充足,如果墒情不好,就会造成幼荚脱落或秕粒、秕荚。结荚鼓粒期干旱是大豆减产的重要原因。成熟期要求水分较少。

(四)矿物质

大豆是需矿质营养数量多、种类全的农作物。需要量最多的是氮、磷、钾,其次是钙、镁、硫等。大豆虽可以通过根瘤固氮(图 7-2),但只能满足大豆生长发育的 1/2～3/4。开花结荚期是需氮最多的时期,此期根瘤菌固氮能力虽很强,但也不能满足需要。大豆鼓粒期,根瘤菌活动能力减弱,也会出现缺氮现象。这些时期需要从土壤中吸收氮素。

图 7-2　大豆的根瘤菌

大豆整个生育期都要求较高的磷素营养。磷的吸收在分枝至盛花期,鼓粒后期至成熟出现两个吸收高峰。磷在大豆植株内是能够移动和再利用的。大豆需钾较多,但有机肥料和土壤中含钾丰富,肥力中等的土壤一般不需要施钾肥。

(五) 土壤

大豆对土壤条件的要求不很严格,但以土层深厚、富含有机质和钙质、排水良好、保水力强的中性土壤最为适宜。大豆不耐酸碱,酸性土壤不利于大豆根瘤菌的发育,当总盐量大于 0.6% 时,大豆就会死亡。

三、大豆产量及形成

(一) 大豆产量

大豆产量是由单位面积上的株数、每株有效荚数、每荚有效粒数和百粒重四个因素构成,这四个因素既相互联系,又相互制约。

大豆的百粒重和每荚粒数是比较稳定的,百粒重一般 16~28 g,每荚粒数 1.5~2.5 个。

单位面积株数在一定肥力和生产条件下,不同品种各有其适宜的范围,幅度伸缩性不大。早熟品种、分枝少的品种,瘠薄地、播期晚时,密度大些;中晚熟品种、多分枝品种,高水肥地、播期早时,密度小些。密度过小,单株荚数虽多,但株数少,单位面积荚数少,不利高产;密度过大,单株结荚少,还会因为旺长、倒伏等问题影响产量,同样不利高产。

每株荚数的多少因单位面积株数、土壤肥力及气候条件不同而变化很大。在正常种植密度和气候条件下,夏大豆品种单株荚数 20~80 个。百粒重大的品种单株荚数较少,百粒重小的品种单株荚数多。种植密度直接影响单株荚数的多少,种植密度大时,单株荚数就少,反之就多。因此,在一定种植密度下,增加单株荚数,是大豆增产的重要途径。生产上加强田间管理,增加主茎节数是获得高产的有效途径。

(二) 大豆花荚脱落与秕粒

1. 花荚脱落　大豆的花荚脱落是一个严重而普遍的问题,是影响大豆产量的一个主要因素。一般花荚脱落率在 40%~70%。花荚脱落高峰多出现在盛花末期至结荚初期,其脱落的花荚多为子房开始膨大的幼荚和花冠已凋谢的花朵。我国春大豆种植区花荚脱落高峰一般在 7 月下旬至 8 月上旬,夏大豆种植区则在 8 月下旬至 9 月上旬。

花荚脱落包括落蕾、落花和落荚,一般区分标准为:从花蕾形成至开花以前的脱落为落蕾;从花朵开放至花冠萎缩,但子房尚未膨大,这一时期的脱落为落花;从子房膨大至豆荚成熟以前的脱落为落荚。脱落比例大致是落花占 60%,落蕾占 10%,落荚占 30%。

大豆花荚脱落的根本原因是生长发育失调。除品种类型之间有差异外,主要决定于生产栽培条件和开花结荚期气候状况,如水分、养分、光照、温度等,尤其是当大豆进入生殖生长期,对水分反应敏感,如干旱,叶片失水,导致叶片吸水力大于子房,造成水分倒流,引起花荚脱落;若阴湿多雨,土壤水分过多,植株徒长,荫蔽程度增加,光合作用减弱,影响有机养分的合成与运输,花荚脱落也增加。其次是机械损伤、病虫害与暴风雨等自然灾害的影响。因此,在种植技术上应满足大豆对水分、养分的需求,创造通风透光的良好条件,加强病虫害的防治及精细田间管理,这是减少大豆花荚脱落的主要途径。

2. 秕粒　大豆开花受精后的胚珠得不到足够的营养时,种子发育不良而形成秕粒。若种子发育早期受到生理障碍,则形成薄片状的秕粒,如后期受生理障碍,则种子较小而不充实。大豆秕粒的多少,因品种特性、种植密度、分枝部位等因素而不同。秕粒也是大豆低产的原因之一。

大豆秕粒产生的原因与花荚脱落的原因相似。除因品种不同秕粒率有差异之外,主要是由于环境因素如水分、养分、光照、温度满足不了大豆植株开花结荚的要求,如开花盛期和受精后的胚珠发育时期,土壤中缺乏养分和水分,即大量形成秕粒;种植密度过大时,田间通风透光条件差,养分和水分供应不足,也易形成秕粒。因此,防止大豆秕粒的产生,除选用优良品种外,还必须合理密植,加强后期的水肥等田间管理,充分满足大豆胚珠发育对外界环境条件的要求。

[随堂练习]

1. 春、夏作大豆早、中、晚熟品种的生育期各是多少天? 分枝期、结荚期、无限结荚习性、有限结荚习性、亚有限结荚习性。

2. 大豆有哪些生育时期?

3. 大豆的生长习性和结荚习性各有哪些?

4. 大豆产量的形成因素是什么?

5. 影响大豆生长发育的因素有哪些?

任务 7.2　大豆的播种技术

一、大豆良种的选择

(一) 良种选择的原则

1. 根据无霜期长短选择　根据无霜期长短,选用既能充分利用光照、温度或不同作物的生长季节间套作,又能正常成熟的良种,保证高产、稳产。

2. 根据土壤肥力及地势条件选择　平原肥沃地宜选用耐肥力强、秆壮不倒的有限结荚大豆良种,否则易倒伏,造成减产;而瘠薄岗地则需选用生育繁茂、耐瘠薄的无限结荚良种。机械化栽培时,应选用植株高大、不倒伏、分枝少、株型紧凑、底荚高、不裂荚的良种。

3. 根据当地雨水条件选择　干旱少雨地区,宜选用分枝多、植株繁茂、中小粒、无限结荚的品种;雨水较多地区,宜选用主茎发达、秆强不倒、中大粒、有限结荚的品种。

4. 根据市场需求和用途选择　随着大豆专业化、产业化的发展,对特用大豆,如高蛋白(>44%)大豆、高脂肪(>22%)大豆、菜用大豆的需求量不断增加。因此,为提高种植大豆的经济效益,应根据市场需求和用途,选种适销对路的优质专用大豆良种。

(二) 大豆良种介绍

1. 中黄 37　由中国农业科学院作物科学研究所选育,2015 年通过全国农作物品种审定委员会审定,属普通型夏大豆,生育期平均 105 天。株型收敛,有限结荚习性。株高 74.1 cm,主茎 14.8 节,有效分枝 2.7 个,底荚高度 12.7 cm,单株有效荚数 39.0 个,单株粒数 75.8 粒,单株粒重 20.0 g,百粒重 27.4 g。卵圆叶,白花,灰毛。籽粒椭圆形,种皮黄色、无光,种脐褐色。

籽粒粗蛋白含量 42.66%,粗脂肪含量 20.11%。平均亩产 211.5 kg。6 月中下旬播种,条播行距 40~50 cm,每亩种植密度高肥力地块 12 000~13 000 株,中等肥力地块 14 000~15 000 株,低肥力地块 16 000~18 000 株。

2. 中黄 301　由中国农业科学院作物科学研究所选育,2019 年通过全国农作物品种审定委员会审定,为黄淮海夏大豆品种,夏播生育期平均 98 天。株型收敛,有限结荚习性。株高 80.7 cm,主茎 16.9 节,有效分枝 1.9 个,底荚高度 15.1 cm,单株有效荚数 54.6 个,单株粒数 110.7 粒,单株粒重 17.8 g,百粒重 16.2 g。卵圆叶,紫花,灰毛。籽粒椭圆形,种皮黄色、微光,种脐黄色。

籽粒粗蛋白含量 43.57%,粗脂肪含量 19.87%。平均亩产 206.3 kg。抗花叶病毒病 3 号、7 号株系,中感胞囊线虫病 1 号生理小种,高感胞囊线虫病 2 号生理小种。

6 月中下旬播种,条播行距 40~50 cm;亩种植密度 12 500~15 000 株。适宜在山东南部、河南南部(周口地区除外)、江苏和安徽两省淮河以北地区夏播种植。胞囊线虫病发病区慎用。

3. 郑 1311　由河南省农业科学院经济作物研究所选育,属黄淮海夏大豆品种,夏播生育期平均 111 天,株型收敛,有限结荚习性。株高 88.8 cm,主茎节数 17.3 个,有效分枝 2.0 个,底荚高度 17.9 cm,单株有效荚数 54.9 个,单株粒数 101.4 粒,百粒重 20.2 g。卵圆叶,紫花,灰毛。籽粒圆形,种皮黄色、有光泽,种脐浅褐色。

中感花叶病毒病 3 号、7 号株系,高感胞囊线虫病 2 号生理小种。籽粒粗蛋白含量 42.60%,粗脂肪含量 18.80%。平均亩产 207.6 kg。

6 月上中旬播种,行距 40 cm,株距 13 cm;亩种植密度 12 500 株。适宜在河北南部、河南北部、山东中部、陕西关中平原地区夏播种植。胞囊线虫病发病区慎用。

4. 齐黄 34　由山东省农业科学院作物研究所选育,2013 年通过全国农作物品种审定委员会审定,属普通型夏大豆品种,夏播生育期 108 天。株型半收敛,有限结荚习性。株高 68.8 cm,主茎 15 节,有效分枝 1.2 个,底荚高度 21.4 cm,单株有效荚数 32.0 个,单株粒数 68.6 粒,单株粒重 18.6 g,百粒重 26.9 g。卵圆叶,白花,棕毛。籽粒圆形,种皮黄色、无光,种脐黑色。中感花叶病毒病 3 号和 7 号株系,高感胞囊线虫病 1 号生理小种。

籽粒粗蛋白含量 42.58%,粗脂肪含量 19.97%。平均亩产 217.6 kg。

6 月中下旬播种,条播行距 40~50 cm。亩种植密度,高肥力地块 11 000 株,中等肥力地块 13 000 株,低肥力地块 17 000 株。适宜在山东中部、河南东北部及陕西关中平原地区夏播种植。胞囊线虫病发病区慎用。

5. 合农 91 由黑龙江省农业科学院佳木斯分院选育。属矮秆、耐密植品种。生育日数 120 天左右,需≥10 ℃活动积温 2 450 ℃左右,有限结荚习性。株高 69 cm 左右,有分枝,紫花,尖叶,灰色茸毛,荚弯镰形,成熟时呈褐色。籽粒圆形,种皮黄色,种脐黄色,有光泽,百粒重 18.0 g 左右。

蛋白质含量 36.73%,脂肪含量 22.71%。中抗灰斑病。每亩平均产量 209.8 kg。

5 月上中播种,窄行密植栽培,每亩保苗 2.7 万~3.0 万株。适宜在黑龙江省≥10 ℃活动积温 2 600 ℃区域种植。

二、大豆的播前准备

(一)合理轮作

合理轮作是调节土壤养分、培肥地力、减少病虫、杂草为害的重要措施。由于大豆本身的生育特点,大豆在轮作中是好茬口,可为整个轮作周期各农作物均衡增产创造条件。

大豆不宜重茬(同种作物在同一地块重复种植)和迎茬(同种作物在同一地块隔年种植),也不宜种在其他豆类作物之后。主要原因是大豆在生育期间需要吸收大量磷素和钾素,致使土壤氮、磷比例失调。另外重、迎茬易引起大豆病虫害大发生,根系分泌的酸性物质会影响微生物和根瘤菌的发育而导致减产。大豆最好与禾谷类农作物,如玉米、小麦、谷子等实行 3 年以上轮作。

大豆是其他农作物良好的前茬作物。大豆根瘤菌能固定空气中的氮素,土壤中氮素消耗较少,而且大豆的残根落叶可增加土壤中的养分和有机质;大豆是中耕作物,枝叶繁茂,能抑制杂草生长,且为害大豆的病虫很少为害其他农作物。因此,大豆茬是土壤疏松、肥力较高、病虫害较少的好茬口,尤其是禾谷类作物的良好前茬。

大豆的轮作方式有:

春大豆区:"大豆—玉米(高粱)—谷子",或"大豆—谷子—玉米(高粱)"。

夏大豆区:夏大豆与冬小麦一年两熟,或"冬小麦—夏大豆—春玉米(甘薯)—冬小麦"两年三熟制。

（二）精细整地

大豆对土壤的要求并不严格，无论是沙土、沙壤土、黏土均可种植。合理深耕、精细整地，可以为大豆创造良好的耕作层，是大豆苗全、苗壮的基础，是增产的基本措施。

春大豆区，应在秋收后及时秋翻、秋耙，翻地深度约 20 cm。来不及秋翻时，翻地应在早春进行，深度约 15 cm。秋翻的地块，翌春解冻后，应抓住时机实施耙、耢和镇压等整地措施，使地面平整疏松，保持湿润，以利播种夺全苗。

夏大豆区，播种期短，整地必须抓紧，在有灌溉条件和劳、畜力充足的条件下，在前茬作物收后，立即耙地灭茬，施用基肥，耕翻深 16~23 cm，并进行细致耙耢，使土地平整，表土疏松，再进行播种。在劳、畜力不足或干旱地区，可锄地或耙地灭茬，避免硬茬播种。如果耕地灭茬与抢墒早播有矛盾，应力争早播，出苗时再进行锄地灭茬，达到苗早、苗全的目的。

（三）种子处理

1. 精选种子　在播种前精选种子是保证全苗的重要措施之一，可用粒选机精选或人工挑选，以提高种子的田间出苗率。

2. 根瘤菌接种　第一次种大豆地块，进行根瘤菌接种，有明显的增产效果。方法是将根瘤菌剂倒入为种子质量 1% 的清水中，搅拌均匀后，将菌液喷洒在种子上，充分搅拌，阴干后播种。根瘤菌接种的种子不可再用药剂拌种。

3. 钼酸铵拌种　大豆施钼是一项经济有效的增产措施。可采用拌种和生长期喷洒的方法进行。一般每 50 kg 种子用钼酸铵 20~30 g，配制成 1%~2% 的钼酸铵溶液，边喷洒边搅拌均匀，阴干后播种。钼酸铵拌种阴干后也可进行其他药剂拌种。

三、大豆播种

（一）适期播种

春播大豆决定播种期的主导因素是温度。当 5 cm 地温稳定在 6~8℃ 时为适时早播，5 cm 地温达到 10~12℃ 时为播种适期。东北地区以 4 月下旬至 5 月上旬为大豆适宜的播种期。在播种时，应先种岗地，后种平地；先种阳坡，后种阴坡；先播种晚熟品种，后播种早熟品种。

夏大豆区播种期主要受前茬农作物收获期限制。在前茬农作物收获后，要尽早播种。在有灌溉条件的地方，麦收前应浇好"麦黄水"或麦收后趁墒抢播，播完后再灭茬保墒，以利大豆出苗。

（二）播种方法

我国各地大豆播种方法很多，但都必须与当地自然条件和现有农机具相适应。一般有点播、条播、扣种等方法。

1. 点播　是选粒下种、定株种植的精量播种高产栽培方法。此法能达到下种均匀、出苗整齐、植株分布合理、节省种子、幼苗生长健壮的目的。但对种子质量要求严格，种子要精选，保证一粒种子一棵苗。等距点播适合垄播,也适合平播,可根据需要调节行距、种植密度和覆土深度。播种时利用人、畜力或机械牵引大豆等距点播机进行播种。要求开沟、播种、覆土、镇压、起垄等作业一次完成。

2. 条播　在翻整地的基础上,用播种机进行条播,机械条播一般采用平播后起垄或随播随起垄。夏播大豆区普遍采用条播,开沟、播种、覆土结合在一起,有利抢墒,提高工效。条播种子直接落在湿土里,播深一致,种子分布均匀,出苗整齐,进度快,能保证大面积适时播种。墒情不足时,播后镇压,提墒防旱。

3. 扣种　扣种是一种古老的大豆播种方法。它是在原垄沟内条施基肥,然后用大犁破原垄台,在新垄底上踩格子或压磙子,人工点种,再用大犁掏墒覆土,最后再镇压、在新垄上压一遍磙子。这种方法便于集中施肥,提高地温,促进幼苗旺发。但遇干旱易造成夹干土,且覆土不匀,进度慢,易误农时。

(三) 播种量和播种深度

大豆适宜播种量,要根据种植计划的密度要求、种粒大小和发芽率,以及播种方法而定。一般条件下,大豆每亩播种量为 $2 \sim 5$ kg,高的可达 $7 \sim 9$ kg,少的为 $3 \sim 3.5$ kg。北方春大豆区精量点播每亩用种约 2.7 kg,条播每亩用种约 4.3 kg。

大豆的覆土深度对出苗影响很大,应根据种粒大小、土质、墒情而定。一般以 $4 \sim 5$ cm 为宜。夏大豆播种至出苗温度较高,应适当深播厚盖,以保墒、保出苗。播后要适时镇压,以利接墒,出苗整齐。

(四) 施用种肥

种肥以优质有机肥混入速效的氮、磷、钾为宜。种肥单独施用时,每亩施磷酸二铵 $8 \sim 10$ kg、硫酸钾 $2.7 \sim 3.3$ kg 为宜。种肥的施用方法因播种方法而定。扣种和翻后打垄种,在破茬后和打垄前施入;机械条播随播种机播种施入。人工条播施种肥,要注意肥、种的隔离,以防烧种。

(五) 合理密植

1. 合理密植的原则　合理密植应根据土壤类型、肥力高低、气候条件、品种特性,以及播种期早晚等确定适宜的种植密度。凡土壤肥沃、肥水条件高、晚熟类型品种,春播条件下种植密度应小些,反之应密些。适宜的种植密度既能保证足够的营养面积,增加单株结荚数、粒数及粒重,又能达到单位面积上有足够的株数以充分利用地力与光能,增加单位面积上的总荚数、总粒数和总粒重,以达到增产的目的。

2. 合理密植的幅度　大豆种植密度受许多因素的影响,不同地区、不同耕作制度、不同品种的种植密度不同。北方春大豆区多采取 $50 \sim 60$ cm 的行距,每亩保苗株数 1.1 万 $\sim$ 1.7 万株。夏大豆区多采取 $40 \sim 50$ cm 的行距,留苗每亩 1.5 万 $\sim$ 2.0 万株。

［随堂练习］

1. 大豆选择良种的原则是什么?

2. 为什么大豆不宜重茬?

3. 为什么说大豆是其他农作物良好的前茬农作物?

4. 大豆种子处理技术有哪些?

［课后调查及作业］

分小组到当地种子市场或集贸市场"逛"一次,了解在当地销售的大豆品种有哪些,销量最大和最小的品种是什么,分析原因,并写出报告,表 7-1。

表 7-1　大豆销量调查报告

调查地点：　　　　　　　　　　　　　　　　调查时间：

访问对象*	所售品种	销量最大的品种及原因	销量最小的品种及原因	分析调查结果,阐述当地大豆种子销售状况
		品种名： 原因**：	品种名： 原因：	
		品种名： 原因：	品种名： 原因：	
		品种名： 原因：	品种名： 原因：	

*　访问对象可以是店主、农技员、农户或乡村干部等。尽量多访问几个不同身份的人员,使调查更接近真实。

＊＊　可从以下几方面询问：每亩产量、种子价格、大豆产品当年市场价、抗病虫性、出油量、食用性及其他。

任务 7.3　大豆的田间管理技术

一、出苗期的管理技术

（一）生育特点

出苗期的生育特点是：种子吸水膨胀,子叶出土变绿,具有光合能力。

（二）主攻目标

出苗期的主攻目标是：采取各种措施提高地温，松土保墒，促进大豆出苗快，出苗齐，防草荒。

（三）田间管理

1. 松土　大豆是双子叶植物，播种后至出苗前如遇雨，土壤易板结，严重影响出苗。因此，在雨后应立即进行松土，可用钉齿耙耙地，齿深应浅于播深。

2. 化学除草　利用化学除草，是一项省工、高效的除草措施。根据施用时期和方法不同，一般将除草剂分为：播后苗前土壤处理剂，如豆草威、阔草净、恶氟嗪、豆威等；苗后叶面喷施剂，如豆草灵、杂草净、豆阔净等。

3. 防治蛴螬　播后出苗前主要害虫是蛴螬，易造成缺苗断垄。防治蛴螬，一是拌种，辛硫磷乳剂的用药量为种子重的 0.2%，即用 50% 辛硫磷乳剂 50 mL 拌种 25 kg。二是施用毒土，用 5% 辛硫磷颗粒剂每亩 2.5~3 kg，加细土 15~20 kg，拌匀，顺垄撒于苗根周围，施药时间以 14：00~18：00 为宜。

二、幼苗分枝期的管理技术

（一）生育特点

幼苗期主根下扎，侧根数量增加很快，复叶出现，根瘤开始形成，根部吸水、吸肥能力增强，对土壤湿度和温度敏感。分枝期腋芽开始形成分枝，主茎变粗、伸长，主茎和分枝上花芽开始分化，根瘤菌已具有固氮能力。此期是决定整个生育期植株强壮与否、分枝和开花多少的关键时期，与产量高低有密切关系。如株小、枝叶少、根系不发达，很难实现高产；反之，如枝叶过度繁茂，群体过大甚至徒长荫蔽，会造成后期倒伏，也难以实现高产。所以此期要求温度适当、肥水充足的土壤条件。

（二）主攻目标

幼苗分枝期的主攻目标是：发根壮苗，促进分枝和花芽分化。

（三）田间管理技术

1. 诊断苗情，分类管理　苗期壮苗长相是：地上部幼茎粗壮，节间长度适中，叶小而厚，叶色浓绿；地下部主根发达，侧根多，根系强大。

分枝期壮苗长相是：根系发达，根瘤多，茎秆粗壮，节间短，分枝多，叶片厚，色浓绿。

2. 及时补种，适时间苗　为确保全苗，出苗后如发现缺苗要及时进行浸种后补种或雨前雨后带土移栽。当两片对生单叶平展时，应及时早间苗，出现复叶后定苗。夏大豆生长迅速，间、定苗要一次进行。间苗要间小留大、间弱留壮，做到合理留苗，等距匀苗，定苗按种植密度要求进行。

3. 中耕培土除草　大豆幼苗期生长缓慢，易滋生杂草，应及时中耕除草。当幼苗出土、子叶展平后进行第一次中耕,深约 3 cm;三叶期进行第二次中耕,深约 5 cm;封行前进行第三次中耕。第三次中耕要结合培土进行,培土高度要超过子叶节,既可促进根系生长,又可防止倒伏。

除草剂喷药适期一般应在杂草三至五叶期,大豆一、二复叶期进行。

4. 看苗追肥、灌水　当幼苗生长瘦弱、叶色过浅,表现出缺肥症状时,应追施适量氮、磷肥,施肥量根据地力及幼苗长相而定,一般每亩追施硝酸铵 5.0~7.7 kg、过磷酸钙 7.3~14.7 kg。分枝期如遇土壤水分不足,应进行合理灌溉,以促进花芽分化。

5. 防治病虫害　此期主要病虫害有花叶病、孢囊线虫病,达到防治指标时,要及时进行防治。

防治孢囊线虫病　选用抗病品种;与禾谷类农作物实行 3~5 年轮作;化学防治,土壤施药用 80% 二溴氯丙烷,每亩用药 1~1.5 kg,对水 75 kg,均匀施于沟内,沟深20 cm,沟距按大豆行距,施药后将沟覆土踏实,隔 10~15 天在原药沟中播种。或用 10% 涕灭威颗粒剂每亩用药 2.5~3.5 kg,于播种时结合深施肥料施于大豆种子下。

防治花叶病　选育和利用抗病品种,严格控制带毒种子调运,防止病区扩大;加强蚜虫防治工作;改善生产栽培管理,适期早播,清除田间杂草。

三、开花结荚期的管理技术

(一) 生育特点

开花结荚期是大豆生育最旺盛时期,叶面积指数最大。花芽不断分化成花蕾,花蕾开放后形成幼荚。此期营养生长与生殖生长并进,但以形成较多的花荚为主,对光照、水分、养分有强烈的要求。开花最适温度是 22~29℃,低于 16℃ 或高于 30℃ 很少开花;日照、养分不足会造成落花落荚,并影响营养生长。

(二) 主攻目标

田间管理的主攻目标是:在培育壮苗、促进花芽分化的基础上,生长稳健,促进多开花、多结荚,增花保荚,减少花荚脱落。

(三) 田间管理技术

1. 巧追花荚肥　没有脱肥现象的地块可不追花荚肥,以防徒长倒伏。土壤肥力低、长势弱的地块可结合铲耥进行根际或根外追肥。根际追肥可将化肥施于植株旁 3 cm 处,随即中耕培土,盖严肥料,一般每亩施硝酸铵 5.0~7.7 kg。根外叶面喷洒可用 5%~10% 的氮、磷、钾混合液,或结荚初期每亩用尿素 1.0 kg 加磷酸二氢钾 0.1 kg,对水 50 kg 叶面喷雾。

2. 灌花荚水　大豆开花结荚期是灌水的关键时期。灌水多采用沟灌、小畦灌或有条件进行喷灌。灌水时期、次数及水量必须因地制宜,灵活掌握,要根据植株长相、品种特性、气候、土质等情况而定。在搞好灌溉的同时,应注意排涝。

3. 清除田间大草　大豆结荚前期,拔除中耕遗留下的大草,以利通风透光,减少土壤养分消耗,促进早熟增产。

4. 摘心打底叶　水肥充足或生育后期多雨年份,无限结荚习性品种和间作地块大豆易徒长倒伏。摘心可以控制营养生长,有利增花保荚,防倒伏。摘心在盛花期或近开花终了时进行,摘去茎顶端约 2 cm 即可。有限结荚品种不宜摘心。

5. 防治病虫害　此期大豆主要害虫有蚜虫、食心虫、豆荚螟,病害主要有孢囊线虫病、根腐病等,在这些病虫害中以食心虫、豆荚螟为害较重。

防治豆荚螟　选用抗虫品种,合理轮作;利用赤眼蜂灭卵,即在成虫产卵盛期每亩放赤眼蜂 2 万~3 万头;化学防治,每亩用 2.5% 敌杀死乳油 25~30 mL,或 2.5% 功夫乳油 20 mL,或 20% 杀灭菊酯乳油 15~20 mL,或 50% 辛硫磷乳油 75 mL,对水 50 kg 喷雾。对豆荚螟的防治应在成虫盛发期或卵孵化盛期前施药。

防治大豆食心虫　选用抗虫品种;合理轮作;适当调整播期,使结荚期避开成虫产卵高峰期;利用赤眼蜂进行生物防治。在化学防治上可用敌敌畏熏杀成虫;幼虫孵化盛期喷 25% 快杀灵乳油或 4.5% 高效氯氰菊酯乳油 1 000~1 500 倍液,每亩 50 kg 喷雾。

防治大豆孢囊线虫病　选用抗病品种;与禾谷类农作物实行 3~5 年轮作;化学防治时,土壤施药用 80% 二溴氯丙烷,每亩用药 1~1.5 kg,对水 75 kg,均匀施于沟内,沟深 20 cm,沟距按大豆行距,施药后将沟覆土踏实,隔 10~15 天在原药沟中播种。或用 10% 涕灭威颗粒剂每亩 2.5~3.5 kg,于播种时结合深施肥料施于大豆种子下。

四、鼓粒成熟期的管理技术

(一)生育特点

大豆鼓粒期营养生长逐渐停止,根系逐渐死亡,叶片变黄脱落;而生殖生长仍旺盛进行,籽粒逐渐膨大,是大豆干物质积累最多的时期。成熟期主要是籽粒脱水干燥、变硬,呈现本品种固有籽粒色泽和种粒大小,并与荚皮脱离。外界环境对大豆结荚数、每荚粒数和百粒重影响较大,鼓粒期最适温度 21~23℃,成熟期为 19~20℃,还需要充足的阳光。如果温度低,种子发育不全,会增加秕粒,并延迟成熟。

(二)主攻目标

鼓粒成熟期的主攻目标是:保叶、保根,延长叶和根的功能期,促进养分向籽粒转移,使籽粒饱满,粒重增加,促进成熟。

(三)管理技术

1. 根外追肥　每亩喷施尿素 100 g,过磷酸钙 20 g,硼酸 2.5 g,对水 5 kg,可起到增荚、增粒、增重的作用。

2. 合理灌溉　鼓粒前期遇旱要灌鼓粒水。鼓粒后期注意防涝,尽量减少土壤水分,促进黄荚早熟。

3. 防治病虫　此期主要虫害是食心虫和豆荚螟,防治方法同开花结荚期。

五、收获与贮藏

适时收获是大豆增产的最后一个环节,过早、过晚收获对产量和品质都有一定的影响。

大豆的适宜收获期,因收获方法不同而异。人工收获和机械分段收获应在黄熟末期进行,此时叶已大部分脱落,茎和荚全变为黄褐色,籽粒归圆与荚壳脱离,呈现品种固有色泽,摇动植株有响声;机械联合收割应在完熟初期进行,此时,叶已全部脱落,茎荚和籽粒都呈现出品种固有色泽,籽粒变硬,摇动植株发出清脆响声。

大豆籽粒因富含蛋白质和脂肪,多不耐贮藏,因此,贮藏前必须充分晾晒,含水量达 12% 以下时方可入仓贮藏。贮藏温度保持在 2~10℃,同时时刻注意仓内温度的变化,并做到定期检查。

[随堂练习]

1. 大豆播后出苗前主要害虫是什么? 如何防治?
2. 大豆幼苗分枝期如何中耕培土除草?
3. 大豆开花结荚期的主要害虫、病害有哪些?
4. 怎么确定大豆的适宜收获期?

[实验实训]

实 7-1　大豆优良品种的观察

一、目的与意义

识别大豆当地主要优良品种的形态特征。

二、材料与用具

不同形态类型的大豆植株,当地主要优良品种 2~3 个,天平、米尺、扩大镜等。

三、内容与方法

取当地大豆主要优良品种,依次观察主茎生长形态,分枝多少、强弱,分枝与主茎所成角度大小,分枝数,叶形,叶片大小,茸毛有无及颜色,株高,结荚习性,荚数,每荚粒数,粒色,粒形,脐色,百粒重等,并将结果填入表 7-2。

四、作业

对大豆重要优良品种形态特征进行考察,将结果填入表 7-2。

表 7-2 大豆植株形态特征观察

品种				
	主茎生长形态			
分枝	多少、强弱、与主茎形成角度大小、分枝数			
	叶片大小及叶形			
	茸毛有无及颜色			
	株高/cm			
豆荚	结荚习性、荚数、荚粒数			
籽粒	颜色、脐色、粒形、百粒重			

实 7-2 大豆的田间测产与考种

一、目的与意义

了解大豆产量构成因素,掌握大豆田间测产的方法及室内考种技术,以预测产量及了解大豆的经济性状。

二、材料与用具

大豆田块,皮尺、米尺、卡尺、天平、记载本、笔等。

三、内容与方法

(一) 田间测定

1. 取样采点 在生长整齐并有代表性的地段,采用对角线 3 点或 5 点取样。

2. 测株、行距 在所取样点内,每点测 11 行的总宽度,除以 10,求出平均行距,再取 2 行各量出 5 m 长,数株数,求出平均株距,计算每平方米内的株数。

3. 查单株荚数及每荚粒数 在所测样点内,查连续 30 株,数计每株的有效荚数和每荚的实粒数,计算出单株平均有效荚数及平均荚粒数。

4. 计算并预测单产 根据所测品种在正常年份的百粒重,结合当年实际生长情况,先估计出百粒重。计算出各样点的单位面积产量,5 点平均后即为所测地块的预测单产。

$$每亩产量(kg) = 每亩株数 \times 单株有效荚数 \times 每荚实粒数 \times 百粒重 \times 10^{-5}$$

生产中的实际单产,由于收获、运输及脱粒等所造成炸荚落粒损失,一般与理论测定相差 10% ~ 15%。

(二) 大豆考种

将点内拔取的 10 株样本,放在通风处晾干,按下列项目进行考种。

1. 株高 从子叶节量到主茎顶端生长点的长度。测量 10 株后计算平均株高。

2. 结荚高度 子叶节量至最低结荚的高度。

3. 分枝数　指主茎有效分枝数,即分枝上有 2 个或 2 个以上的节结荚。

4. 茎粗　自子叶痕到真叶间扁的一面的距离,以 cm 表示。

5. 主茎节数　从植株底部子叶痕开始数到最后一节为止。

6. 单株荚数　有粒的成荚数。

7. 单株粒数　单株全部粒数。

8. 百粒重　100 粒完熟种子的质量,重复称量 2 次,求其平均值。

9. 完全粒率　指完熟、饱满,未遭病虫害的完整粒,占未经选种子的比例。

10. 虫食率　指虫食粒占总粒数的比例。

11. 产量　指风干种子的质量。根据前面测得的单位面积株数,核算出单产。

四、作业

1. 将田间测产结果填入表 7-3。

2. 将考种结果填入表 7-4。

表 7-3　大豆田间测产结果

样点	株距/m	行距/m	每平方米有效株数	单株平均有效荚数	每荚平均实粒数	每亩单产/kg	备注
1							
2							
……							
平均		·					

表 7-4　大豆考种结果

品种	株高/cm	结荚高度/cm	分枝数	茎粗/cm	主茎节数	单株荚数	单株粒数	百粒重/g	完全粒率/%	虫食率/%	每亩单产/kg	备注

[回顾与小结]

本项目学习了大豆生长发育的特性,大豆的播种技术和田间管理技术,进行了 2 个实验实训项目的操作训练。其中需要重点掌握的是:大豆的播种技术,大豆各生育期的生育特点、生产管理目标和田间管理技术。

🔍 [复习与思考]

1. 简述大豆的播种技术。

2. 大豆花荚脱落的原因是什么,如何增花保荚?

3. 简述并分析比较大豆苗期、幼苗分枝期、开花结荚期的管理技术要点。

项目 8

甘薯生产技术

📂 学习目标

1. 知识目标　了解甘薯生育期、生育各时期,如苗床期、发根缓苗期、分枝结薯期、薯蔓同长期、回秧收获期等概念,掌握甘薯的产量形成因素,甘薯烂窖原因等。

2. 技能目标　甘薯良种选择、种薯处理、种薯上床、苗床管理等育苗技术,学会甘薯整地及栽插技术,掌握甘薯大田管理技术,掌握甘薯安全贮藏技术。

甘薯是我国主要杂粮作物之一,高产稳产,适应性广,抗逆性强。在水肥条件较好的土地上种植,一般每亩可产鲜薯 2 500～3 000 kg。我国北方地区种植甘薯的面积仅次于小麦、玉米,居第三位。根据栽插时期的不同,我国甘薯分为春薯、夏薯、秋薯和越冬薯四种类型。

甘薯营养丰富,鲜薯含淀粉 20%、糖分 3%、蛋白质 2.3%,富含维生素,粮饲兼用。甘薯是轻工业原料,可以加工成粉条、粉丝、粉皮等食品。因此,搞好甘薯生产,提高甘薯的产量和品质,对我国粮食生产和食品加工业的发展具有十分重要的意义。

任务 8.1　甘薯的生长发育

一、甘薯的一生

甘薯的一生是从栽插到收获的生长发育过程,此期也称作甘薯的生育期。

在热带和亚热带地区,甘薯能终年常绿生长,而在温带地区则遇霜死亡,成为一年生植物。甘薯靠块根、茎蔓进行无性繁殖。甘薯的根、茎、叶和块根的形成与生长,都属营养生长的范围,只要外界环境条件适宜,不但块根能够不断地膨大,茎叶也能不断地生长,因而没有一个如同水稻、玉米等禾谷类作物的自然生理成熟期。在我国北方,由于温度条件的限制,甘薯从种到收是有时间限制的。在不同地区,甘薯从种至收获的日期称为当地的甘薯生长时期或自然生育期。我国华北地区春薯生育期一般为 150~190 天,夏薯为 110~120 天。甘薯的一生分为苗床期、发根缓苗期、分枝结薯期、薯蔓同长期和回秧收获期。

（一）苗床期

从下种至剪苗栽插为甘薯的苗床期。其中,从下种至出苗为发芽出苗期,从出苗至第一次剪苗栽插为幼苗生长期。甘薯是陆续出苗和剪苗栽插的。苗床期历时长短,因品种特性、育苗方法、栽插迟早而不同,一般历时 1~2 个月。

（二）发根缓苗期

从栽插秧苗到主茎开始发生分枝为发根缓苗期。这一时期是以生长纤维根为主的时期,也是甘薯一生中最耐旱的时期。在扎根与缓苗阶段,入土各节长出不定根,形成须根系,使薯苗具有较强的营养吸收能力。地上部分由于气温低而生长缓慢,在光照充足条件下,光合产物积累量相对较多,叶片厚而肥。此期春薯需 30~35 天,夏薯需约 20 天。

（三）分枝结薯期

从主茎发生分枝到地上茎叶封垄,地下块根雏形形成,为分枝结薯期。此期茎叶生长逐渐加快,腋芽迅速发展为分枝,春薯分枝数达最高值的 80%,夏薯 90%。正常情况下,茎叶盖严地面,即封垄。此期春薯鲜重达最大值的15%,夏薯 10%~15%。此时,是新器官形成并壮大的时期,生长中心由单纯的营养生长转向营养生长与养分积累并进。甘薯根系强大,但由于光合面积不够大,即使气温较高,光照良好,生物总积累量却较低。从块根形成到块根数基本稳定的时间,春、夏甘薯分别需要 35 天和 20 天左右。

甘薯的根可分 3 种:须根、梗根和块根(图 8-1),它们都由地下部不定根分化形成。由于形态不同,功能也不一样。

须根　又称纤维根。呈纤维状,细而长,有很多分枝和根毛。纤维根主要功能是吸收水分和养分,增强甘薯的抗旱能力。若土壤氮素过多,通透性差,湿度过大时,纤维根数增多。

梗根　又称牛蒡根、柴根。一般粗 1~2 cm,长约

图 8-1　甘薯根的 3 种形态
A. 块根;B. 梗根;C. 须根

30 cm,整条根上下粗细基本匀称。梗根徒耗养分,无经济价值,大田生产时应控制其生长。土壤干旱、板结、通气不良、氮肥与钾肥不足时,梗根数目增多。

块根　　块根是甘薯贮藏营养物质的主要器官,也是生产上的主要收获产品。块根的形状随品种、环境条件而变化,有纺锤形、圆筒形、椭圆形和球形等。

(四) 薯蔓同长期

从茎叶封垄到茎叶生长高峰期称薯蔓同长期,在黄淮春夏甘薯区,一般春薯从 7 月上、中旬至 8 月下旬,夏薯从 8 月上旬至 9 月上旬。此期以茎叶生长为中心,同时薯块膨大也较快。茎叶迅速生长,叶面积指数达最高值(约为 4),茎叶鲜重占全生育期总鲜重的 60% 以上,薯块膨大增重占总重的 30% ~ 50%。

(五) 回秧收获期

甘薯从茎叶开始衰败到收获称回秧收获期,春甘薯一般在 8 月下旬以后,约 2 个月,夏甘薯在 9 月上旬以后,约 1 个月。此期的生长中心由茎叶转向块根。由于光照充足,昼夜温差大,无论春薯或夏薯,块根生长都进入迅速膨大期。春甘薯出现块根膨大的主高峰(第二次高峰),所增加的薯重一般占总薯重的 40% ~ 50%,高的甚至达 70%,是甘薯产量形成的主要时期。此外,由于雨量渐少,气温渐低,茎叶生长转慢,继而停止,叶色逐渐转淡、发黄,基部叶片枯死脱落,叶面积指数由 4 下降到 3,在一定时间内保持 2以上。

二、甘薯产量及形成

甘薯的主要收获物是块根,其产量由每亩株数、每株块根数和块根重构成。单位面积株数是保证高产的关键,单株块根数量对产量的影响大于薯块重。

(一) 种植密度

种植密度是对产量影响最大的因素。甘薯植株生长自动调节能力强,密植的灵活性较大。

(二) 块根数量

块根是贮藏同化物的器官,多分布在 5 ~ 25 cm 的土层中,栽插后 10 ~ 25 天,是决定块根形成的主要时期。当土壤肥厚、通透性好、水分适宜、温光条件好、薯苗健壮时,有利于甘薯块根的形成;当土壤干旱、通气不良时,甘薯根易形成梗根;当土壤过湿、氮素过多时,甘薯则易形成纤维根。

(三) 块根重

春薯栽后 40 天块根开始膨大,膨大有两个盛期和一个低谷。第一盛期出现在栽后60 ~ 75 天,即 6 月下旬至 7 月上、中旬。此时日照充足,昼夜温差大,茎叶生长迅速,同化产物增多,块根膨大速度快。第二盛期出现在栽后 126 ~ 140 天,即 9 月上、中旬。此时日照较为充足,温差也大,环境条件利于块根膨大。膨大过程中的低谷出现在栽后 75 ~ 125

天,即 7 月中旬到 9 月上旬,此时雨水多,日照少,温差小,光合产物生产与积累都较少,块根膨大缓慢。栽后 140 天以后,随着气温下降,块根膨大速度逐渐减慢,并趋于停止。

夏薯栽插后 25~30 天开始结薯。栽后 45~100 天,即 7 月下旬至 9 月下旬是块根膨大的盛期。但是,随后由于气温下降,块根膨大速度减慢。夏薯一般只有一个膨大盛期。

[随堂练习]

1. 华北地区甘薯的生育期是多少天?
2. 甘薯的生育时期有哪几个阶段?简述之。
3. 什么条件适于块根形成?春、夏薯块根膨大盛期分别出现在栽后多少天?在什么月份?

任务 8.2　甘薯的育苗技术

一、甘薯良种的选择

不同甘薯品种其特征特性不同,各地应根据当地的自然条件、栽培条件及生产目的,选择适宜的品种。

1. 济薯 25　由山东省农业科学院作物研究所以济 01028 为母本经放任授粉获得实生种子,经实生苗、初选圃、复选圃逐级选拔而成,2015 年通过山东省农作物品种审定委员会审定,2016 年通过国家鉴定。该品种顶叶、叶片、叶脉、柄基、叶蔓均为绿色,脉基紫色,叶形为心脏形,分枝 6~7 个,薯形纺锤,红皮淡黄肉,口味好;干物质及淀粉含量高,丘陵山地春薯淀粉含量可达 28%~30%,平原旱地春薯淀粉含量可达 23%~25%,黏度大,加工粉条不断条;高抗根腐病,抗蔓割病,较抗黑斑病,高感茎线虫病。

栽种可从 4 月 25 日开始,陆续栽到 7 月上旬,扦插密度,4 月下旬至 6 月上旬,每亩 2 800~3 000 株,6 月中旬至 7 月上旬每亩 3 200~3 800 株。适合多年重茬无线虫的山地、丘陵地、旱平原地种植。春薯高产田亩产鲜薯 4 000 kg 以上。

2. 烟薯 25　由烟台市农科院甘薯所用鲁薯 3 号为母本、红肉红为父本杂交,从其后代中选育的优质甘薯新品种。2012 年通过国家鉴定、山东省审定。该品种叶绿色、心脏形,叶脉带紫色,柄基和蔓均为绿色,蔓长中等,生长势强。薯皮红色,薯肉橘红色,薯块纺锤形,大而整齐,结薯集中,萌芽性好,出苗多。薯形整齐美观,口感细腻,糯性强,营养丰富,风味独特,烤食味道极好。抗根腐病、中抗黑斑病,抗旱、耐贮藏,品质优良,富含胡萝卜素和维生素 C,含糖量高,烘干率 28.5%。

栽前浸苗,适宜种植密度每亩 3 600~4 000 株。

3. 济薯 26　由山东省农科院作物所选育的优质鲜食型甘薯新品种,于 2014 年通过国家鉴定。该品种具有优质、高产、抗病性强、适应性广等特点。红皮黄瓤,薯形长纺锤形,结薯集中,单株结薯 4~5 个,商品率高达 95%,适于机械收获。抗茎线虫病、根腐病、蔓割病和黑斑病,耐贮性好。

春薯种植适宜 5 月初移栽,种植密度每亩 3 600 株左右。

4. 烟紫薯 3 号　由山东省烟台市农业科学研究院选育的紫薯品种,2014 年通过国家鉴定。该品种萌芽性较好,长蔓,分枝数 8 个,茎蔓中等偏粗;叶片心形带齿,顶叶绿色,成年叶绿色,叶脉紫色,茎蔓浅紫色;薯形纺锤形,紫皮紫肉,结薯较集中,薯块整齐,单株结薯 3~4 个,大中薯率高;香甜面沙,营养丰富;食味好,口感爽,耐贮藏;高抗蔓割病,中抗根腐病和黑斑病,高感茎线虫病。

适宜种植密度 3 500~4 000 株/亩;深耕及增施有机肥料,亩施土杂粪 2 000~3 000 kg,氮磷钾复合肥 25 kg,硫酸钾 20 kg;种薯与种苗均要消毒防病后再栽植;旱灌涝排,及时中耕除草,防治地下害虫。

5. 商薯 19　由商丘市农科院培育,SL-01 作母本,豫薯 7 号作父本,包罗 64 个国内外良种遗传基因杂合体的杂交新品种,2004 年通过国家鉴定。叶片呈心脏形,叶片、叶脉均为绿色,茎蔓粗,长短及分枝中等。结薯早而特别集中,无"跑边",极易收刨。薯块多而匀,表皮光洁,上薯率和商品率高。薯块纺锤形,皮色深红,肉色特白,晒干率 36%~38%,淀粉含量 23%~25%,淀粉特优特白。食味特优,被农民誉为"栗子香"。

商薯 19 主要产区在河南、安徽等地,春薯亩产 5 000 kg,夏薯亩产 3 000 kg 左右。

二、种薯处理

(一) 精选种薯

剔除受伤、受冻、有病害的薯块,保证上床种薯具有原品种的特征,薯形端正,薯皮鲜亮光滑,薯块大小适中,单薯重 100~200 g,白浆多,生命力强。

(二) 种薯消毒

种薯消毒有温汤浸种、药液浸种两种方法。

1. 温汤浸种　将经过精选的种薯装入笋筐,置入 58~60℃温水中,上下轻缓运动几次,使薯块受热均匀,2~3 分钟后,水温降至 51~54℃,保持 10 分钟后,将笋筐提出降温。注意:受过冷害的种薯不能浸种,以免加重腐烂。

2. 药液浸种　50% 的甲基托布津可湿性粉剂 200 倍液,或 25% 多菌灵 200 倍液,浸种薯 10 分钟。

三、育苗方式与种薯上床

育苗是甘薯生产的一个重要环节。我国北方多用种薯育苗移栽法,只有少数地方采用种薯直播法。育苗的作用有:增加甘薯生长时间,提高产量;节约种薯,降低生产成本;有效地防治甘薯病虫为害;有利于培育健壮的薯苗。

在甘薯生产过程中,培育健壮的薯苗是获得甘薯高产的重要手段。实践证明,壮苗不仅根原基大而多,容易发根,苗成活率高,而且最初生出的幼根粗壮,容易形成块根;反之,苗弱,根原基小而少,栽后缓苗期长,会造成减产。一般壮苗比弱苗可增产 10% 左右。甘薯壮苗的标准是:苗龄 30~35 天,较为适中;春薯百苗重不少于 500 g,夏薯应更重些;根原基粗大,数目多,无气生根;顶叶平齐,叶肥色绿;苗高 20~25 cm,不少于 8 节,节间短粗;剪口白浆多而浓;无病虫害。

(一) 育苗方式

甘薯育苗分为温床育苗和冷床育苗两大类。我国北方常用的育苗方式有以下几种:

1. 改良回龙火炕育苗 这种苗床利用煤、秸秆、木柴等热源加热苗床。苗床温度分布均匀,保温性能良好,管理方便,出苗快而多,防病效果好。如果结合覆盖塑料薄膜,还可以节省煤或柴草的用量。但费工、费料。

2. 酿热物温床覆盖塑料薄膜育苗 这种苗床利用微生物分解骡、马粪或秸秆、杂草的纤维素发酵生热,并用塑料薄膜覆盖保温、增温进行育苗。骡马粪的碳氮比(C/N)为 25:1,适宜微生物分解。但秸秆的碳氮比为(80~100):1,不利于菌体繁殖与分解纤维素,需增加氮素和水分供应。河南、河北常用的办法是,将铡碎的玉米秆、麦秸或杂草,加入 1/3 或 1/5 的骡马粪及适量的人粪尿和水拌匀。这种苗床管理方便,省工省料。但温度往往前高后低,采苗数量相对偏少。

3. 冷床覆盖塑料薄膜育苗 这种苗床只利用塑料薄膜覆盖,接收太阳能保温、增温。床土厚 20~25 cm。生产上多使用有孔薄膜,既有利于排出多余水分,也可减少自身水分的损失。塑料薄膜的颜色以浅紫色为好。这种苗床薯苗粗壮,成活率高,但不易调温,出苗相对慢而少。

4. 采苗圃 采苗圃是培育夏薯苗的主要方法之一。它既可以供应充足的无病壮苗,又可以在栽插完毕后割秧饲喂牲畜。方法是,从苗床上采下第一、二茬薯苗种植于采苗圃中,行距 40~50 cm,株距 10~15 cm,沟深 10~15 cm,每亩种植 1.0 万~1.5 万株。栽前打顶以促进分枝发生,缓苗后中耕、松土提高地温,麦收前约 2 周施肥浇水,促苗迅速生长,为采苗栽插做好准备。

(二) 种薯上床技术

1. 适时育苗 适时育苗是培育壮苗,确保适时早栽的重要技术环节。育苗过早,易形成老苗;育苗过晚,影响早栽,生育期不能延长。育苗时间一般在早春温度稳定通过7~8℃,即在栽前 40 天左右开始比较适宜。山东、河南、河北等地一般在 3 月下旬前后进行育苗。

2. 填好床土　床土要疏松、肥沃、无病菌,最好使用沙质壤土。床上土层不宜太厚,以便热量能顺利传导;同时,床土也不能太薄,以免温度升得过高。改良回龙火炕、酿热温床覆盖塑料薄膜苗床的床土厚度一般以 5~8 cm 为宜。

3. 排薯技术　排薯的方法有斜排、平排和直排 3 种。人工和生物热源苗床多采用斜排种薯。斜排种薯时:第一要掌握排种密度。一般应掌握中等薯块排薯 25 kg/m^2。过密时薯苗通风不良,生长瘦弱,栽后不易成活;过稀则不能充分利用苗床。第二要分清种甘薯的头、尾和背、腹。保证头背朝上,尾腹朝下,薯头压薯尾 1/3~1/4。第三要大、小薯分排。大薯排在炕中温度较高处,小薯排在四周;大薯宜密排,小薯宜稀排。第四要掌握"上齐下不齐"的原则。长薯斜排,短薯直排,做到种薯上部平齐,以利薯苗整齐一致。

排薯后,可用 40℃ 左右的温水浇透床土;水下渗后,用木板在种薯上轻压一下,再覆盖沙土 4~5 cm;最后,加盖塑料薄膜,四周用土压紧,夜间加草苫,以利提温保温。

四、甘薯苗床管理

苗床管理的原则是:前期高温催芽、防病;中期平温长苗,催炼结合;后期低温炼苗;采苗后注意浇水追肥。

(一) 前期管理

从排薯到出苗,以催为主,做到提温、保温相结合。种薯上床后,床温应保持在 35℃ 左右,保持 4 天,然后,把床温降到 31℃ 左右。种薯上床后 8~10 天,幼苗出土。由于前期是育苗过程中温度最高的阶段,因此,又叫高温催芽阶段。种薯上床时要浇足底墒水,出苗前一般不再浇水,若发现床土干燥,可浇小水以利出苗。出苗前既要晒床提温和盖床保温,又要注意通风降温,以免床温升得过高。

(二) 中期管理

从出苗后到炼苗前,是培育壮苗的关键时期。要求催炼结合,催中有炼,使薯苗生长快而粗壮。出苗初期以催为主,温度控制在 28~30℃;齐苗后床温降至 22~25℃,使薯苗在较低的温度条件下生长。此期应注意:中午温度过高,超过 35℃ 时,要揭膜通风降温,以防"灼苗";夜间加盖草苫,以防温度下降。中期应增加灌水量,保证床土湿润。此外,此期也可施入少量氮素化肥,促进薯苗健壮生长。

(三) 后期管理

从采苗前 5~6 天到采苗,以炼苗为主,炼中有催。所谓炼苗,就是让薯苗在自然光照与温度条件下经受锻炼,以提高其对自然条件的适应能力。关键措施是在采苗前 5~6 天浇一次透水,以后停止浇水,进行蹲苗;采苗前 3 天床温要降至 20℃,接近于当时日平均气温。这样,大苗得到锻炼,小苗继续生长。由于后期气温高,夜间不用再盖草苫,并要逐渐揭膜炼苗。要防止揭膜太猛,薯苗发生枯叶现象。揭膜第一天早上,先揭开 1/4,下午揭至 1/2;第二天早上揭开 1/2,下午全部揭开,以后日夜均不盖薄膜。但遇到大风、大雨或冷天,应停止揭膜炼苗;遇有霜冻,夜间应加盖草苫。

(四) 采苗和采苗后管理

当苗高 20 cm 时,应及时采苗,采苗提倡高剪苗,在离床土 3 cm 以上的部位剪苗。采苗会给种薯造成创伤,容易感染病害,所以,采苗后当天不要浇水,只加热升温(约 32℃)以利伤口愈合。第二天可浇水并追施肥料,追肥量为硫酸铵 80~100 g/m²。

(五) 甘薯烂床及其防治

1. 烂床的原因　育苗期间,种薯腐烂、死苗通称烂床。烂床按其发生原因可分为病烂、热烂、缺氧烂等几种。

病烂　由于种薯、肥料或苗床上带有黑斑病、软腐病等病菌,或种薯受冷害、涝害而发生病害时,都会造成烂床。

热烂　床温长时间在 40℃以上,容易发生热伤烂床。受热伤的种薯发软,掰开不流白浆,挤压时流出清水,肉色发暗。如果薯层下面温度过高,则在薯块下面先烂。另外浸种时温度过高或时间过长,薯皮发暗,也会导致种薯软烂。

缺氧烂　在浇水过多、床土湿度过大、覆土太厚或床土坚实板结、通气不良、严重缺氧情况下发生。薯块多由内向外烂,皮色发暗,有酒味。

2. 烂床的防止　针对甘薯烂床的原因,应采取相应措施防止烂床。①严格清选无病、不受冷害涝害和不破皮受伤的种薯;②种薯消毒;③苗床要用无黑斑病菌、软腐病菌的净土、净粪;④排种后应用 35~38℃的高温催芽 3~4 天。另外,还要防止苗床积水或床过高,覆盖塑料薄膜的苗床要经常打开气孔或揭开薄膜的两端,更换新鲜空气,以防缺氧烂薯。

3. 发生烂床的补救技术　首先找出烂床的原因,然后根据发生烂床的时期和烂床程度,采取相应的补救措施。

出苗前,发生零星或点片烂床,可连土挖出病薯,更换无病种薯和新土,并喷洒 500 倍 50% 托布津湿润薯皮进行消毒,继续育苗。如果烂种达到全床的 30% 以上,要用倒炕的方法,即把烂种薯挖出,另取无病没受冷害的种薯,并更换新土和沙,重新育苗。若种薯不够时,可把腐烂不到 1/2 的种薯留下,切去腐烂部分,用 500 倍 50% 托布津浸种 10 分,进行消毒后上炕。检查苗床时,发现是黑斑病的烂薯,可把床土水分控制在最大持水量的 60% 左右,进行 35~38℃高温催芽 3~4 天后,把温度降到约 30℃,这样可使病斑干缩,防止病菌继续蔓延。若发现床温过高,应立即扒出种薯和床土散热,之后,重新排种育苗,但不能采用浇冷水降温的方法,否则,因为炕底热气上升,更容易蒸坏种薯。

出苗后,黑斑病严重发生时,只能采取促使秧苗生长,争取多采苗的措施。方法是用 1 份腐熟鸡粪和 5 份过筛的细土混合均匀,撒在床面,厚约 5 cm,保持湿润,促使秧苗基部发根,以利吸收水分与养料,当秧苗 23~25 cm 高时,在离床面 6 cm 处剪苗,并进行药剂浸苗消毒。

［随堂练习］

1. 我国北方常用育苗方式有哪些?
2. 简述甘薯育苗排薯技术要点。
3. 简述甘薯苗床管理的原则。
4. 生产上防止甘薯烂床的技术有哪些?

［课后调查及作业］

结合农时,参加一次甘薯育苗排薯实践活动。

任务 8.3　甘薯的大田整地与栽插技术

一、整地技术

（一）深耕与增施基肥

1. 深耕　甘薯根系的生长和块根的膨大要求土壤耕层深厚,疏松透气,养分充足。耕深以约 33 cm 为宜。

2. 增施基肥　甘薯生育期长,需肥量多,必须有足够的肥料,才能保证甘薯在各生育阶段的正常生长,从而获得高产。尤其在土质瘠薄、常年连作的情况下,增施基肥,提高地力,是夺取甘薯高产的重要措施。一般每亩施用优质有机肥 2 500~3 000 kg,如施用土杂肥则应适当增加。此外,也可施入少量尿素、碳铵等速效氮素化肥。在旱薄地上,应重视氮、钾速效肥的施用,一般可在栽插前每亩施硫酸铵和硫酸钾各 7~10 kg,以集中沟施、深施为好。

山东施用基肥的经验是:每亩生产鲜薯 1 500~2 000 kg,每亩需施土杂肥 2 500~3 000 kg;每亩生产鲜薯 2 500~3 000 kg,每亩需施土杂肥 5 000~7 500 kg。方法以集中沟施、深施为好。同时配合施用氮、磷化肥和草木灰。如肥料充足,可采取深施、分层施的办法,使土肥相融,充分发挥肥效。

（二）起垄

起垄栽培是甘薯生产中普遍采用的一种高产技术,它不但能加厚疏松耕作层、增加受光面积和提高地温,而且易排水,昼夜温差大,有利于块根的形成与膨大。除沙性太大的土壤或陡坡山地外,一般地块都可实行起垄栽培。

起垄栽培要注意 3 个问题:①选好垄向,以南北为好,可以使垄面受光充足,但在斜坡地上,垄向应和斜坡坡面垂直,以便减少土壤冲刷;②起垄时土壤不能过湿或过干,以免垄面坷垃堆积,影响整地质量;③要求垄脊高而宽,垄沟深且窄。

二、甘薯秧苗选择与栽插

(一)秧苗选择与处理技术

1. 选用壮苗　栽插前要去杂、去劣、去损伤、去病虫害的薯苗,选用壮苗栽插。

2. 大小苗分栽　大小苗、壮弱苗要分开栽插。

3. 夏薯带顶芽栽插　夏薯带顶芽栽插,顶端优势强,生长快。不带顶芽,失去顶端优势,生长缓慢,一般减产 10% 左右。

4. 薯苗消毒　采用 50% 辛硫磷 100 倍液,或 50% 托布津 1 000 倍液浸苗基部(7~10 cm)10~20 分,进行薯苗消毒,可防止线虫病和黑斑病。

(二)适时早栽

春甘薯要适时早栽,夏甘薯要抢时早栽。甘薯是无性繁殖农作物,块根膨大没有明显的终止期,只要温度条件适宜,生长期越长,干物质积累越多,产量越高。

春薯一般以 5~10 cm 地温稳定在 17℃ 为栽插适期。鲁中、豫中在 4 月 21 日前后,冀中、冀南在“五一”前后,陕西中部在 4 月下旬,辽宁南部在 4 月上旬。

夏薯季节性强,生长期短,应抢时早栽,尽可能在收麦后 10 天内栽插完毕。据实验,从 6 月下旬到 7 月中旬,夏薯每晚栽 1 天,平均日减产约 2%。

(三)合理密植

合理密植的原则是:长蔓型品种宜稀,短蔓型品种宜密;干旱瘠薄地宜密,水肥条件好的地宜稀;生长期长、茎叶茂盛的宜稀,反之宜密;早栽宜稀,晚栽宜密;长蔓、水平栽插入土节数多、结薯多,宜稀,短蔓、直栽宜密;以收获薯块为目的,宜稀,作饲料或蔬菜用时,以青割茎叶为主,宜密。春薯一般栽插密度,高水肥地,每亩 2 500~3 000 株;中等水肥地,每亩 3 000~4 000 株;山岭薄地,每亩 4 000~5 000 株。行距 60~66 cm,株距 25~27 cm。

(四)栽插方式与方法

生产上主要有 4 种栽插方式:①垄栽单行,等行距;②大垄栽双行,即垄顶交错栽两行。这种方式有利于排水除涝;③堆栽,每堆栽 6 株左右,这种方式土肥集中,有利于促进个体充分发展,单株产量较高;④平地栽等其他栽插方式。

甘薯栽插方法有水平浅栽法、改良水平栽法、直栽法、斜栽法、钓钩式栽法和船底式栽法,如图 8-2 所示。栽插方法与抗旱能力和结薯特点有很大关系。

水平浅栽法　入土各节平栽在 3 cm 深的浅土层内。栽插浅,入土节数多,且入土各节处于疏松的表土层内,能满足甘薯根部好气喜温的要求,因而结薯多,产量高。此法要在精细整地基础上进行,用工较多。栽插后应注意抗旱保苗,如水肥条件差,营养跟不上,也会影响产量。

　　<u>改良水平浅栽法</u>　适于春季干旱地区采用,即将薯苗基部一个节弯曲后插入深土层中,便于吸水,易于成活,又具有水平浅栽法的优点,但用工更多。采用水平浅栽法和改良水平浅栽法,要求薯苗长 26~28 cm,比其他方法多 1~3 节。

　　<u>直栽法和斜栽法</u>　该法入土深(2~4 节位),深度为 10~13 cm,容易发根,易成活,缓苗快,抗旱力强,但结薯少,大薯多,适于干旱瘠薄的山坡地。

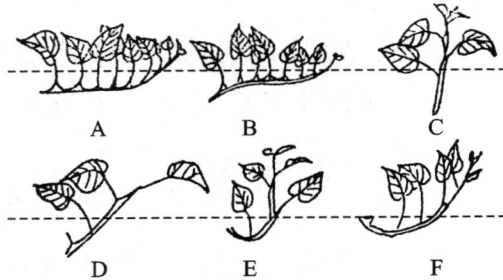

图 8-2　甘薯栽插方式示意图

A. 水平浅栽法;B. 改良水平栽法;C. 直栽法;D. 斜栽法;E. 钓钩式栽法;F. 船底式栽法

　　<u>钓钩式栽法和船底式栽法</u>　苗的基部在浅土层内(2~3 cm),中部各节略深(4~6 cm)。由于入土节位多,具备水平浅栽法和斜栽法的优点,对结薯有利,但抗旱性不如斜栽法。

　　干旱地区土壤墒情不足时,可以先挖窝点水,然后栽插,待水分下渗后,以土封窝,埋严薯苗。5~7 天缓苗后,可去土露苗。此法防旱保墒,栽插成活率高,适合旱区采用。

[随堂练习]

　　1. 甘薯大田整地有哪些技术?

　　2. 甘薯合理密植的原则是什么?

　　3. 甘薯栽插方法有哪些?

　　4. 栽插时,如何选择和处理甘薯秧苗?

[课后调查及作业]

　　请仿照图 8-2,画一张甘薯栽插方式示意图。

任务 8.4　甘薯的田间管理技术

　　甘薯田间管理分为 3 个时期:生长前期、生长中期和生长后期。

一、前期管理

　　甘薯从扦插到封垄前为前期,春薯需 60~70 天,7 月上、中旬封垄;夏薯约需 40 天,7 月底

8 月初封垄。

（一）生育特点

地上部生长较慢，纤维根发展较快，以生长根系为中心，以后是长分枝和结薯时期，地上部生长开始转快，进入生长茎叶与薯块为中心的时期。

（二）主攻目标

在保证全苗的前提下，促进根系、茎叶和群体的均衡生长。春薯的生长前期，田间管理的主攻方向是保全苗，促叶早发，早结薯。管理以促为主，但不能肥水过猛，否则易导致中期茎叶徒长，影响薯块膨大，造成减产。夏甘薯的生长前期，茎叶生长较快，但由于生长期较短，也是以促为主，促控结合。

（三）管理技术

1. 查苗补栽　甘薯单株生产力大，缺苗对产量影响很大，因此，栽插后 3~5 天及时检查，一旦发现缺苗、死苗，要及时补栽，补苗在傍晚进行。若条件允许，也可在甘薯栽插时在田边地头栽一些备用苗，补苗时连根带土一起挖，使之栽后不需要缓苗，避免大小苗现象。

2. 中耕培土　前期苗小，土壤蒸发量大，田间杂草较多。中耕可以减少土壤水分蒸发，提高地温，消灭杂草，促进甘薯根系的发展和块根膨大。中耕时间宜早，在秧苗成活后即可进行，封垄后停止，避免伤害茎叶。一般春薯中耕 3~5 次，夏薯 2~3 次。中耕深度先深后浅，土壤含水量多时深锄，土壤含水量少时浅锄。第 1~2 次锄深 6~7 cm，以后为 3~4 cm。中耕结合培土，可以避免露根、露薯，减轻虫、鼠为害。雨后塌垄更要及时培土。

3. 追施苗肥与壮秧催薯肥　苗肥可促进茎叶生长，提早结薯，增加结薯数。苗肥要早施，一般可结合查苗补栽进行，以速效氮肥为主，每亩施硫酸铵 3~5 kg，挖穴深施盖土。追施苗肥对象以小苗、弱苗为主，促使苗齐、苗匀。栽后 30~40 天，即团棵期前后追施壮秧催薯肥，每亩可追施硫酸铵 7~10 kg，硫酸钾 10 kg（或草木灰 100 kg），开沟深施，随即浇水并中耕。瘠薄地，基肥不足时，可提早施用。基肥量大的高产田单施钾肥即可。

4. 轻浇促秧水　缓苗期植株较小，叶面积蒸发量少，比较耐旱，一般不浇水，但遇土壤过于干旱，可以隔沟轻浇。分枝团棵期，如遇干旱，应浇 1 次透水，促进块根形成层活动，提早结薯，减少梗根出现。分枝结薯期若土壤相对湿度低于 60%，可轻浇 1~2 次，采取浇小水或隔沟浇的方法，土壤含水量保持田间持水量的 70%~80%，对促进茎叶生长和块根膨大有明显效果。浇水后要及时中耕松土，防止土壤板结，以利通气保墒，提温。

5. 打顶心　打顶心可以控制茎蔓伸长，调节养分运输方向，有利块根膨大。高肥水地，当茎蔓伸长到约 30 cm 时开始打顶。打顶要早、要短，宜选在晴天中午进行。

6. 防治地下害虫　甘薯苗期常有地老虎、蝼蛄、金针虫等地下害虫为害，要及时进行防治，以免造成缺苗。农业防治可采用合理轮作，清洁田园。化学防治可采用土壤处理，即用5%辛硫磷颗粒剂每亩 2 kg，在起垄时撒入土内，对防治地老虎等地下害虫有较好的效果。

二、中期管理

甘薯从封垄到回秧前为生长中期。

（一）生育特点

这个时期是高温多雨季节,日照较少,茎叶生长较快,薯块膨大较慢,以地上生长为中心。

（二）主攻目标

高产田以控为主,即控制茎叶徒长,促进块根膨大;一般田块则促进茎叶生长,块根膨大。

（三）管理技术

1. 中期排水与灌溉　甘薯生长中期正值雨季,若薯田遇雨积水,最好当日排去,如果受淹 2～3 天,薯块就会丧失生命力而腐烂。此期一般不需要浇水,但如遇伏旱,可隔沟浇小水,以水调肥,促进茎叶生长,块根膨大。

2. 雨后提蔓　就是雨后将茎叶提起后仍放回原处,能防止茎节发生纤维根,控制茎叶徒长,也能调节土壤含水量与地温。提蔓勿使茎叶损伤和翻转。提蔓时间应掌握在 8 月下旬以前,以 2～3 次为宜。农民有雨后翻蔓的传统习惯,认为可以抑制茎叶生长,减少养分消耗,促进块根膨大。但大量研究资料证明,翻蔓是减产的。原因是:损伤茎叶,打乱叶片正常均匀分布,削弱叶片的光合性能;茎叶损伤后,会再生腋芽和新的枝叶,影响体内养分的正常分配。因此,提倡提蔓,杜绝翻蔓。

3. 根际、根外施肥　甘薯生长中期需钾量多,因此,可在根际追施硫酸钾,每亩用 20～25 kg。同时,也可用 100 kg 草木灰 10 倍液进行根外喷肥。

4. 防治茎叶害虫　为害甘薯茎叶的害虫主要有斜纹夜蛾、天蛾、造桥虫、卷叶虫等。

防治斜纹夜蛾　可摘除卵块,集中深埋;用黑光灯诱杀成虫;化学防治可用 4.5% 高效氯氰菊酯 1 000 倍液喷雾。

防治甘薯天蛾　在幼虫盛发期,及时捏杀新卷叶内的幼虫;化学防治是在幼虫 3 龄前用 50% 辛硫磷乳油 1 000 倍液喷雾,也可用菊酯类农药 1 500 倍液喷雾。

三、后期管理

甘薯生长后期是从回秧到收获一段时期,一般情况下在 8 月下旬以后为回秧期。

（一）生育特点

这个时期的生育特点,茎叶质量稍有减少,块根迅速膨大,生长中心由地上转到地下。如果叶色黄化速度很快,是脱肥早衰的现象,而叶色浓绿是贪青徒长的长相。

（二）主攻目标

以促为主,防止茎叶早衰,延长功能叶寿命,提高叶片的光合功能,促进块根膨大和淀粉积累,力争高产。

（三）管理技术

1. 追施保薯肥　8 月下旬甘薯进入回秧期后,可对叶色落黄稍快、容易发生早衰或茎叶长势差的地块追施少量速效氮肥,防止茎叶早衰,提高光合强度,促使薯块膨大。每亩施硫酸铵 4~7 kg,对水 500 kg,或用 200 kg 人粪尿对水 5~6 倍,沿垄上裂缝灌入。但在施氮肥较多的地块,后期追施氮肥更容易发生贪青徒长,造成减产。

2. 根外喷施磷钾肥　甘薯后期根外喷施 1%~2% 尿素溶液,在缺磷、钾地区喷施 2%~5% 过磷酸钙溶液或 0.3% 磷酸二氢钾溶液,每亩喷施 75~100 kg,每隔半个月喷 1 次,共 2 次,有一定增产效果。

3. 旱灌涝排　土壤湿度降到田间最大持水量的 50% 以下时,叶片落黄快,不利于光合作用和养分运转。因此,如遇秋旱少雨,要及时浇水,防止茎叶早衰,促使薯块膨大。但浇水量要小,避免造成土壤板结,通气不良,影响薯块膨大。在块根收刨前 20 天内不宜浇水,以免降低块根的耐贮藏性。如遇秋涝,要及时排水。否则,甘薯出干率低,不耐贮藏,严重时还会出现"硬心"、腐烂现象。

4. 雨后提蔓　9 月上、中旬,雨后可再提蔓 1 次。

［随堂练习］

1. 简述甘薯田间生长前期打顶心的作用和技术要点。
2. 为什么甘薯生产上提倡提蔓,反对翻蔓?
3. 甘薯田间生长前期、中期和后期的生育特点和主攻目标分别是什么?

［课后调查及作业］

调查当地甘薯生产上还有没有翻蔓的情况,结合所学知识,向尚在使用翻蔓方法的农户宣讲提蔓的益处和翻蔓的害处。

任务 8.5　甘薯的收获与贮藏

一、甘薯的收获

（一）收获适期

甘薯块根为无性营养器官,无明显成熟期;地上部茎叶也没有明显的成熟标志。但收获的早晚,对块根的产量、留种、贮藏、加工利用等影响较大。生产上一般从气温降到 17~18℃ 开始收获,降到 10℃,即枯霜前收完。

收获过早,缩短了块根膨大期,使产量和出干率降低;收获早,入窖早,窖前期高温高湿时间长,常导致黑斑病迅速发展,引起"烧窖",不利食用和贮藏。收获过迟,温度低于甘薯生长的临界温度,块根常受低温冷害的影响,耐贮藏性大大降低,出干率下降,更易发生烂薯。

在收获次序上,一般先收春薯,后收夏薯;先收种用薯,后收食用薯。切干用的春薯,或腾茬种冬小麦的田块,一般在"寒露"前后收刨;留种用的夏薯,在"霜降"前收刨;贮藏食用的稍晚一些,但枯霜前一定要收完。

(二) 收获方法

早晨不易落叶,要抓紧时间割秧、晾田;上午刨薯,下午晒薯,入窖。土壤过湿时,应早割秧,晾晒一段时间后再收刨。如果收刨季节过于干旱,应在割秧前20天浇1次小水,以便按时收获贮藏。收刨时要注意尽量减少镐伤,运输中做到轻拿轻放,以利安全贮藏。切干或加工淀粉的甘薯,收获后应立即加工,以免影响出粉率和晒干率。

二、甘薯的贮藏

由于鲜薯体积大,含水量多,组织幼嫩,皮薄,容易破皮受伤,又易受冷害和感染病害而发生腐烂,因此,甘薯贮藏要比其他粮食作物困难。掌握甘薯安全贮藏技术,是实现甘薯安全贮藏的重要保证。

(一) 影响甘薯安全贮藏的因素

发生烂窖是甘薯安全贮藏的主要问题。引起烂窖的主要原因有以下4个方面:

1. 温度 温度低于9℃并持续一段时间,甘薯就会发生冷害;温度低于-2℃,就会发生冻害。受冷、冻害的甘薯,一般要经过一段时间后才会腐烂。如果在入窖前受4~7℃冷害,入窖后15~40天就开始大量腐烂;如果在12月或翌年元月受冷、冻害,那么,2月后开始出现烂窖现象。

受冷、冻害导致甘薯烂窖的原因是:当温度回升时,甘薯呼吸强度骤增,新陈代谢紊乱,抗病能力降低。

高温同样对薯块安全贮藏不利。窖温超过15℃,时间稍长,甘薯易发芽,并且呼吸作用加强,更有利于病菌的繁殖与感染。因此,保持10~15℃窖温,是甘薯安全贮藏的基本条件之一。

2. 湿度 贮藏初期,如果气温高,甘薯呼吸作用旺盛,薯堆内水汽增多,并会在堆面甘薯上凝成水珠,很容易导致湿害。但是,如果贮藏期间湿度过低,甘薯失水较多,会发生干害,并造成烂窖。生产实践证明,甘薯安全贮藏的湿度,一般以相对湿度的85%~90%为宜。

3. 空气 甘薯入窖初期,气温较高,呼吸强度大,封窖过早或窖内装薯过满,窖内通风换气条件差,氧气不足,常造成缺氧呼吸、酒精中毒而烂窖。在正常条件下,甘薯的安全贮藏以氧气含量不低于18%为宜。

4. 病害 引起甘薯腐烂的病害主要是软腐病、黑斑病,其次是茎线虫病等。另外,薯窖消毒不彻底,甘薯受伤、受淹,也易引起烂窖。软腐病发生于贮藏后期,黑斑病和茎线虫病常在贮藏期间发病。

（二）甘薯安全贮藏技术

1. 因地制宜建窖

窖的建造　建造时间要早,最晚应在收获前半个月建成。窖址要选择背风向阳、地势高燥、土质坚实、运输方便的地方。窖的容积大小一般为贮薯空间的 3 倍左右。如果用老窖,要在打扫清洁的基础上进行消毒。消毒可用硫磺熏蒸,或涂石灰等。

窖的类型　由于各地自然条件(如地下水位高低、地势地貌等)不同,窖的形式也不相同。生产上比较普遍采用的有:保温、保湿性能良好的"深井窖";窖址可以随意选择的"浅棚窖"。此外,还有"高温大屋窖"、"普通大屋窖"、"炕下窖"等形式。

2. 把好入窖关

精选甘薯　甘薯入窖前必须进行精选,选择无病、无伤,未受冷害、冻害、渍害的甘薯入窖。另外,还要将霜前收获的和霜后收获的甘薯,分开贮藏。

高温高湿处理　高温高湿处理对促进伤口愈合、灭菌消毒有明显效果。据试验,将甘薯置于 35~38℃、相对湿度 96%、空气含氧量 18% 的环境中 48 小时,然后入窖贮藏,几乎不发生烂窖。

老窖消毒　老窖要刮土见新,再按每立方米用硫磺粉 50 g 撒在干草把上熏烟,密封 1~2 天,或按每立方米"401"液 30~40 mL 喷洒,封闭 3~4 天。

3. 加强薯窖管理　甘薯贮藏期间的管理主要是温度、湿度和空气的调节。其中温度是主要条件。管理的基本原则是,前期通气降温、降湿,中期保温、保湿、防寒,后期保持窖温平稳。

前期(入窖后 20~30 天)管理　前期以通风降温散湿为主,使窖温不超过 15℃,相对湿度保持在 90% 左右。具体方法是,入窖后开放所有门窗、通气孔,以排热降湿;以后,随着温度逐渐下降,日开夜闭,待温度稳定在 14~15℃ 时封窖,同时做好越冬期的保温防寒工作。测试薯堆温度应将温度计置于薯堆内部,测温时间在中午。

中期(入窖 20~30 天后至翌年立春)管理　该期时间最长,天气寒冷,最易遭冷、冻害。因此,本期应以保温、保湿、防寒为中心,力争使窖温稳定在 11~13℃,最低不低于 10℃;相对湿度保持在 85%~90%。具体方法是,封闭门、窗、通气孔,窖外培土,窖内加草保温,窖四周搭防风障或直接加火升温等。此期测温时应将温度计置于薯堆表面,测温时间在早上或傍晚。

后期(立春至出窖)管理　此期气温回升,但寒暖多变,极易招致软腐病为害。贮藏中期受冻害的甘薯开始腐烂。因此,后期管理必须根据天气寒暖变化,既注意通风,又保暖防寒。特别是早春遇有寒流时,更应注意保暖防寒,使窖温继续维持 11~13℃。同时,还要及时剔除腐烂和发芽薯块。

（三）薯干贮藏

甘薯切片晒干贮藏是有效的贮藏方法。切晒过程中若遇连续阴雨,应考虑尽早加工制粉,或在烤房 50~60℃下烤干。薯干含水量在 11％以下,才宜入仓。贮藏期间,薯干堆温不宜超过 30℃。若遇潮湿天气,应抢晴天摊晒。

［随堂练习］

1. 如何掌握甘薯的收获适期?
2. 请你谈谈甘薯贮藏前期如何调节温度、湿度和空气?
3. 甘薯贮藏中、后期的最佳温度是多少?
4. 简述甘薯切片晒干贮藏技术要点。

［实验实训］

实 8-1　甘薯形态和优良品种观察

一、目的与意义

熟悉甘薯地上部和地下部各器官的形态特征,识别当地主要优良品种的形态特点。

二、材料与用具

甘薯主要优良品种 2~3 个的完整植株,甘薯形态挂图,解剖刀、剪子、米尺、卡尺、天平、记载本、铅笔等。

三、内容与方法

1. 形态观察　取供试材料作如下观察:

根:比较块根、梗根(牛蒡根)、纤维根(细根)3 种根形态特点和着生部位,并观察薯块上细根、薯沟、皮孔的着生情况。

茎:茎色、茎的长短、粗细,节间长短,分枝有无及多少等。

叶:叶的形状、顶叶色泽、脉的色泽、叶柄长短等。

2. 主要优良品种识别　取供试良种植株,依次识别下列各项:

（1）叶部

顶叶色:选顶部未展开叶观察,分绿、褐、紫色。

叶色:分浅绿、绿、浓绿。

叶脉色:绿、绿带紫、紫或仅主脉为浅紫、深紫色。

叶形:自顶部展开叶向下数第 10 片为调查叶片,可分为三角形、心形、掌状,按叶缘可分为全缘、带齿、浅单缺刻、深单缺刻、浅复缺刻和深复缺刻等。凡叶片裂口长度等于或超过叶片主脉至裂片尖端 1/2 者属深缺刻,小于 1/2 者为浅缺刻。

叶基色:分绿、紫、褐、黄色。

叶柄色:分绿、绿带紫、紫色。

柄基色:分绿、带紫、紫色。

叶柄长:自顶部展开叶下数第 10 片叶柄长(cm)。

(2) 茎部

茎色:分绿、绿带紫、紫、褐色。

茎粗:量最粗部位直径(cm)。

茎长:分长、中、短。春薯 1.5 m 以下为短蔓,1.5~3.0 m 为中蔓,3.0 m 以上为长蔓。夏薯 1 m 以下为短蔓,1.0~2.0 m 为中蔓,2.0 m 以上为长蔓。

节间长:自展开叶下数 10 节起向下量 10 节长度,求平均数(cm)。

分枝数:10 cm 以下的分枝数。

(3) 块根

形状:纺锤形(包括长、短、下膨、上膨等纺锤形)、圆筒形、球形、块状等。

大小:分大(250 g 以上)、中(100~250 g)、小(100 g 以下)薯。

皮色:分淡红、红、淡紫、褐、淡黄、白色或镶嵌。

肉色:分白、黄、杏黄、橘红、紫或镶嵌,带紫晕。

结薯范围:分集中、一般集中、不集中。

四、作业

识别供试的优良品种形态特征,并填入表 8-1。

表 8-1 甘薯形态观察

品种名称				
栽插期				
叶部	顶叶色			
	叶 色			
	叶 形			
	叶基色			
	叶柄色			
	柄基色			
	柄 长			
茎部	茎 色			
	粗 细			
	茎 长			
	节间长			
	分枝数			

品种名称				
块根	形　状			
	大　小			
	皮　色			
	肉　色			
	结薯范围			

实 8-2　甘薯栽插方式及田间调查

一、目的与意义

掌握甘薯不同的栽插方式,学会田间调查的方法。

二、材料与用具

地块、薯苗,锄头、剪刀、铁钗、米尺、小刀、粗天平、瓷盘、烘箱等。

三、内容与方法

(一) 预先准备

春薯(5月上旬栽插)或夏薯(6月上旬到6月中旬)薯苗;垄作或平作;对直栽、斜栽、钓钩式栽、水平浅栽、船底式栽等栽插方式进行观察。收获时,测定不同栽插方式地上部和地下部生长情况,蔓/薯比值、结薯节数、薯块大小、产量等。本实验实训着重测定各栽插方式之间的差异。

(二) 方法步骤

1. 先组织学生在田间用各种方法栽插薯苗。

2. 接近收获时,在田间选择每种栽插方式中具有代表性的样段,每种连续取样10~20株挖根进行调查,观察其结薯深度。

四、作业

根据测定结果,分析比较不同栽插方式对甘薯生长及产量的影响。

实 8-3　甘薯冷害、冻害的辨别

一、实验目的

学习甘薯冷害、冻害的辨别,了解两者在甘薯生产上的为害。

二、材料与用具

受冷害薯块、受冻害薯块、正常薯块,小刀、放大镜、记载本、铅笔等。

三、内容与方法

(一) 冷害、冻害的原因

温度低于9℃,并维持一段时间,甘薯则发生冷害;温度在-1.3~-2℃时,薯块内部结冰,

发生冻害。冷害、冻害都能引起甘薯腐烂,导致烂窖。

（二）冷害、冻害发生的时期

冷害发生时期有两个:一是收刨过晚,在窖外受冷害;二是贮藏期间保温条件差,在窖内受冷害。冻害主要发生在甘薯贮藏期间。

（三）冷害与冻害的特征

受冷害的薯块,先是呈现青绿色,再由青绿色变为暗褐色,然后干腐;其后薯块首尾腐烂;最后薯块中部腐烂。横切面缺少乳汁。受害轻的薯发生"硬心",受害重的薯块有苦味,薯内维管束附近出现红褐色,后变为棕褐色,薯块呈水渍状,发软,挤压有褐色清液流出。

受冷害薯块发生腐烂需要一定时间。在受冷害温度范围内,温度越低、持续时间越长,受冷变腐越快越重,6~7℃时,30天开始腐烂;4~5℃时,15天开始腐烂。温度回升后,受冻害薯块就会腐烂。

四、作业

根据以上观察,列表比较正常薯块、受冷害薯块、受冻害薯块的区别。

[回顾与小结]

本项目学习了甘薯的常规生产技术,脱毒和地膜覆盖生产技术,进行了3个实验实训项目操作训练。其中需要重点掌握的有:甘薯育苗技术,甘薯烂床、烂窖原因及防止技术,甘薯脱毒的原理和技术。

[复习与思考]

1. 在甘薯生产上,怎样争取形成更多的块根?
2. 甘薯育苗怎样精选和处理种薯?
3. 简述提高甘薯栽插质量的技术要点。
4. 简述甘薯大田生产各生育时期的管理技术要点。
5. 简述甘薯脱毒的原理和技术。

项目 9

烟草生产技术

学习目标

1. 知识目标 了解烟草的生育期、生育时期、影响烟草生长发育的因素,掌握烟草的品质特征,烟叶的成熟过程,烟叶烘烤过程中温湿度的控制原则。

2. 技能目标 确定烟草移栽适宜期,烟草的合理密度,苗床准备技术,播种技术,大田管理技术,漂浮育苗技术和苗床管理技术。

烟草是一种嗜好性经济作物,原产于北美洲、南美洲和澳大利亚。在我国有 25 个省区种植,合同种植面积约 90 万 hm^2,以云南、贵州两省的种植面积最大。烟草的类型包括烤烟、晒烟、晾烟、白肋烟、香料烟和黄花烟,其中,烤烟种植面积最大。烟草可用于提取烟碱、柠檬酸、苹果酸等,作为医药、农药、造纸、木材加工等的工业原料,而且还是生物工作者的研究对象。

任务 9.1 烟草的生长发育

一、烟草的一生

烟草的一生一般是指烟草从播种出苗到新种子成熟的过程。

(一) 烟草的生育期

烟草的生育期包括两个方面:①烟草从播种出苗到种子成熟所经历的天数。包括烟草的营养生长和生殖生长两大阶段,从生产角度看,可分为苗床和大田两个生产栽培过程;②烟草从播种出苗到烟草工艺成熟所经历的天数。

（二）烟草的生育时期

生产上通常将烟草的苗床和大田两大阶段再细划为 8 个生育时期,其中,苗床阶段 4 个生育时期,分别是出苗期、十字期、生根期和成苗期;大田阶段 4 个生育时期,分别是还苗期、伸根期、旺长期和成熟期。

1. **苗床阶段**　指从播种到移栽的时期。由于各地环境条件、耕作制度和生产技术措施不同,苗床阶段长短差异很大,一般 55～65 天。

出苗期　从播种到 2 片子叶露出地面平展开的一段时期,包括种子萌发和出苗两个过程。播种后,当种子含水量达到 70%～80% 时,幼胚开始萌发,胚根伸出种皮。然后胚根不断伸长,同时,下胚轴也开始伸长,最后顶出土面。出苗一般需要 9～12 天。

十字期　从出苗到第 3 片真叶生出,这时第 1、2 片真叶大小相似,并与两片子叶交叉呈十字形状。这是烟株从"异养"向"自养"阶段过渡期,此期幼苗抗逆性差,对外界环境反应极为敏感,短时间的干旱、干风、强光、高温、冷冻都可能造成幼苗死亡。此期的管理要求是保温保湿(相对湿度 85%～90% 为宜)。

生根期　从第 3 片真叶到第 7 片真叶出生的一段时期。此期以生长根系为中心,主根加粗,一级侧根大量发生,二级或三级侧根陆续出现。管理上要间歇浇水,保持田间湿度 75%～80%,适当控制地上部分生长,同时还要补充肥料。

成苗期　从第 7 片真叶出生到烟苗达到适合移栽标准的时期。此期烟苗已有完整的根系,输导组织已经健全,幼苗生长加快,有"一天一个样"之说。这时对幼苗要适当控制水分供应,促进幼苗整齐健壮生长,增加抗逆能力,同时还要加强病虫害的防治。

2. **大田阶段**　从烟草移栽到烟叶采收完毕,称为大田阶段,一般 100～120 天。

还苗期　从移栽到成活称为还苗期,一般历时 7～10 天。采用假植苗带土移栽,可缩短还苗时间,移栽后若遇低温阴雨,还苗时间会延长。

伸根期　又称团棵期,是指从还苗到株高 30～35 cm,展开叶 12～16 片(因品种而异),烟株叶片自然横向发展,宽度为株高的 2 倍,2 片心叶竖起靠拢,整个株形呈扁球形的一段时期。伸根期是烟苗移栽到大田后的根系生长高峰期,此期地下部生长比地上部快,侧根和细根大量发生,根系干重和体积迅速增长,约每 3 天出 1 片新叶。生产上既要促进根系发展,又要加速地上部生长,提早搭好优质适产的架子。

旺长期　从植株团棵到主茎顶端出现花蕾为旺长期,25～30 天。旺长期以营养生长为主,同时花芽开始分化,侧根和细根继续生长,不定根大量出现,到现蕾时,根系体积达最大值,茎秆迅速伸长,平均每天增高 3～4 cm,约 2 天长 1 片新叶,叶面积迅速扩大,下部叶片开始积累干物质,在距地面 35～70 cm 高处,叶片大而重叠,散开成喇叭状。从花芽分化到现蕾,植株叶片数已固定。旺长期田间管理应注意协调个体和群体之间的关系,使其生长稳健,旺而不疯,达到"上看一斩齐,行间一条线"的长势和长相。

　　成熟期　烟株现蕾到叶片采收结束称为成熟期。烟株现蕾以后,烟株下部叶逐渐衰老,叶片由下而上逐渐落黄成熟。这时,相对稳定和延长叶片的功能期,促进光合产物的积累与转化,对提高烟叶的成熟度和品质有很大作用。在现蕾后,烟株由营养生长转入生殖生长,因此,当以采叶为生产目的时,在生产上应采取打顶和除腋芽的措施,控制生殖器官和腋芽的生长。

二、烟草产量的形成

（一）优质烟的产量范围

　　在烟草的生产中质量是第一位的,片面追求产量而导致烟叶质量下降的做法是不可取的。我国烟叶"优质适产"就是指质量达到最高点时的烟叶产量范围,优质烟的产量以每亩 150~175 kg 为宜。

（二）烟草产量的形成

　　烟草的经济产量是指烟叶的产量。烟叶的产量是由单位面积株数、单株有效叶片数和单片叶平均重所决定的。即:

$$每亩产量＝亩株数×单株叶片数×单片叶平均重$$

　　由此可见,增加每亩株数、每株叶片数、单片叶平均重都能提高单产。在一定范围内,适当增加每亩株数和每株叶片数对烟叶品质影响不大,但当超过一定的范围,如种植密度在每亩 1 300 株以上时,烟叶品质将会随株数或每株叶片数的增加而下降。因此,通过增大种植密度或每株留叶数来进一步提高产量的做法是不可取的,只有通过增加单叶重来提高产量,才能做到优质适产。

［随堂练习］

1. 烟草苗床阶段包括哪些生育时期,主要特点是什么?
2. 烟草大田阶段包括哪些生育时期,主要特点是什么?
3. 为什么烟草生产在产量与品质的关系上的提法是"优质适产"?

任务 9.2　烟草的育苗技术

一、品种选择与种子处理技术

（一）品种选择

　　选择品种时,要求做到"纯、净、饱、匀、新（即当年良种）、抗"等特点,满足烟叶长势均匀、抵抗病虫草害、成熟度一致、品质优良的要求。现就生产中部分烤烟品种介绍如下:

1. 秦烟 95　由陕西省烟草研究所用(K326×净叶黄)×NC89 杂交育成的烤烟新品种,2006年通过全国烟草品种审定委员会审定。该品种植株筒形,打顶株高 110~120 cm,可采收叶片21 片,叶形长椭圆,叶面较皱,叶长较长,腰叶长×宽为 67.0 cm×27.7 cm,节距较大,茎叶角度中等。抗逆性较好,中抗黑胫病、赤星病和根结线虫病,耐巨细胞病毒病(CMV)、蚀纹病和马铃薯 Y 病毒(PVY)。喜肥水,大田生长速度快,生育期短,烟叶成熟早而集中,成熟斑明显,易烘烤。烤后烟叶多橘黄色,中上等烟叶比例大,叶片色度较强,油分较多,结构疏松,原烟外观质量好,主要化学成分含量适宜且比例协调,香气量足,评级质量档次与 K326 相当。

适宜于陕西省大部、河南省豫西丘陵山地及甘肃省、山西省等烟区种植。适宜在中等及中上等肥力田块栽植,亩施纯 N 量 5~6 kg,N : P$_2$O$_5$: K$_2$O 为 1 : 2 : (2~3),栽植密度每亩1 200 株,宽行距,留叶数 21 片,上部叶片充分成熟采收,根黑腐病易发田块不宜种植。

2. 中烟 101　由中国烟草遗传育种研究(北方)中心以 SpeightG-80 与红花大金元杂交,后代经系谱法定向选择培育而成,2002 年通过全国烟草品种审定委员会审定。植株筒形,着叶均匀,着生叶数 22 片,可收叶数 18~20 片,叶形长椭圆,叶尖渐尖,叶色绿,腰叶长 61.5 cm,宽28.7 cm。花枝较松散,花冠粉红色,蒴果卵圆形。大田生育期 117 天。田间长势较强,生长整齐一致。高抗黑胫病、赤星病,中抗烟草花叶病毒(TMV)、CMV、PVY,中抗根结线虫病、角斑病,气候斑点病轻,感青枯病。平均亩产 150 kg,上等烟比例 40% 左右。烤后原烟多金黄色,色度强,油分较多,叶片结构疏松。烤后原烟平均还原糖含量 17.63%,总糖含量 22.27%,烟碱含量 2.16%,总氮含量 1.70%,蛋白质含量 8.26%,K$_2$O 含量 1.12%,施木克值 2.70。原烟香气质较好,香气量较足,余味较舒适,主要评级指标基本与对照品种相当。

适宜于山东、河南、吉林、黑龙江等省烟区肥水条件较好的地块种植。中等肥力地块,可亩施纯氮 5~5.5 kg,氮磷钾肥配比 1 : (1~2) : 3,重施基肥。栽培密度 1 100~1 300 株/亩,留叶数 18~20 片。叶片成熟落黄稍慢,采收时注意掌握成熟度,做到下部叶适熟、中部叶成熟、上部叶充分成熟采收。

3. 中烟 100　由中国烟草遗传育种研究(北方)中心以优质抗病为主攻方向,采用 NC82为中心亲本与多抗性互补亲本 9201 杂交,再用 NC82 回交 5 代后,用系谱法定向选择培育而成的优质多抗烤烟新品种,2002 年通过全国烟草品种审定委员会审定。植株筒形,着生叶数 24片,可收叶 20~22 片,叶形椭圆,叶面稍皱,叶尖渐尖,叶色绿,腰叶长 65.6 cm,宽 30.1 cm。花枝较松散,花冠粉红色,蒴果卵圆形。大田生育期 116 天。田间前期长势中等,中期转强,生长整齐一致。高抗赤星病、黑胫病,中抗根结线虫病,气候斑点病轻,中感黄瓜花叶病、青枯病,感普通花叶病。

亩产 170 kg,上等烟比例 30%。烤后原烟多金黄色,光泽强,叶片色度均匀,油分较多,叶片结构疏松,单叶重 7.8 g 左右。还原糖平均含量 20.37%,总糖含量 23.74%,烟碱含量2.41%,总氮含量 1.78%,糖碱比 8.45,氮碱比 0.74。原烟香气质较好,香气量较足。

适宜西南、华中、黄淮、东南、东北等肥水条件较好的烟区均适宜种植,花叶病、青枯病频发区或重病区不宜种植。北方烟区宜重施基肥,早施追肥;南方烟区宜基肥与追肥并重。北方烟区亩施纯氮 5~6 kg,南方烟区亩施纯氮 7~9 kg,氮磷钾肥配比 1:(1~1.5):(2~3)。群体密度北方区 1 100~1 300 株/亩、南方区 1 000~1 200 株/亩。烟叶采收要求下部叶适熟、中、上部叶成熟采收,尤其适宜于上部 5~6 片烟叶集中一次采收。

(二) 种子处理技术

包括精选、晒种、消毒和催芽。精选的方法是用水选或风选,除去秕粒和嫩子;晒种 2~3 天;种子消毒主要是防治烟草炭疽病、赤星病、叶斑病等。常用药剂有 2% 的福尔马林溶液,1% 的硫酸铜溶液等。将种子装在洁净的白布袋内,放入上述任何一种药液中,浸泡 10~15 分钟后取出,将药液冲洗干净,以备浸种催芽或干播。

将消毒后的种子装在干净白布袋内,以装半袋为宜,放在温水中轻轻揉搓,脱去种皮胶质,搓洗中要多次换清水,直到袋内滴落的水珠是淡黄色为止。然后将种子放入 25~30℃ 的温水中浸泡 8~10 小时,取出滤去余水,置于 20~25℃ 的温度条件下,待种子吸水膨胀,一般经 12~24 小时就可播种。吸水膨胀的种子必须播种在湿润的土壤里,并进行很好的覆盖。

催芽是在浸种的基础上,控制适宜的温湿度,使种子露嘴发芽。催芽播种比播干种提早成苗 17~21 天。种子催芽要满足水分、温度、氧气和光照的条件:

1. 水分　种子在萌发前必须吸水膨胀,当种子含水量达到 60%~70% 时,胚根穿破种皮,开始露嘴,播种时土壤相对含水量应在 80% 左右。

2. 温度　烟草种子发芽的适宜温度为 25~28℃,最低为 7.5~10℃,最高为 40℃。低于 18℃ 种子发芽缓慢,超过 35℃ 时,幼胚会遭受伤害。

3. 氧气　烟草种子含糖少,脂肪多,萌发时需氧多。另一方面,由于烟草种皮呈凹凸状,表面积相对较大,易于吸水形成水膜,影响种子通气。所以在催芽时,水分不可过多,应经常均匀地摇动种子,以保证氧气的供应。

4. 光照　烟草种子萌发时需要一定的光照,光照对种子发芽有促进作用,特别在萌发期,光照影响更为明显。

二、育苗技术

(一) 苗床准备

苗床要选择背风向阳、地势平坦、土壤结构良好、靠近水源、距大田较近的生荒地。重茬地、蔬菜地、种过茄科作物的地不宜作苗床。

年前对苗床进行秋耕或冬耕,深 10~15 cm,早春再行浅耕或耙压。露地育苗,苗床面积与大田面积之比为 1:(25~30),塑料薄膜育苗为 1:(35~40)。苗床规格一般以"长 10 m,宽 1 m"为一个标准畦。在地下水位高、雨水多的地区多采用高畦,而在地下水位低、雨水少的地区则采用平畦。苗床地面积的大小直接关系到烟苗的数量和质量。

基肥是培育壮苗的基础。一般苗床基肥的用量为每平方米净面积用 10 kg 腐熟有机肥,并加上少量的饼肥、复合肥和草木灰。

(二)播种技术

1. 确定播种期　春烟育苗多数集中在 1~3 月份,夏烟育苗多在 4 月份。一般认为最佳的播期是苗床期要经历 50~60 天达到成苗期,此时的温度恰好回升到 15℃ 以上,这是移栽的最好时期。

2. 确定播种量　播种量多少主要根据种子发芽率、播种方法和育苗时间及育苗方式来确定。气温适宜,管理水平较高时,若种子发芽率高,则播种量宜少。在生产技术较好的烟区,每标准畦播 0.5~1 g;生产水平低、气候条件不适宜的烟区应适当加大播种量。适量播种既可经济用种,又可减少间苗用工,也可为培育壮苗打下基础。

应用包衣种子时,要求采取精量播种,其播种量是以田间出苗率、幼苗假植可利用苗、包衣种子千粒重为依据,并参照每亩大田需 4~5 m² 苗床净面积上的最终可用苗数。表 9-1 是确定播种量的一种简便方法。

表 9-1　烟草包衣种精确播种参考表

播种粒数	田间出苗		可利用苗		实际利用苗
	出苗/%	每 4~5 m² 植株数/株	%	株/m²	每 4~5 m² 植株数/株
900	50	3 600~4 500	90	405	1 620~2 025
1 000	50	4 000~5 000	90	450	1 800~2 250
1 500	50	6 000~7 500	90	675	2 700~3 375

3. 播种方式　我国多数烟区习惯徒手撒播。为了播种均匀,常将每标准畦的种子用湿润的细沙或细土 2~3 kg 与之拌匀后撒播,撒种时纵横方向反复进行,用力要均匀,播后随即覆盖。覆盖物有细粪、细土、营养土等。国外为了方便机械播种,采用种子包衣播种的措施,即在种子外加包抑霉剂、水溶性肥料、杀虫剂等,使种子直径达到 1.2~1.5 mm,每平方米播 1 200 粒,既节省种子,又有利于幼苗生长。我国有的烟区也有采用播种器点播或条播的。

(三)苗床阶段的管理技术

1. 出苗期　出苗期包括种子萌发和出苗两个过程,主要是水分和温度的管理。在水分管理上要注意经常保持苗床表土湿润,浇水要勤、少、轻。一般在每天早上和傍晚各浇一次小水,切忌用大水漫灌。一般情况下,幼苗 12~15 天即可出苗,当苗床内大部分烟苗出苗后,应在下午 4 至 5 点钟揭去 1/3 的覆盖物,让幼苗微见阳光。

2. 十字期　这一时期由于烟苗幼小娇嫩,植株体内干物质极少,幼根入土太浅,抗御灾害的能力太差,短时间就可能死苗,因此,要加强田间管理。水分仍是这一时期田间管理的关键,要保持田间湿润状态,达到田间最大持水量的 85% 左右。在温度的调控上仍以保温增温为主。但随着气温的回升要注意防止膜内高温烧苗。另外,当幼苗长出 2 到 3 片真叶时,应开始第一次间苗,剔除密集幼苗、病苗和异样苗。

3. 生根期　生根期是培育壮苗促进根系发育的关键时期,一般经历 20~25 天。此期的管理重点是以水肥管理、病虫害防治为中心,促进烟苗的健壮生长。

水分管理　浇水的次数要相对控制,但水量可适当加大,5 片真叶以后,可采取间断性浇水,以土壤开始发白、烟苗中午开始出现萎蔫为度。

温度管理　这一时期对苗床温度的控制主要是对地膜的揭盖。此时,由于气温不断回升,烟苗逐渐长大,上午应揭去铺在苗床上的地膜及拱膜的两头,通气降温,增加光照,锻炼幼苗,并逐渐缩短晚上盖膜的时间。

追肥技术　追肥应根据烟苗生长状况酌情而定。如需追肥,一般施用复合肥,在第 3 片真叶出现前,烟苗嫩弱,追肥必须谨慎操作,用量每平方米 5~10 g 即可,切忌用量过大。

及时间苗、定苗和除草　一般间苗 3 次,第一次在二叶期进行,出现第 4 片真叶时,应第二次间苗,5 片真叶时,第三次间苗,6 片叶时定苗,苗距 6 cm 左右。间苗应做到早、勤、匀,做到留苗大小一致,为大田整齐度打好基础。

防治病虫害　苗期主要病害有炭疽病、猝倒病和立枯病等,可喷施 1:1:(160~200)倍波尔多液,或 80% 代森锌,50% 退菌特 500~800 倍液。苗期的害虫主要有地老虎等地下害虫和烟青虫等,可用敌百虫、敌杀死等药剂防除。这是保证全苗、苗壮,减轻苗期和大田期病虫害的关键。

4. 成苗期　成苗期的主攻目标是锻炼烟苗,提高烟苗素质,达到壮苗标准。首先,要适当控制水分,以防水分过多,造成烟苗徒长。以掌握在烟苗中午略有轻度萎蔫,早、晚恢复正常为度。其次,对于旺长苗可酌情掐去上部大叶的 1/3,来控制烟苗生长过旺。另外,在移栽前 3~4 天,可施一次送嫁肥,提高烟苗移栽时的抗御能力。

5. 假植　也称二次育苗,就是当幼苗长到 4~5 片真叶时,将幼苗由母床起苗移栽到新的假植苗床或营养钵上,使幼苗继续生长直到成苗期移栽到大田。由于假植时切断了主根,侧根须根发达,加之营养面积增大,光照条件好,极易培育壮苗。假植苗移栽时苗情一致,还苗快,成活率也高。实践证明,假植育苗是培育壮苗,提高烟叶产量与品质的一项有效技术措施。

假植育苗时,母床播期要比普通育苗提早 10~15 天,一块母床的烟苗可供假植同样大小的子床 2~3 个,母床的播量应适当增加。假植前,先备好假植的子苗床或营养钵,假植苗床的规格同标准母床,要整平床底,铺上 5~6 cm 厚的营养土(营养土相当于制营养钵的钵土)。从母床上起苗后按 6 cm×6 cm 的距离假植,或做成直径 6~7 cm 的营养钵,将幼苗假植于钵内。

[随堂练习]

1. 烟草种子催芽的主要条件有哪些?

2. 烟草生产与环境条件有什么关系？

3. 在烟草生产上,什么叫"假植"？

☛ [课后调查及作业]

参观烟草育苗活动,注意观察苗床的制作及其生产环节。

任务 9.3   烟草的大田生产技术

一、烟草移栽技术

（一）确定移栽期

影响移栽期的主要因素是气候条件、品种特性、土壤类型和栽培制度等。我国烟草主产区的黄淮流域,春烟多在 4 月下旬左右移栽,夏烟在 6 月底前移栽。

1. 气候   气候条件中,温度、降雨和霜冻是主要影响因素。烟叶是喜温农作物,生长的最低温度为 10℃。因此,春烟移栽需要日平均气温稳定在 12~13℃,10 cm 地温达 10℃以上,不再有晚霜时进行,否则易产生早花现象。

2. 品种   对低温反应敏感的品种,生活在较长低温环境中易早花,易感气候斑和花叶病,这类品种应适当晚栽。如黄淮海烟区的 NC82 品种易受低温影响发生早花,有效叶数减少,应在春季适当推迟移栽。易感赤星病和根部病害的品种适当早栽;不易早发和生育期短的品种适当晚栽,反之则适当早栽。

3. 土壤   土壤黏重地块,发老不发小,要适当晚栽;壤土、沙壤土应适当早栽。

4. 茬口   春烟移栽以不影响后作为前提,尽量把移栽期安排在最佳条件下,以获得高品质的烟叶。夏烟的前作多为小麦,小麦收获后移栽越早越好。麦田套作烤烟,以麦烟共生期不超过 20 天为宜,即在收麦前 20 天移栽。

（二）移栽技术

1. 选天移栽   春烟移栽时,气温低,最好在无风的晴天下午进行。夏烟移栽,气温较高,日照充足,应避开中午烈日,最好是傍晚移栽,防止烟苗失水过多而延长还苗期。同时,切忌在雨天或雨后土壤湿度过大抢栽,尤其某些土质黏重的地块,易板结,不易发棵。烟农常说:天晴栽烟一碗油,下雨栽烟光骨头。

2. 拉线定株   栽烟前应按计划的株距在垄上横拉细绳定株距,用脚踩绳,或用草木灰、细炉渣点穴。

3. 挖穴施肥   在确定株距后,根据当地的气候条件、土质、施肥量、烟苗的大小、移栽方法确定穴的大小。在气候较为干旱地区,一般穴的直径应达到 20~25 cm。每亩施复合肥 2.5~4 kg/亩,或硝酸铵 2 kg 与土掺匀。也可浇水时把肥料溶化于水中浇施。

4. 起苗移栽　由于各烟区育苗方法不同,所以起苗的方法也不一样。较常用的方法是干起苗移栽法。即起苗前苗床不浇水,防止营养钵(袋、块)体吸水松散,确保完整根系。起苗时应注意以下几个问题:

(1)烟苗带土量应尽量多,并不散不落。

(2)起苗及运输过程中应注意轻拿轻放,避免伤根。

(3)起苗时应选大小一致的健壮烟苗,确保壮苗下地。为保证全田全苗,生长一致,当天起苗应当天栽完。

在北方旱区烟苗的移栽提倡"两封土,一浇水,挖大穴,深栽烟"。即将苗放入穴中后封土浇水,在确保水分完全下渗后,再施毒饵防虫,然后封第二次土,封土时一手将叶拢起,一手围土,切记要做到不按、不挤、不拍。最后表层再覆一层干土,以利通气保墒。

二、合理密植技术

不同的种植密度,对烟株生长发育、产量和品质的形成有着十分显著的影响。据研究,在每亩栽烟 1 300 株以上的条件下,增加密度对烟叶品质的影响从外观品质上看,叶片变薄,颜色变淡,单叶重减轻,烟碱含量下降,糖碱比增大。从内在的品质看,香气量随种植密度增加而减少,劲头减弱,所以,对于烟叶来说,只有生长发育良好、叶内化学成分协调、达到最佳的外观和内在品质的个体组成的群体才为合理的群体。因此,确定合理的种植密度的原则应是在保证个体发育健壮,提高单株生产力的前提下,形成合理的密度,有效而充分地利用土地和空间。同一烟区,适宜的种植密度均有相对稳定的范围,但并非是一成不变的,可根据当地具体情况进行合理调控(表9-2)。

表 9-2　烤烟种植密度查对表(每亩株数)

行　距 /cm	株　距/cm							
	43.3	46.7	50.0	53.3	57.6	60.0	63.3	66.7
90	1 709	1 587	1 481	1 388	1 307	1 234	1 169	1 111
95	1 619	1 503	1 403	1 315	1 238	1 169	1 108	1 052
100	1 538	1 428	1 333	1 250	1 176	1 111	1 053	1 000
105	1 465	1 360	1 269	1 190	1 120	1 058	1 002	952
110	1 398	1 299	1 212	1 136	1 069	1 010	957	909
115	1 337	1 242	1 159	1 086	1 023	966	915	869
120	1 282	1 190	1 111	1 042	980	926	877	833

(一)土壤肥力

土层深厚、肥力高的地块,要适当稀植;耕层浅,山冈薄地,要适当密植。

（二）品种特性

叶片较多、叶片偏大、株形高大的品种,适当稀植;反之,适当密植。

（三）灌溉条件

有灌溉条件的地块,能精耕细作,宜适当稀植;否则适当密植。

三、田间管理技术

烤烟移栽后的大田管理是保证烟叶优质适产的重要部分。在大田管理过程中,以大田能生产出品质优良的烟叶为指导思想,高标准严要求。大田管理的要求、管理技术和主攻方向是:"五匀""三一致"。所谓"五匀"就是施肥匀、移栽匀、中耕匀、打顶匀;所谓"三一致",就是烟苗大小一致、烟株高低一致、同部位烟叶成熟一致。

（一）还苗期管理

烟草起苗移栽到大田后,根系受到一定损失,吸收能力暂时减退,而地上部的蒸腾作用照常进行,引起幼苗水分亏缺,造成萎蔫状态,甚至幼苗下边的 2～3 片叶干枯,常常出现缺苗。同时,长出新根,恢复生机,缓慢生长。

1. 中心任务　促早还苗,争取苗全、苗匀。

2. 管理技术要点

（1）及时查苗补缺,保证全苗。烟草移栽 15 天左右,如果移栽技术不当,或遇烈日多风、干旱的影响,或发生病虫害等,往往造成烟苗死亡。必须抓紧在移栽后 3～5 天,及时补苗,保证苗全、苗匀。

（2）疏松表土,提高地温,增进地力。移栽后及时浅中耕,可以增进土壤通气性能,增强幼苗根系的呼吸作用和吸收机能。

（3）及时防治地下害虫。

（二）伸根期管理

这一时期是根系伸展的关键时期。烟草生长中心是地下部根系,根系干重比还苗期增加 10 倍以上,而地上部生长仍很缓慢,平均每 3 天发 1 片新叶,这一阶段是决定烟株叶片数的关键时期。

1. 管理中心任务　蹲苗、壮株、促根,促使烟株稳健生长,应上下兼顾,合理促控,供给充足的营养和水分,延长营养生长期。

2. 管理技术

（1）及时培土围垄,给烟株生长创造一个良好的环境条件。一般要求在移栽后 20～25 天进行深中耕,培土 15～20 cm,促进根系生长,扩大吸收营养面积。

（2）及时追肥,保证营养充分。给烟田施肥要注意遵循"看天、看地、看烟"的原则。烟田施用基肥不足,才可以追肥,通常以速效肥为主,追肥要求穴施,施匀,距烟株 15～20 cm。另外,结合追肥可以少量浇水,以防止过于干旱影响烟苗正常生长。

（3）防治烟青虫、蚜虫。

（4）及时消灭杂草。

（三）旺长期管理技术

大约在 6 月上旬以后,即烟株伸根期后,很快进入旺盛生长阶段,营养生长与生殖生长并进,生长中心转移到地上部分,叶片数迅速增加,叶面积迅速扩大,茎增高加粗迅速。这一时期是决定烟叶产量与品质的关键时期。

1. 管理中心任务　促烟株稳长,促叶片增重,使烟田个体与群体协调发展,烟株旺长不徒长,达到"上看一斩齐,行间一条缝,干净利落"的长相和"稳健生长,开秸开片"的长势,为优质稳产奠定基础。

2. 管理技术

（1）在施足底肥的基础上,浇好旺长水。以水调肥,以肥促长,并根据土壤肥力和烟株长相、长势,做到促中有控,促而不过。

（2）及时防治病虫害。旺长期是各部位叶片生长发育的关键时期,也是病虫害多发期。病害有花叶病、黑胫病、根结线虫病、叶斑病等;虫害有烟青虫、蚜虫及盲蝽等。

（3）注意防涝、防积水。这一时期已进入雨季,烟田要有排水沟,防止烟田积水受涝。

（四）成熟期管理

烟株现蕾以后,下部叶片逐渐衰老,由下而上依次成熟停止生长。烟株由旺长期的营养生长与生殖生长并进转入生殖生长时期,叶内合成的有机物质主要供给开花结实需要,不利于叶内干物质的积累。因此,成熟期是决定烟叶品质的关键时期。

1. 管理中心任务　减少养分的非生产消耗,增加叶重,防止早衰与贪青晚熟。

2. 管理技术要点

（1）及时打顶、抹杈,保证烟叶成熟一致。

（2）及时收烤脚烟和下二棚烟叶,改善田间通风透光条件。

（3）做好大田后期病虫害防治工作。另外,要及时消灭杂草,减少养分消耗。

（4）适当控制肥水。

四、烟草的轮作技术

（一）轮作对烤烟生产的影响

实践证明,在烤烟产区,实行定期轮作,能为烤烟和其他农作物正常生长发育创造良好的环境条件,提高烟叶产量及品质。原因主要是轮作减轻病虫害,消除土壤中的有毒物质。

（二）轮作中应注意的问题

1. 以烟为主安排轮作　首先应明确以烟为主,在农作物的配置和肥料的安排上,务必优先考虑保证烟叶的良好品质与烟叶产量的相对稳定。

2. 处理烤烟与前、后作的关系　前作的选择是关系烟叶产量的一个重要问题。从生产来看,禾谷类作物是烤烟的良好前作,如水稻、小麦等;茄科、豆科与葫芦科作物不宜作为烤烟的前作。但土壤肥力较差或增施磷钾肥时,豆科作物作为烤烟的前作效果较好。

3. 轮作方式的选择　烤烟生产多采用3年轮作制,即4年两头种烟,中间2年种植其他农作物。即第一年,春烟—小麦;第四年,春烟—小麦。第二年,大豆(夏玉米、谷子等)—小麦;第三年,甘薯—冬闲。

[随堂练习]

1. 烟草怎样合理密植?
2. 烟草还苗期、伸根期、旺长期、成熟期管理的中心任务各是什么?怎样进行管理?
3. 简述烟草轮作应注意的问题。

任务9.4　烟叶的采收与烘烤技术

一、适时采收技术

正常条件下,烤烟的成熟速率为每周2~4片,即每周采收2~4片叶,5~7周采收完毕。但烟叶的成熟状况因条件不同而存在差异,在生产上必须了解烟叶的成熟过程,根据烟叶的外观特征、栽培环境、品种等准确掌握烟叶采收时期。

(一)烟叶成熟过程

烟叶从出现到衰老大致可分以下3个时期:

1. 旺盛生长期　旺盛生长期的叶片,细胞排列紧密,水分含量高,糖类含量少,含氮化合物尤其是蛋白质含量高,有较强的刺激性和青杂气,吸湿性强而易霉变。

2. 生理成熟期　烟叶最大、最重,叶片已达到生长发育的高峰,但在质量上尚未达到最佳状态。这种烟叶,烤后叶面光滑,香气、吃味都欠佳。

3. 工艺成熟期　生理成熟后的烟叶,淀粉、叶绿素逐渐分解,颜色由绿转黄,组织逐渐变疏松,叶内化学成分处于最适宜状态。此时采收的烟叶,在烘烤时容易脱水,变黄均匀,烤后呈橘黄色,且叶表面和叶背面的色泽相似,叶面皱褶,油分多,韧性和弹性强,吸味醇和有香气,质量好,符合卷烟工业的工艺要求。

(二)成熟烟叶的外观特征

1. 成熟烟叶的共同特征　叶尖、叶缘下垂,茎叶角度增大,叶色由绿转绿黄,中部以上叶面出现黄斑,凹凸不平,有淀粉颗粒集中,叶面茸毛脱落,有光泽,树脂类分泌物逐渐增多,主脉发白,发亮,采收时易于摘下,断面整齐。

2. 不同部位烟叶的成熟特征　　下部叶包括脚叶和下二棚,约占植株总叶数的25%。在生长后期,其内含物常向烟株上部叶输送。当叶片绿色稍退,部分变黄时,要及时采收烘烤,以避免养分过度消耗。中上部叶,包括腰叶和上二棚叶,占植株总叶数的55%~65%,应在主脉发白、叶耳变黄、充分成熟时采收。顶叶占植株总叶数的15%~20%。顶叶的成熟过程较缓慢,需在充分成熟或稍过熟时采收。因顶叶干物质积累较多,叶片较厚,接受阳光时间较长,成熟前叶面出现黄斑,要结合上部叶采收后间隔的时间(10~14 天),对顶叶成熟程度进行综合判断,以确定采收的时间。

(三) 烟叶采收与成熟

1. 烟叶采收的原则　　根据烟叶田间长势长相,下部叶适时早收,掌握成熟标准宜宽;中部叶适时采收,掌握成熟标准宜严;上部叶充分成熟采收;顶部4~6 片叶待成熟后集中一次采收,严禁顶部仅留1~2 片叶做最后一次采收。

2. 成熟的一般标准　　烟叶颜色(主体色)由绿色转为黄绿色;叶脉变白发亮;叶片下垂,自然弯曲呈弓形,叶边下卷,茎叶角度增大;叶面出现成熟斑(中上部叶),茸毛脱落。实际生产中,判断烟叶成熟最简易和可靠的指标是,容易采摘,采摘声音清脆,断面整齐,不带茎皮。

下部叶以绿色稍有消退为度;中部叶成熟时要明显落黄,青黄各半;上部叶成熟时要以黄为主,田间表现为黄灿灿、亮堂堂。后发晚熟或贪青晚熟的烟叶,应根据叶龄特征,适时采收。国际型优质烟叶,要求中部5~6 片叶只有转变为柠檬黄色时才为成熟,上部6~8 片叶,以整个叶面呈现黄色、只有少部分微泛青为成熟的标志。下部叶达到成熟的叶龄一般为50~60 天,中部叶60~70 天,上部叶70~80 天。

(四) 烟叶的采收

1. 采收的要求　　烟叶在植株上的着生部位分为五组(图9-1),1~3 叶为脚叶,4~7 叶为下二棚叶,8~15 叶为腰叶,16~20 叶为上二棚叶,21~22 叶为顶叶。烟叶的采收有比较严格的要求和标准。烟农有"种烟易,采烟难,师傅艺高看采烟"的说法,说明烟叶采收的重要性。群众经过长期实践,总结出采烟的"四看":一看烤房容量,根据容量大小决定当天采烟的多少,做到烟不过夜,当天入炕;二看当天天气,尽量做到刮风下雨不采烟;三看品种、部位、烟叶成熟情况,坚持同一品种、同一部位、同一成熟度,同一生长水平的烟叶进入同一烤房;四看劳动力组合,做到分工合理。另外,采收过程中要避免烟叶挤压、摩擦、日晒等,整个过程要做到轻拿、轻放、轻运输,不要轻易打乱烟叶堆

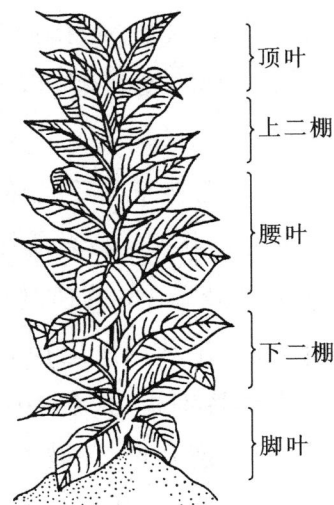

图 9-1　烟叶的分布

放的层次,以免影响烘烤质量。

2. 采收时间和方法　打顶前后清除底脚叶;打顶后 10 天左右进行第一次采收,接着第二次采收;接下来停烤 7~10 天采烤中部叶;中部叶采烤结束后再停烤 10~15 天采烤上部叶。按目前采收时间,下部叶提早 7 天左右,中部和上部叶分别推迟 7~10 天比较适宜。

烟叶采收宜在早上和上午进行,有利于识别和把握成熟度。旱天采露水烟,以利烘烤中保湿变黄。烟叶成熟后,若遇短时间降雨,可在雨后立即采收,以防返青;若降雨时间较长,烟叶出现了返青,应等天气晴好 7~10 天之后,烟叶再度表现落黄特征再采收。

采烟时,一人采两垄,以右手中指和食指托住叶片的基部背面,大拇指在其上面向下一压,向旁一拧,烟叶即被摘下;切忌拖拉扭曲,损伤主茎表皮。采下的叶依次重叠,轻放行间,让运输人员装筐用布片包裹运出。

二、烤烟的"三段式"烘烤技术

(一)烤烟的三段式烘烤工艺的基本要求

1. 变黄阶段　变黄阶段要达到两个目的,一是要使烟叶变黄,二是要使烟叶适量脱水,变软,这是变黄阶段操作技术的核心。

烟叶变黄通常分两步:①烟叶装满炕后,要封严天窗地洞,点火后,以每小时升温 1℃ 的速度将烤房温度升至 34~38℃(东北烟区 35~36℃,黄淮烟区 36~38℃),保持湿球温度比干球温度低 1~2.5℃,直到底棚烟叶 80% 以上变到八成黄左右,即除叶基部、烟筋和烟筋两边为青色外,叶片均呈黄色,且叶片开始发软。②将烤房温度升高到 40~42℃,保持湿球温度 36~37℃。通常要适量打开天窗、地洞进行排湿,使烟叶达到既变黄又变软,即黄片青筋微带青,主脉发软。此阶段要特别重视使烟叶主脉变软,防止出现烟叶只变黄不变软的硬变黄现象发生。

整个变黄阶段要稳烧小火,对于水分大的烟叶要敢于大胆排湿,干湿球温度差可以比正常烟叶扩大 1~2℃;对于水分小的烟叶,除了严密保湿外,必要时还可以向烤房内加水补湿,并大胆提高烟叶的变黄程度。湿球温度过低,不利于淀粉、色素、蛋白质的转化,甚至会出现烤青烟。

2. 定色阶段　定色阶段的主要目的就是使叶片干燥,从而将黄色固定下来,同时要防止出现褐色。因此,要逐渐加大烧火,逐步开大天窗、地洞,不断加大排湿量。房内温度以平均2~3 小时升温 1℃ 的速度提高到 54~55℃,湿球温度缓慢升高并保持在 37~40℃。烘烤烟叶水分大时,湿球温度应控制在 37~38℃。

需要特别指出,在 46~48℃ 左右,烟叶要达到黄片黄筋且勾尖卷边至小卷筒。在此温度之前,升温速度宜慢(平均 3 小时左右升温 1℃),湿球温度应控制在 37~39℃,使烟筋充分变黄;此后升温速度可加快到 1~2 小时升温 1℃,湿球温度保持在 37~40℃。在 54~55℃ 要延长足够的时间,一方面使烟叶达到大卷筒,也要特别注意使叶背面灰白色变为黄色(主要是较厚的烟叶)。此阶段湿球温度过高将导致烟叶烤坏,过低既不利于烟叶质量,也会造成燃料浪费。

定色阶段大排湿时,必须开大天窗、地洞,烧大火;小排湿时,要关小天窗、地洞,烧小火;气温高的白天,开大天窗、地洞,火力减小;气温低的晚间(尤其凌晨)进行大排湿时,尽可能加大烧火,维持需要的温度和湿度指标;但在火力已加足,仍然不足以使温度上升,且湿球温度也降低时,可以关小地洞,减少通风量。整个定色过程升温速度快慢,要根据烟叶在变黄阶段的变黄快慢掌握,凡是变黄快的烟叶要快升温,快排湿,快定色;对于变黄慢的烟叶则必须慢升温,慢排湿,慢定色。烟叶定色过程要避免干球温度猛升猛降。

3. 干筋阶段　以每小时升温 1℃ 的速度使烤房温度提高到 67~69℃,其间要逐渐关小天窗、地洞(先关小地洞,减小通风量,以利于提高温度和节能),以保持湿球温度 41~42℃ 为准。湿球温度过低将不利于改进烟叶颜色和色度,也造成燃料浪费;过高又会形成烤红烟。干筋阶段一定要防止烤房温度降低,以免出现阴筋阴片。

(二) 三段式烘烤的几个关键点

掌握好三段式烘烤技术,要把握几个重要的温度段,实现烟叶变黄与干燥的协调。

1. 35~38℃ 烟叶大量变黄时,叶片要失水凋萎,表现为发软(失水量 20% 左右)。

2. 41~42℃ 叶片完成变黄,叶片充分发软塌架,主脉发软(失水量 30%~40%)。

3. 47~48℃ 烟筋变黄,勾尖卷边,部分烟叶小卷筒(失水量 50% 左右)。

4. 54~55℃ 烟叶大卷筒,叶背面灰白色消失,变为黄色(失水 70%~80%)。

表 9-3 给出了烟叶烘烤不同阶段所需要的温度、湿度和时间的参考值。

表 9-3　烟叶烘烤各阶段的温湿度及时间

烘烤时期	温度/℃	相对湿度/%	时间/h
变黄期	32~45	98~70	24~72
定色期	45~55	70~30	20~40
干筋期	55~75	30 以下	16~36

(三) 烧火技术原则

烧火要做到小火能保住,中火能稳定,大火能赶上。应看烟叶的变化,看房内温度、湿度,看天气变化,看煤质特点等,灵活进行。

烟叶变化　当烟叶变化快时,烧火宜大,快升温;烟叶变化慢时,烧火宜缓,慢升温。

温度　当房内温度低时,提火升温;温度偏高时,压火控温。

天气　天气阴晴风雨,昼夜冷热变化,对房温会产生明显的影响,必须根据天气变化相应调节火力大小,才能维持房内适宜温度。晴天,日出后气温逐渐回升,尤其是 10:00~16:00,升温更为明显,此时火力不变,温度也随之升高;日落后,室外温度逐渐下降,尤其是凌晨,降温更明显,此时火力不变,温度也可能随之下降。所以,晴天日出后开始适度控火,至日落后则应适当加火;烤房升温灵敏时,应注意加火勿过早;烤房升温困难时,应注意加火勿过迟,火力勿过小。

　　湿度　根据烤房湿球温度的变化进行火力控制是十分重要的。当湿球温度偏高,需要加大天窗、地洞排湿时,在排湿操作前要先加火,以防排湿时房温下降。

　　煤质　煤质不同,烧火方法各异。对黏性强、易结碴的煤,宜烧"散火",加煤时撒开、撒匀,以防结碴;对黏性弱、易流炉的煤,宜烧"堆火";对细粉状面煤,需拌湿烧用,以防损失;烧无烟煤时,宜兑适量黄土,最好制成饼烧用。蜂窝煤炉烤房主要依靠对助燃孔开启大小的调控,控制火力大小。需要特别指出的是,火炉的燃烧强度往往滞后于对助燃孔的调控,所以,调控助燃孔必须先于对温度的要求。即温度要升高或者要降低必须提前约 30 分开大或缩小助燃孔。

（四）排湿技术原则

　　1. **以干湿球温度差和湿球温度为标准进行排湿**　变黄阶段主要由干湿球温度差决定是否排湿和排湿量大小;定色和干筋阶段主要根据湿球温度进行排湿。

　　2. **先开天窗,后开地洞**　烘烤初期要关严地洞,必要时仅以天窗的开闭控制湿球温度,直至天窗完全打开。天窗未完全打开之前,一般不开地洞。烟叶水分较大时,当底棚烟叶大量变黄后,可开始开启地洞。天窗已开完,湿球仍偏高时,必须打开地洞,用天窗地洞配合,使热空气上升,缩小上下层温差,把湿球温度控制在要求的范围内。

　　3. **地洞开完,控温排湿**　如果地洞已开完,湿球温度仍偏高,应控制烧火,保持干球温度不再上升,主要靠延长时间来降低房内湿度,直至湿球温度下降后,再根据烟叶变化,提火升温。这种排湿方法称为控温排湿。控温排湿的排湿能力是最大的,是定色阶段为烘烤水分大的烟叶的常用方法。但是如果地洞不开完就已稳定了湿球温度,则不应盲目开大地洞,也无需控温排湿。

　　4. **先关地洞,后关天窗**　烘烤后期,湿球温度偏低时,要先关地洞控制湿球温度,而不动天窗。直到地洞关严后,湿球仍偏低时,再关天窗,以天窗控制湿球,直到烘烤结束。

三、烟叶品质的评定

（一）外观品质

　　外观品质指烟叶的成熟度、叶片结构、颜色、光泽等外表性状,即烟叶的商品等级质量。

（二）内在品质

　　内在品质指烟叶内各种化学成分含量的协调性、烟叶燃吸时的香气、吃味等烟气质量的优劣。

　　对烟叶品质的评定通常有分级评定、物理特性评定、评吸鉴定、安全性和化学成分鉴定。其中物理特征、分级标准等是内在化学成分的间接反映,是第二位的,烟叶的内在质量品质决定着其外在的表象。

1. 分级评定　即按照烟叶外观质量因素鉴定烟叶的品质和可用性。

2. 物理特性　烟叶的物理特性主要包括填充力、弹性、吸湿性、平衡水分含量,燃烧性、烟灰颜色和凝聚性等。品质好的烟叶填充力大,抗碎性、弹性强,含硬率低,吸湿性、平衡水分含量适中,燃烧性好,灰色发白,烟灰凝聚抱柱。

3. 化学鉴定　烟叶化学成分比较复杂,目前已知的有 2 500 多种。在各种化学成分中,有些是对烟草质量起主导作用的,主要为总糖、还原糖、总氮、尼古丁、蛋白质、钾、氯、钙、镁、磷、硫、挥发碱、挥发酸、石油醚提取物、色素等。当前进行烟叶品质评定,主要根据前 7 种化学成分的含量及其相互关系。根据国内外的烟草科技工作者对烟叶化学成分和烟气质量关系的研究,目前已经初步确定出优质烟叶适宜的化学成分含量范围:总糖16%～20%,还原糖 14%～18%,总氮 1.5%～2.5%,蛋白质 8%～10%,烟碱 1.5%～3.5%,石油醚提取物 6%～8%,总灰分 10%～18%,钾 4%以上,氯 1%以下。其成分协调性的比值是:总糖/蛋白质,要求 2 左右。总糖/烟碱,是评定生理强度和醇和度的指标,比值在 10 左右时烟味醇和,刺激性小;在 5 左右的烟味强烈,刺激性大,并有味;在 15 左右的吃味平淡,香气不足。总氮/烟碱,以略小于 1 为好。钾/氯,是衡量烟叶燃烧性的指标,以 4 以上为好。焦油/烟碱,是衡量安全性的指标,一般以 10～15 为好,过高对健康不利。

[随堂练习]

1. 描述烟叶成熟过程。

2. 简述成熟烟叶的一般特征。

3. "三段式"烘烤都包括哪"三段"?

4. 当前进行烟叶品质评定,主要是根据 7 种化学成分的含量及其相互关系来确定的,这 7 种化学成分都是什么?

[课后调查及作业]

就近参观一次烟草烘烤,并分析其技术优劣。

[实验实训]

实 9-1　烟草的打顶和抹杈技术

一、目的与意义

了解烟草打顶、抹杈可减少水分养分消耗,使水分养分集中供应叶片生长的原因。

掌握烟草打顶、抹杈的技术和方法。

二、材料用具

烟草田,毛笔、胶水、标签、小绳、煤油胶质剂、实验纸等。

三、内容与方法

（一）打顶方法

1. 现蕾打顶　每学生打顶 2 株,即花蕾长到已能与嫩叶明显分清,趁花梗很短时,用手将花蕾花梗连同 2、3 片小叶(也称花叶)摘去。

2. 见花打顶　每学生打顶 2 株,即在花序伸长高出顶叶,中心花已经开放时,才将主茎顶部和花轴花序连同小叶一并摘去。

3. 扣心打顶　每学生打顶 2 株,即花蕾包在顶端小叶内时,小心地把顶摘去。

上述三种形式打顶的烟株,要分别用标签做好标记。

（二）手工抹杈与药物抹杈对比

每组选取 10 株已打顶的烟株,5 株进行手工抹杈,另 5 株用煤油胶质剂涂抹杈芽。即在打顶后烟株未展开时,用手工分次摘去,或用煤油胶质剂(用牛皮胶 100 g 放入 1 kg 水加热熔化后滴入煤油 100 g 充分拌匀后使用)在腋杈叶未展开时,把药剂用毛笔涂在芽点上,使腋芽死亡。涂时注意不要把药液滴在茎、叶上造成药害。手工操作与药剂涂抹要用标签做好标记。

（三）效果观察

打顶或抹杈后 5~6 天,进行观察对比。

四、作业

1. 比较三种打顶形式的效果。

2. 比较手工抹杈与药剂抹杈的效果。

实 9-2　烟草叶片经济性状的考察

一、目的与意义

熟悉烟草鲜叶经济性状测定的方法;初步了解烤烟干叶分级标准及其方法;识别几种烤坏烟叶叶片的症状及其原因;练习烤烟干叶"级指"和"产指"的计算方法。

二、材料及用具

当地主要推广品种植株的鲜叶 1~2 个,烤烟干叶分级标本及相当数量烘烤后未经分级的干叶,几种烤坏烟叶标本,钢卷尺、求积仪、叶面积测定仪、卡尺(或螺旋测微尺)、量角器、计算器等。

三、内容与方法

（一）取中部叶 10 片,进行鲜叶经济性状测定

1. 叶片大小　测定叶片大小有三种方法:①长×宽;②长×宽×0.65(折算指数因品种而异);③用求积仪或称重法(即用一已测知的叶面积称出干重,与全部待测叶干重,两者相比推算之)

2. 叶重　用单叶重或百叶重来表示,或用单位面积的烟叶重表示。

$$叶重（g/cm^2）= \frac{单叶重（g）}{单叶面积（cm^2）}$$

3. 叶厚　将大小相似叶片重叠，用卡尺或螺旋测微尺，在主脉附近的基部、中部、顶部，量其叶肉厚度，以平均值表示。

4. 主脉粗细　一般分粗、中、细三级，以粗细适中为好。

5. 主脉与叶片的质量分数　即（主脉重/叶片重）×100%。

6. 叶色　鲜叶叶色分为深绿、浅绿、绿和黄绿四级，以浅绿和绿为正常。

（二）取未分级烟叶两把，拆散，按分级标准进行分级

烟叶的内在化学成分与外观质量有密切的相关性，因此，某些外观性就可以作为品质鉴定的指标。烟叶分级就是运用与化学成分密切相关的外观因素为依据，对烟叶进行等级划分的活动。国家烤烟烟叶分级标准，是根据叶片的着生部位、叶片的颜色和其他一些外观特征制定的。

（三）详细观察几种烤坏烟叶

1. 青烟　由于温湿度控制不当，或采摘叶片过生，影响叶绿素的分解和其他物质的变化，叶不能正常变黄，完全是青色，烟味较差。

2. 挂灰　是指烟叶上有块状的灰褐色或黑色，挂灰严重的烟叶，烟味强烈，香气减少，杂气较重。

3. 火红　在干筋阶段，温度过高，引起叶片发生一点点红色小点，称为"火红"，烟叶的弹性和吸收性降低。

4. 青筋、黑筋和活筋　烘烤时升温过急易出现青筋，升温过慢易出现黑筋。烟筋未完全干燥称为活筋，贮存中容易使烟叶霉烂。

5. 蒸片（烫片）　烤后烟叶出现棕色或褐黑色斑块，严重的遍及全片，这种叶片缺乏油分、弹性，容易破碎，没有香气，刺激性重，经回潮也不易变软。

6. 阴片　烟叶沿主筋有一条黑斑，这是因为干燥期间温度忽然降低，主筋里的水分渗出到叶片上，温度升高后，这一部分水分又很快被烤干，成为黑色。

7. 糊片　烟叶颜色呈褐色和老黄豆叶，烟叶重减轻，香气减少，刺激性少，缺乏烟味。

（四）按照附表产量指标，计算"级指"和"产指"

1. 级指　烟叶品质好坏的指标，级指愈高，表示品质愈好。

$$级指 = \frac{某级烟叶 100\ kg\ 的价格}{一级烟叶 100\ kg\ 的价格}$$

2. 产量指标　衡量单位面积经济效益大小的指标，是级指与每亩产量的乘积，产指愈高，表示总收益愈大。

$$产量指数 = 级指×产量$$

四、作业

将鲜叶经济性状测定结果列表表示出来。

✎ [回顾与小结]

本项目在学习烟草生长发育、育苗技术和大田生产环节与管理技术的基础上,进一步学习了烟叶的成熟过程和采收技术,进行了 2 次实验实训项目的操作训练。本章需要<u>重点掌握</u>的有:烟草大田的肥水运筹与管理技术,烟草适宜采收期的确定,烟叶成熟度的确定,不同类型烟叶烘烤中的温湿度控制技术。

❓ [复习与思考]

1. 简述烟草苗床阶段各生育时期的管理技术要点。

2. 怎样采收烟叶?

3. 简述烟草起苗时应注意的问题。

4. 烟草移栽过程中应注意什么问题?

5. 试述三段式烤烟的过程,不同阶段的温湿度如何控制?

6. 对特殊烟叶怎样进行烘烤? 举例说明。

7. 尝试总结一下,应从哪几个方面来评价烟草品种的好坏?

项目 10

其他几种农作物的生产技术

学习目标

1. **知识目标** 根据需要,有选择地了解马铃薯、甜菜、芝麻、谷子等农作物生产栽培的特点,掌握马铃薯合理密植的原则,甜菜轮作的原因,芝麻的类型等。

2. **技能目标** 根据需要,有选择地学习基本的马铃薯生产技术、甜菜生产技术、芝麻生产技术和谷子生产技术。

从项目 2 到项目 9,我们学习了我国北方种植面积相对较大、在农作物生产上地位较重、各地普遍生产栽培的 8 种农作物的生产技术。从我国北方农作物生产的复杂性、区域性出发,本章我们选择了马铃薯、甜菜、芝麻、谷子等 4 种我国北方相对种植面积较小,区域性生产栽培的农作物,简要介绍了它们的生产技术要点,供各地选择学习。

任务 10.1 马铃薯生产技术

马铃薯也称洋芋、土豆、地蛋等,具有高产、早熟、营养价值高、粮菜兼用的特点。马铃薯块茎所含淀粉 13%~18%、蛋白质 2%~3%、糖类 1%~1.5%、矿物质 1.1% 和维生素 B、维生素 C 等,均显著高于小麦、水稻和玉米。马铃薯是优质饲料和肥料的来源,还是轻工业的重要原料。由于马铃薯生育期短,播期伸缩性大,又比较耐阴,可与多种农作物间作套种和复种,所以,在轮作中,马铃薯是禾谷类农作物的良好前茬。在我国北方,黑龙江、内蒙古、山西是我国马铃薯种薯生产的重要基地。

马铃薯从播种到收获一般要经过发芽出苗期、幼苗期、块茎增长期和淀粉积累期,最后形成马铃薯的产量。马铃薯的产量是由单位面积株数和单株结薯重构成。在生产条件和品种不同时,其产量构成因素的主次关系有所不同。在生产水平较低的情况下,马铃薯单株产量低,应通过增加种植密度来提高单位面积产量。在生产水平较高的情况下,种植密度达到一定限度时,应充分发挥单株的增产潜力。如单株产量不足 500 g 时,每亩产量难以达到 2 500 kg,当平均单株产量在 500 g 以上者,一般每亩产量都超过 2 500 kg,每亩产量不足 2 500 kg,主要是密度不足所致。所以,合理的种植密度是马铃薯获得高产的基础。在目前生产水平下,北方一熟区以每亩 3 800~5 500 株为宜。

马铃薯高产技术要点如下:

一、良种选择

马铃薯要高产,品种很关键。在此,介绍几个目前生产中可选择的马铃薯良种。

(一)晋薯 7 号

由山西省农业科学院高寒区农作物研究所育成。该品种株型直立,株高 80 cm,茎秆粗壮,叶片肥大,薯形偏圆,薯皮黄色,芽眼深,无次生薯,结薯集中,休眠期长。鲜薯食用品质较好,大中薯率 90％以上。具有抗旱,高抗晚疫病、黑胫病,轻感环腐病的特点。一般鲜薯产量为每亩 1 900 kg。适宜于土层深厚、质地疏松的土壤种植,山西省北部以 4 月底 5 月初播种为宜。密度以每亩 4 000 株为宜。

(二)宁薯 7 号

由宁夏固原地区农业科学研究所育成。该品种株型直立,株高 55 cm,茎秆粗壮。薯形长圆,黄皮白肉,芽眼浅,大中薯率在 75％以上。生育期 120 天左右,晚熟品种,块茎适口性好,耐贮藏,并适宜加工淀粉、炸薯片。耐马铃薯卷叶型及 A 病毒病。晚疫病发病程度属轻度。鲜薯产量每亩 1 600~2 200 kg。生产中,半干旱区 4 月中旬播种,种植密度每亩 3 500 穴;阴湿区,4 月下旬至 5 月上旬播种,种植密度每亩 4 000 穴。采用小整薯或选健康薯切块播种,平种垄植。适应宁夏南部山区及青海、甘肃两省的类似地区栽培。

(三)坝薯 10 号

由河北省张家口地区坝上农业科学研究所育成。株型直立,主茎粗壮,株高 80 cm。块茎圆稍扁,薯皮白黄色,薯肉淡黄色,芽眼中等深。鲜薯食用品质较好,生育期 100 天左右。抗晚疫病、病毒病。一般大、中薯率 75％左右,鲜薯产量每亩 1 000~1 500 kg。适应于一季作区种植。密度以每亩 3 000~3 500 株为宜。

(四)东农 303

由东北农学院育成。植株直立,茎秆粗壮,株高 45 cm 左右,分枝中等。结薯集中,易于采收。薯块卵圆形,表皮光滑,薯肉黄色。薯块大而整齐,品质优,食味佳,是较好的鲜食商品薯。生育期 85~90 天,高抗花叶病毒病,轻感卷叶病毒病和青枯病,耐湿性较强,水、旱田均可种植。鲜薯产量每亩春播 1 800~2 000 kg,秋播 966.7~1 000 kg。生产中,东北地区于 2 月上旬播种,地膜覆盖可提前到 1 月底播种;秋播 8 月下旬播种。适宜密度每亩 4 000~4 500 株,地膜覆盖栽培密度可增至 6 000 株。

（五）青薯 2 号

由青海省农业科学院作物所育成。株型直立,株高 80~100 cm。结薯集中,薯块圆形,表皮光滑,芽眼较浅,白皮白肉,致密度高,无空心,块茎大而整齐,商品率高达90%以上,全生育期 160 天左右。高抗马铃薯花叶和卷叶病毒,高抗马铃薯晚疫病、环腐病、黑胫病。产量潜力较大,平均产量可达每亩 4 193.3 kg。食味好,维生素 C 含量为每百克20.92 mg,淀粉含量高。适于我国北方一作区各类地区及青海的川水和高、中位山旱地种植。适宜播期 4 月上、中旬,水地密度为每亩 3 000 株。

二、整地与施肥技术

（一）整地

要求土壤耕层深厚,有机质丰富,疏松通气。播种前采用深耕、施肥、耙耢、起垄或作畦、镇压等措施,使土壤达到良好的待播状态。垄作是马铃薯生产的基本形式,极有利于植株的生长及结薯。一般做法是前农作物收获后,及时翻耕、施肥、耙地、作垄,并视土壤水分状况进行镇压。雨多和低洼易涝地区宜做高垄,干旱地区宜做宽垄。春旱地区可平播后起垄,即于秋季前农作物收获后耕翻、耙糖,翌年春天开浅沟播种,然后中耕培土成垄。中原二作区有采用畦作的。旱区多用平畦,便于灌溉;多雨地区宜用高畦,以利排水。

（二）施肥

马铃薯是高产喜肥农作物,植株的生长、块茎的形成和膨大都需要大量养分。根据其生育期短,且生育前、中期需肥量大的特点,应结合整地施足基肥,氮素施用量应占全生育期所需总量的 80% 左右,磷、钾素全做基肥。基肥应以腐熟的堆肥为主,配合一些尿素、碳铵、过磷酸钙等化肥,增产效果更显著。基肥用量约为每亩 2 500 kg。在基肥不足时,集中施入播种沟内。播种时沟施化肥,每亩种肥用量,尿素 2.5~5 kg,过磷酸钙 10~15 kg,草木灰 25~50 kg,促进根系和幼苗生长。施用基肥时应拌施防治地下害虫的农药。在马铃薯生育期间要适时追肥。

三、催芽与播种技术

（一）精选种薯

应挑选具有本品种特征,薯块完整,表皮光滑柔嫩,芽眼鲜明、深浅适中的幼嫩薯块做种用（图 10-1）,淘汰受冻、受伤、有病,薯皮粗糙老化、龟裂,芽眼突起、皮色暗淡的薯块。

（二）种薯催芽

由于较长时间贮藏在低温冷凉的条件下,出窖后的种薯薯块处于被迫休眠状态,直接播种后出苗慢而不整齐,影响产量和质量。因此,播前对种薯进行催芽处理,可促进生理活化,打破休眠,播后出苗早、出苗齐,提早成熟。通常采用的催芽方法有:

1. 温床保温催芽法 春播时因外界气温较低,于播种前20～30 天开始,采用酿热温床和暖炕热床等方法催芽。床温 15～18℃,一般不宜超过 20℃。在催芽过程中常洒水,保持相对湿度60%～70%,以防止空气过分干燥,薯块萎缩;同时要勤检查,随时拣出烂薯。

2. 药剂催芽 催芽效果好,时间短,并可与沙床催芽相结合。常用赤霉素溶液浸种催芽,其浓度切块种薯用 0.5～1 mg/kg、整薯用 10～50 mg/kg,浸泡时间为 10～20 分,捞出种薯直接播种,或用沙土层积催芽后播种。

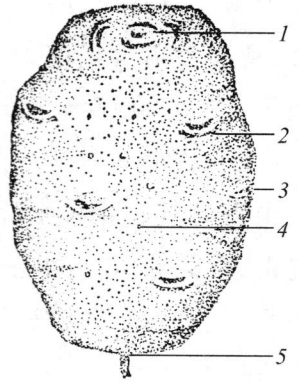

图 10-1 完整马铃薯的块茎
1. 顶部;2. 芽眉;3. 芽眼;
4. 皮孔;5. 脐部

(三)种薯切块和小整薯的利用

将种薯切成小块,不仅可节约用种量,降低生产成本,而且扩大了薯块与空气的接触面,加强呼吸作用,促进生理活动,从而打破休眠,提早萌发。一般切块重以 20～30 g 为宜,每块有 1～2 个芽眼。切块时应尽量利用顶端优势。一般 50～100 g 重的种薯可以从头到尾纵横切成 2～4 块;大种薯可从基部开始,按芽眼顺序螺旋向顶部斜切(图 10-2)。切刀被病薯污染时,必须用 0.2%升汞水或 3%来苏儿或75%以上酒精浸 5～10 分,也可过火消毒。切完后稍加晾干或拌草木灰后即可播种,切忌切块堆置过久,以免腐烂或干缩。

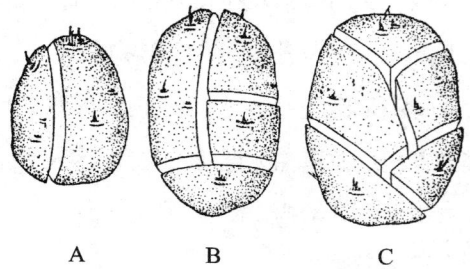

图 10-2 切薯方法
A. 20～30 g 种薯;B. 50～100 g 种薯;
C. 120 g 以上种薯

利用幼龄小整薯播种,可充分发挥顶端优势,减少烂薯造成的缺苗,还可避免切刀伤口传染病害。据试验,在同等情况下,小整薯可比切块播种增产 20%以上。利用小整薯播种,以 50 g 左右的薯块播种增产效果最显著。种薯过大,将加大播种量,增产效益低。

(四)适时播种

确定马铃薯适宜播种期的重要因素是温度,遵循的原则是:①结薯期气温不超过 21℃,日照在 14 小时以下,躲过夏季高温对块茎形成的影响;②保证播后土壤水分、温度能满足萌发出苗需要,出苗后不遭受晚霜冻害,从而一播全苗;③能在早霜来临前成熟。春薯应在晚霜前20～25 天,10 cm 地温达 8～10℃时,为适宜播种期。夏播或秋播薯主要考虑避开高温,并于早霜前成熟,留种田可适当延迟播期,以获得生命力强的种薯。我国北方春薯的适宜播期在 3 月上旬至 4 月下旬,南部早,北部晚。

（五）播种量及播种深度

播种量因播种面积、密度和切块大小而定。计算公式为：

$$种薯用量(kg)= 切块重(kg)×每亩穴数×计划播种面积$$

播种深度及覆土深度，要根据土壤质地和墒情而定。土壤疏松、春旱严重的地区，可适当深播，播深为 10~12 cm，土壤黏重、潮湿地区应浅播，播深 6~8 cm；山区旱地大都采用深播浅盖、两次封沟的方法，增产效果显著。

（六）播种方法

1. 垄作　在寒冷地区、土壤黏重或低洼易涝地块多采用垄作。在深耕、耙耱平整的地上，按规定的行距，用犁或机械开沟，沟深 10 cm 左右，再将种薯等距播在沟内，随后将粪肥均匀施入沟内并盖在种薯上，再覆土 6 cm，齐苗至开花期间，分 2~3 次培土成垄。

2. 平作　在马铃薯生育期间气温较高，降雨较少而蒸发量较大，气候干燥而又无灌溉条件的地区，多采用平作。一般采用深开沟浅覆土的方法，即用犁开沟 13 cm，覆土 7.5 cm，出苗至开花前培土填沟。深播能减轻春旱影响，浅覆土可提高地温，利于早出苗，出苗后分次培土，可增加地下茎节数，多结薯。

3. 芽栽　即利用块茎所萌发出来的柔嫩幼芽进行繁殖的一种方法。优点是节约种薯；提早成熟收获，提高复种指数；减轻病虫，可获得无病种薯。其关键技术是催芽育壮芽。育壮芽的主要条件是黑暗和温度。温度是影响嫩芽伸长速度的重要因素。芽不宜过高，否则易发须根，不利栽培。温度以 13℃ 左右为宜，通常在栽插前约 2 个月催芽，芽长应在 15~20 cm，不宜太短。栽插前选芽时应注意淘汰弱芽，切勿折断或碰伤顶芽。

栽芽方法有平栽和斜栽两种。平栽产量高，能较好地抗旱抗寒，但出苗较慢，宜在温度变化不大、保水性差的沙壤土上采用。方法是，开沟后将芽条平摆在沟底，然后施肥覆土。在阳坡温暖地块，土壤黏重的土壤上，可斜栽在沟内，即沿沟边倾斜放置芽条。芽栽法因芽条贮藏养分少，必须注意追肥和勤浇水。

4. "抱蛋"栽培　主要是根据马铃薯腋芽在一定条件下可转化成匍匐茎结薯的特性，采取相应的栽培措施，增加马铃薯的结薯层次，从而获得高产。其栽培要点：①培育矮壮芽。在温暖、阳光充足的环境下，平铺 2~3 层种薯，温度保持在 20~25℃，使薯块发芽。然后在栽前 20~30 天开始，把带有壮芽的整薯芽眼朝上摆在床内，薯间保持 3~6 cm 间距，浇水后覆土 3 cm，埋平矮壮芽，再将床上加以覆盖。床温以 5~15℃ 为宜，移栽前约 1 周，可揭盖炼苗，晚霜过后，苗高 6~10 cm 时即可移栽。②深栽浅盖。即栽苗时开宽为 12~15 cm 的沟，摆苗后浇少量水再覆土 3 cm。③多次培土。移栽后约 10 天，培土 3 cm，隔 7~15 天再次培土 6 cm；再隔 7~15 天，培土厚 10 cm。早熟品种每次培土隔离时间短些。最后一次培土应在封垄前结束。

四、田间管理技术

（一）发芽出苗期

北方一熟区，从播种到出苗历时 30 天，这期间田间杂草滋生，应及时苗前除草。对播种时覆土较厚或垄作的田块，可在幼芽已伸长但未出土时进行中耕除草松土，即所谓"闷锄"，可提高地温，促使出苗迅速整齐。但应掌握适时，不要碰断幼苗芽尖。干旱严重、土壤缺墒时，应及时进行苗前浇水。

当幼苗基本出齐后，应查苗补苗。补苗方法可在缺苗附近找一穴多茎的植株，把过多的苗带土挖出，原穴用湿土培好。随挖随栽，注意浇水，以利成活。也可把多余的种薯密植于田头，做补苗之用。

（二）幼苗期

田间管理的主要目标是促下带上，培育壮苗。重点是疏松土壤，提高地温，促进根系发育，达到根深叶茂。主要措施是及早中耕除草，深松土，浅培土，防治地下害虫。这期间可根据栽培条件及幼苗长相酌追速效化肥，用量占施肥总量的 6%～8%。耕层土壤水分保持在田间最大持水量的 65% 左右。

（三）块茎形成期

田间管理的主要目标是茎秆粗壮，叶片肥厚，叶色浓绿，长势苗壮。主要管理措施是中耕培土，疏松土壤，加厚培土层，消灭杂草，提高地温。根据植株长势和天气情况灌溉追肥。为了调节养分的分配，可根据劳力状况安排摘花摘蕾。

（四）块茎增长及淀粉积累期

这期间的田间管理目标是，控制地上徒长，促进块茎膨大充实，保持较大的叶面积、较高的光合效率，延长块茎增长及充实期，达到薯大高产的目的。主要管理措施是行间中耕培土，防治病虫，根外追肥。喷施磷、钾、硼肥溶液，防止叶片早衰。根外追肥可与喷药防病虫结合起来，花期喷 0.01%～0.1% 的矮壮素，以防倒伏。

五、收获与贮藏技术

（一）收获

马铃薯生产是以获得高产、优质的块茎为主要目的。其植株达到生理成熟即为适宜收获期。生理成熟的标志是：大部分茎叶由黄绿变为枯萎状态，块茎停止膨大而容易与匍匐茎脱离，周皮变硬，干物质含量达最高限度。因用途及生长季节的不同，马铃薯适收期也不完全一致。作为食用薯、长期贮存的商品薯及加工用原料，应在达到生理成熟期收获。用作早熟蔬菜生产栽培的，为早上市，则按商品成熟期收获。商品成熟度依各地市场习惯确定，一般块茎直径不宜小于 5 cm。复种其他农作物的田块，应及时收获腾茬，以利后茬农作物适期播种。马铃薯生育后期多雨的地区,也需早收,以防烂薯。

收获马铃薯应选晴天、土壤适度干燥时进行,一般用犁或人工挖薯,有条件的用机械收获。收获时,应尽量减少损伤薯块,并要避免薯块在烈日下暴晒,以防芽眼老化和形成龙葵素,降低种用和食用品质。夏、秋薯收获时,也要防止霜冻。收获后,将薯块在阴凉通风干燥处堆放 2~3 周,使皮层硬化,再精细挑选分级,剔除小薯、病薯、烂薯。

(二)贮藏

马铃薯贮藏因生产季节不同分为夏季贮藏和冬季贮藏。夏藏比冬藏困难,尤其是种薯。夏藏时因炎夏高温多雨,块茎在贮藏中易腐烂,所以必须防热防雨,精细管理,才能安全越夏。冬藏因严冬低温,应防止块茎受冻。

贮藏窖的形式因地区而异。东北地区农村多采用地下棚窖及屋顶形草盖半地下或地下式砖窖;内蒙古、西北地区农村主要用井窖或窑洞窖,也有用马道式通风窖的;城郊则多用拱形地下式砖窖。

在良好的贮藏条件下,块茎正常的自然损耗率不超过 2%。贮藏管理不当,块茎大量萌芽,品质降低,或造成烂窖,损失较大。块茎贮藏主要是温度和湿度的管理。如冬季窖藏种薯时,温度对贮藏效果影响极为明显。窖温降到 -2℃ 时,块茎即受冻;0~1℃ 时,淀粉转化为糖,食味变甜,种性降低。1~3℃ 和相对湿度 90% 左右是种薯贮藏最适宜的温湿度。在此条件下,块茎呼吸微弱,皮孔关闭,病害不发展,块茎不萌芽,质量损失最小;反之,温度高,块茎呼吸增强,损耗加大,病害发展,幼芽伸长,种性降低,品质变劣。

为调节窖内温度和湿度,入窖后管理可分 3 个阶段进行:

1. 贮藏前期　应以降温散热为主。从入窖至 12 月初,块茎处于预备休眠状态,呼吸旺盛,放热散湿多,窖温较高,湿度较大。这一阶段窖口和通气孔要经常开放,尽量通风散热。窖顶也不宜覆盖过厚。随着外部温度的逐渐降低,孔口开度可由大到小,白天开、夜间闭。窖温或堆温过高时,也可倒堆散热。

2. 贮藏中期　应以防寒保温为主。12 月中旬至翌年 2 月底,正值严寒冬季,窖外温度很低,块茎已进入深度休眠状态,呼吸微弱,散热很少,易受冻害。这一阶段要注意检查窖内温度,密封窖口和通气孔,必要时可在薯堆上盖草吸湿防冻。

3. 贮藏末期　应以确保窖内低温为主。3~4 月,气温转高,块茎已通过休眠期,窖温升高易造成块茎发芽。所以,要尽量减小外部温度对窖温的影响,窖顶加厚覆盖,紧闭窖门、气孔,白天切勿开窖。若窖温过高,可在夜间开启窖口,通风散热,也可倒堆降温。

[随堂练习]

1. 马铃薯整地、施肥技术的基本要求是什么?

2. 简述精选种薯的技术要点。

3. 绘图:画出马铃薯种薯图。

4. 马铃薯合理密植的原则是什么?

☞ [课后调查及作业]

用图表示马铃薯种薯切块方法。

任务 10.2   甜菜生产技术

甜菜是重要的制糖及工副业原料,也是一个适应性较强、增产潜力较大的经济作物。甜菜在我国的种植分为春播区和夏播区。春播区有东北、华北和西北三个区,如黑龙江、内蒙古、新疆、甘肃、山西、吉林。夏播区主要分布在北纬 32°~38°之间的山东半岛、苏北、陕西的渭南、山西运城以及河北南部的两年三熟或一年两熟地区。

一、甜菜的类型与生长发育

甜菜有糖用、叶用、食用和饲用 4 种类型。人们习惯上所指的甜菜均是糖用甜菜,所食用部分主要是甜菜的根(图 10-3)。

甜菜是两年生作物,第一年为营养生长阶段,可分为幼苗期、叶丛形成期、块根增长期和糖分积累期等 4 个生育时期。第二年为甜菜的生殖生长阶段,即当甜菜母根经冬季窖藏,翌春栽植后,从根沟长出再生侧根,根头上的顶、侧芽再生出叶和花枝,经春化抽薹开花,形成果实,完成其生活周期。

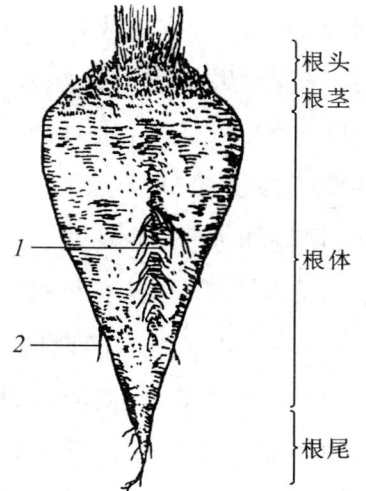

图 10-3   甜菜的根
1. 根沟;*2.* 侧根

二、甜菜育苗技术

(一)育苗前准备

1. 育苗场地的选择及处理   育苗场地应选择背风向阳、地势平坦、地下水位低、排水良好的地方。

2. 建造育苗棚   可利用农户房前、菜园墙或院墙,用木杆或竹竿搭成北高南低的简易保温棚,棚高 1.2~1.5 m,长度视育苗数量而定。也可用竹片子架成小拱棚,宽 1.5 m,高 0.8~1 m,骨架间距0.5 m,长度视需要而定。还可以用土坯或砖坯搭成坐北朝南、东西走向、北墙高 0.6 m、南墙高 0.3 m、两墙间距 1.5 m 的土坯棚或砖棚。

3. 制作墩土板   墩土板由一块底板、两块侧板组成。底板厚 3 cm,长 140 cm,宽40 cm,底板下外钉两条带,以防墩土时裂开,带的一侧要刨出斜面以便于移放育苗纸册。侧板厚 3 cm,长 115 cm,宽 17 cm。

4. **育苗床土的配制**　一般每亩需 4 册纸筒,每册纸筒装土约 55 kg,其中田间沃土 40 kg,优质农家肥 15 kg。配制时需加入速效化肥,一般磷酸二铵每册 150 g,硫酸钾 50 g,硫酸锌 20 g。

育苗土采集后和农家肥需用 6~8 mm 网眼筛子过筛,磷酸二铵磨成面,土、肥拌匀,湿度以"手握成团,落地就散"为宜。

为防止苗期立枯病,每 100 kg 床土用 0.5% 的敌克松粉 270 g 或 75% 的敌克松粉 5 g,先将敌克松溶于水中,然后用喷雾器喷到育苗土中拌匀。

(二)苗床播种

1. **装土**　用两根铁条或木棒横穿纸册两头的纸带,将纸册拉开,固定在墩土板上,然后分多次将配好的育苗土装入册内。每装一次,两人抬起墩土数下,将土墩实,并能做到每个单筒均装满土,墩实。最后用刮土板刮去多余的土,使装入的土与纸筒平。

2. **摆放纸册**　把装好的纸册抬到育苗床内,一侧用板挡上,然后抬起墩土另一侧迅速推,抽出墩土板。纸册摆放要前后对齐,高低一致,每册纸筒之间不留缝隙。摆放结束后,要把苗床四周用土封好,防止外层纸筒风干,影响出苗。

3. **播种**　纸筒育苗的播种期一般较直播田早 20~25 天。播前用扫帚清扫一遍,使单筒清晰可辨。播种时,每个单筒放一粒单种子,发芽率低时可放 2 粒,用小木棒或手指往下按 1~1.5 cm 深,力争深浅一致。播后用细土进行覆土,并用小笤帚扫去多余土,露出单筒边缘。

4. **浇水扣膜**　播后用喷壶反复多次浇透水,一般每册需浇水 15 kg,浇透为止。浇水后及时架好棚架,扣严薄膜,并注意防风。

(三)育床管理

1. **温度管理**　播种至出苗,苗床内温度可适当高些,利于种子萌发出苗,这一阶段以保温为主,夜间可用草帘等覆盖。出苗 50% 左右时,白天背风处适当通风降温。出齐苗后逐渐加大通风量。真叶期白天通风,逐渐全揭开,夜间再盖棚膜。移栽前 5~7 天,白天全部揭膜,通风炼苗,夜间可根据天气情况盖膜或不盖膜,一般不遇低温不盖。温度管理见表 10-1。

表 10-1　纸筒育苗甜菜苗床温度

生育阶段	播　　种	发　　芽	出　　苗	真　叶　期
最适温度/℃	20	15~20	10~15	10~15
最高温度/℃	30	25	20	外界温度
最低温度/℃	10	5	5	5

2. **水分管理**　苗床水分管理总的要求是前湿、中干、后旱。播种时已浇透了水,出苗前一般不再浇水,以免降低温度而延迟出苗。

出苗后要根据土壤墒情适当控制浇水,有利扎根和培育壮苗。如果床土发干、发白,幼苗颜色黑绿,中午幼苗叶片打蔫时再浇水。一般可在清晨进行,每次每册浇 3~4 kg 清水。

移栽前的 5~7 天,要控制浇水,进行抗旱锻炼。只要叶片中午不打蔫,一般不浇水。移栽前 1 天浇透水,以免移栽时因土过干而散裂。

3. 补种、间苗　刚要出齐苗时要及时检查出苗情况,如缺苗较少可不补,但缺苗较多时,要及时补种无苗空筒,以保证单筒利用率。单筒出现双苗现象时,必须及时去掉,以免影响幼苗正常生长。一般可以在子叶刚展开时,用小镊子间去多余的苗,使每个单筒只留一株苗。

4. 防治病虫　育苗期的病害主要是立枯病。由于浇水过多而导致发病的,要及时停水,实行旱疗法;因床土中药量不足而发病的,可用 65% 的敌克松可湿性粉剂每册浇 1~1.5 kg 进行防治。在蝼蛄等发生虫害较重的苗床,可施毒饵进行诱杀。

5. 酌情施肥　育苗期间,对苗色发淡、长势较弱的苗床,可进行一次叶面喷肥,用 2% 的尿素溶液喷施。

三、甜菜大田生产技术

(一) 整地与施肥

种植甜菜的地块应进行伏翻或秋翻,一般土壤种植甜菜适宜耕深应在 20~28 cm。整地质量要求做到土块细碎,田面平整,表土疏松,底土紧实,达到保墒、保肥、通透性良好。有条件的地方,可秋起垄,进行秋冬灌水,人工造墒。

基肥以农家肥为主,配合施用化学肥料,不但营养全面,保证苗期需肥,而且能做到全层施肥、集中施肥。基肥一般占甜菜全部施肥量的 70%~80%,每亩可施用优质农家肥 2 700~3 300 kg,并配施过磷酸钙 27~33 kg 或磷酸二铵 20 kg。施用基肥的方法有翻前、耙前撒施,翻后耙前施用,以及结合起垄集中条施。

(二) 提高播种质量

1. 选用良种　选用良种要根据当地自然条件、地块及生产栽培水平而定。积温高、肥水条件好的地区,应选用多倍体良种;无灌溉条件地区或地块,应选用丰产抗旱品种;热量和雨水条件好的地区、地块,应选用抗病、高糖型品种。所用良种发芽率应在 75% 以上,净度在 97% 以上,种球直径大于 2.5 mm,种球千粒重 20 g 以上,且色泽正常,无霉变现象。

2. 种子处理

压碎种球　采用多粒种的种球播种,压碎种球可保证下种均匀,促进种子吸水萌发,便于间苗。在播前,可以用碾子、磙子等碾压种球,使种球破裂,脱去部分木质化花萼和外果皮。

浸种　播前浸种,使种子吸水充足,出苗早,苗齐、苗壮。可采用 30℃ 温水浸种 12 小时;0.3% 的溴化钾溶液浸种 48 小时;1% 小苏打溶液浸种 24 小时。浸种后捞出阴干播种或拌药。土壤温度较低,水分较大或土壤干旱又缺少灌溉条件时,可不浸种。

化学防治　为防治甜菜苗期的病虫害,可采用下列处理方法:①每 10 kg 种子用0.1～0.12 kg的75%甲拌磷乳剂对水 7～8 kg,闷种 24 小时;②每 10 kg 种子用 35%甲基硫环磷 400 g,对水 20 kg,闷种 24 小时,以上方法可有效防治甜菜苗期害虫;③每 25 kg 种子用 75%敌克松 200 g 拌种,可防治甜菜立枯病的发生。

3. 适期播种　适期播种,可以保证出苗整齐一致,苗全、苗壮而高产。北方春播甜菜区,主要依据温度确定播种期。一般 5 cm 处土壤温度达 6℃以上时方可播种。东北春播区适宜播种期为 4 月中、下旬,华北春播区和西北春播区为 4 月上旬。夏播甜菜适宜播种期为 6 月下旬至 7 月初。

4. 播种技术

播种方法　播种方法可用条播和点播。条播是用播种机(机引或畜力均可)或耲子等工具播种,适于平作、畦作、垄作及平播后起垄,行距约 60 cm。这种方法播种深度一致,覆土均匀,出苗齐。

点播是东北垄作甜菜区多采用的播种方法,或称埯种、穴播。适合于垄作及山区、坡地,不利于机械或畜力播种的地块。点播垄距 60 cm,穴距 24～33 cm,每穴 4～6 粒种球。此种播种方法土温高、出苗快,苗期长势好。

播种量及播种深度　播种量根据种子的发芽率、种球大小、播种方法、土壤墒情、整地质量及苗期病虫害情况来确定。一般每亩播种量在 1.27～1.53 kg。

甜菜幼芽软弱,顶土能力差,播种过深不易出苗或幼苗生长瘦弱;播种过浅,种子易落干,造成缺苗。一般播深 3 cm、土壤墒情差时,可适当深些,但以不超过 5 cm 为宜。甜菜播后需及时镇压。

施好种肥　甜菜种肥一般以充分腐熟的优质农家肥和化肥混合施用,也可单施化肥。一般每亩施优质农家肥 66.7～153.3 kg,硝酸铵 6.7～10 kg,过磷酸钙 10～13.3 kg。施用时化肥不能直接接触种子。

（三）合理密植

甜菜合理密植是获得高产、优质的重要措施。一般遵循以下原则:肥沃地和施肥较多的地块,密度宜稀;瘠薄地或施肥较少的地块宜密。水分充足地区或地块以及有灌溉条件的可适当稀些;干旱地区或沙岗地,又无灌溉条件的可适当密些;生长期长的地区可适当稀些,反之则密些;丰产型品种应适当稀些,高糖型品种可适当密些。

我国垄作生产栽培区普遍采用机械畜力耕作,在垄距 60 cm 条件下,株距 25～30 cm,每亩保苗 0.4 万～0.47 万株;平作畦作栽培区,行距一般 40～50 cm,株距 25 cm,每亩保苗 0.53 万～0.67 万株。

（四）田间管理

1. 幼苗期的田间管理　中心任务是保证苗全、苗匀、苗齐、苗壮,促根发苗。一般可采用以下措施：

　　破除土壤板结　出苗前如遇降雨,可采取铲萌生和铲前镗一犁的方法破除板结层,提高地温,增加土壤通透性,促进幼芽出土。

　　补种移栽　幼苗大部分出土时,及时查看苗情,发现缺苗及时补种或移栽补苗。

　　药剂封闭　田间有 50%小苗出土后,发现叶部害虫,可用 0.04%除虫精粉每亩 2 kg进行封闭。

　　间苗、定苗　间苗在第一对真叶出现时开始,到第二对真叶时结束,拔除弱病苗,留大苗壮苗。定苗在第三对真叶时进行,按计划株距留苗。

　　中耕除草　幼苗期间需中耕除草 2~3 次。第一次要结合间苗,浅铲、深趟不培土;第二次在定苗后进行,深铲、深趟少培土。

　　酌施提苗肥　幼苗期表现缺肥时,应追施提苗肥。一般在定苗后施肥,每亩施硝酸铵 5~7.7 kg,过磷酸钙 7.7~10 kg。

　　防治病虫害　苗期病虫害有立枯病、甜菜象甲、黑绒金龟子、跳甲、潜叶蝇等,应在发生初期及时防治。

　　2. 叶丛形成期和块根增长期的田间管理　中心任务是,促进叶丛迅速生长,形成强大根系,加速块根增重。可采取下列管理措施：

　　中耕培土　叶丛形成期需中耕除草 1~2 次,最后一次要培土,将根头培严,但不要埋住新叶。中耕在封垄前结束。

　　巧施追肥　甜菜进入叶丛形成期后,需肥量剧增,追肥能促进块根膨大和叶片生长。一般定苗后约 3 周,结合中耕施用。每亩可追硝酸铵 13.3~16.7 kg,过磷酸钙 10 kg,硫酸钾 7.3~10 kg。

　　灌溉排水　甜菜进入叶丛形成期需水量加大,可根据墒情进行一次灌溉,以后每隔 20 天灌一次。灌水后,土壤湿度合适时应进行松土,以保蓄水分,提高地温,促进块根膨大。在雨水集中、暴雨多、易积水受涝的地块,应及时挖排水沟,排除积水。

　　3. 糖分积累期的田间管理　中心任务是,防止叶片早衰,增加光合生产率,促进糖分向块根内运转,增加块根含糖率。可采取下列管理措施：

　　根外追肥　以磷、钾溶液进行根外追肥,可增强植株生理活动,促进养分合成与积累。肥料溶液的浓度,一般过磷酸钙 2%~3%,硫酸钾 0.3%,硼酸 0.2%,硫酸锌 0.1%,尿素 1%~2%,进行叶面喷施。一般进行 2~3 次,每次每亩施肥液 50~100 kg。或用甜菜增产菌每亩10 g对水 30 kg 喷洒。

　　保护功能叶片　切忌碰伤或掰掉绿叶,保护功能叶片,以提高产量和含糖率。

　　灌水攻根,排水防涝　根据墒情适当灌水,促进块根继续膨大。但此时灌水量不大,且在收前半月应停止。低洼积水地块,要注意排涝,以免发生根腐病。

（五）收获与贮藏

1. 收获适期的确定　根据甜菜的工艺成熟期来确定,还需考虑糖厂加工制糖的需要。甜菜的工艺成熟期是指块根增长基本停止,根中含糖率达到当年生育期间的最高水平的时期。这时也是甜菜块根收获适期。北方春播区,气温降至 5℃ 以下时,块根不再继续增长或增长很少,糖分积累基本终止,是甜菜收获的最佳时期。一般在 10 月上、中旬。

2. 收获与切削　用大犁起趟收获,要安装窄犁铧,顺垄侧深趟 20 cm,达到根体活动、手拔即出的程度。用机引犁起收时,侧深趟 27~30 cm,将块根趟掘出来,趟时根据切削的速度决定进度。

起趟的甜菜集堆后,必须立即进行切削。切削时先将根体上附着的泥去掉,然后去叶和青皮。切削时,对块根小、根头缩短、叶子紧凑的小甜菜,可在根头与根茎交界处一刀切下,然后削去直径 2 cm 以下根尾,刮净泥土。根头大的块根,可用多刀梯形切削法进行,即从叶痕下缘起,顺根头坡度逐刀切削,直至削去青皮。

3. 田间临时保藏　修削好的甜菜块根,如不能马上送交甜菜收购站,应在田间做堆,临时保藏,否则会萎蔫,或遭冻害,降低根重和含糖率。

（六）合理轮作

甜菜是深根性农作物,吸肥力强,吸肥多,持续时间长,从土壤中吸取的营养物质和水分比麦类作物多。甜菜又常发生病害,特别是根腐病严重,并会逐年扩展。因此,种植甜菜必须进行轮作换茬。病虫害发生轻,并且施肥较多的地区或地块,一般以 4 年轮作为主;反之,则应适当延长轮作周期。根腐病发生严重地区,要实行 6 年以上轮作。

在北方春播区,甜菜最好的前作是麦类作物。大豆及其他豆类作物也是甜菜较好的前茬,但必须加强防虫措施。另外,玉米、马铃薯、甘薯等茬口也较适宜种植甜菜。

甜菜后作,一般以种植麦类和玉米为宜,在增施磷、钾条件下,种植大豆、高粱和谷子等也可获得较好收成。

🍳［随堂练习］

1. 甜菜块根由哪些部分组成?各部分有什么特点?
2. 种植甜菜为什么要进行合理轮作?
3. 甜菜播种前种子处理有哪些具体技术?
4. 如何确定甜菜适宜的收获期?
5. 甜菜纸筒育苗前需做好哪些准备工作?

☞［课后调查及作业］

参加甜菜纸筒育苗活动,了解纸筒育苗的好处。

任务 10.3　芝麻生产技术

芝麻是世界上四大油料作物之一,也是我国主要油料作物之一。种子含油量一般在 45%～62% 之间,居油料作物之首。我国主要产区集中在黄淮平原和长江中下游地区。其中,河南、安徽、湖北三省的种植面积最大,均超过 10 万 hm^2。河南省芝麻种植面积 $2.2×10^5\ hm^2$,主要集中在驻马店、周口和南阳 3 个省辖市,总产占全国的 33% 左右,是我国著名的芝麻生产基地。

随着人民物质生活水平的进一步改善和人们对芝麻重要价值认识的提高,对芝麻的需求量将会日益增加。发展芝麻生产,对改善人们的食用油结构、提高人们的健康水平,活跃城乡经济,改良土壤和出口创汇等,都具有重要的现实意义和深远的历史意义。

一、芝麻类型与产量形成

(一) 产量形成

芝麻从出苗到收获经历了出苗、分枝、现蕾、开花、封顶、终花、成熟等过程,并分为播种出苗期、苗期、花蒴期(花蕾、蒴果发育期)和成熟期等生育时期。

芝麻的产量是由每亩株数、每株蒴果数、每蒴粒数和千粒重组成。每亩株数是形成产量的基础,主要影响时期是播种出苗期,生产上要做到足量下种,适时间苗、定苗,保证适宜的密度。株蒴果数与产量呈显著正相关,其形成时期在花蕾期,生产上要注意苗期蹲苗,防"腿长",缩短茎节长度,增加结蒴数量。果粒数和千粒重与产量相关性不显著,两者的形成时期在蒴果发育和种子成熟期,该期加强肥水调控,防止果粒数减少和粒重下降,对保证稳产增产也有十分显著的作用。

芝麻单株蒴果数是产量构成中起主导作用的因素,只有在有较高单株蒴果数的基础上,增加每蒴粒数和千粒重才能获得高产。据对中芝 7 号和豫芝 2 号等品种大面积产量构成调查,上述两个品种每亩产量分别为 127.9～144.2 kg 和 94.0～154.3 kg;株有效蒴果数依次为 66.7～88.6 个、48.9～119.5 个;每蒴粒数依次为 77.0～80.0 粒、53.9～60.1 粒;千粒重依次为 2.74～2.90 g、2.86～3.10 g。

一般四棱型蒴果品种每 7 000～8 000 蒴收 1 kg 种子,每亩产 75～100 kg 时需要 70 万～80 万个蒴果;六棱或八棱型品种 5 000～6 000 蒴可收 1 kg 种子,每亩产 75～100 kg 时,需要有效蒴果 50 万～60 万个。

(二) 类型

1. **按分枝习性分**　单秆型和分枝型。分枝型又可分为少分枝型、中分枝型和多分枝型。

2. 按叶腋着生花数分　单花型、三花型和多花型。

3. 按蒴果棱数分　四棱型、六棱型、八棱型和多棱型。

4. 按蒴果长度分　短蒴型(3 cm 以下)、中蒴型(3.1~4.0 cm)和长蒴型(4.1 cm 以上)。

5. 按种皮颜色分　白、黄、褐、黑等类型。

6. 按生育期长短分　早熟型、中熟型和晚熟型。

二、芝麻播种技术

(一) 茬口安排

芝麻不耐连作,其原因是连作后病害加重,产量和品质降低。如吴桂香等(1996)研究发现,芝麻茎点枯病菌核在土壤中可以存活 2 年之久,5 年一种的发病率在 3%~5%,3 年一种的发病率在 5%~7%。而连作重茬时,发病率达 15%~20%,严重的达 51%~70%。因此,每隔 2~3 年轮作一次,能有效地减轻病害。

(二) 轮作模式

1. 春芝麻产区主要轮作模式　玉米→芝麻→春小麦→大豆→高粱等;高粱→芝麻→春小麦→大豆→玉米→高粱→大豆;甘薯或夏大豆→芝麻→冬小麦—花生;棉花或甘薯→芝麻→冬小麦—玉米或大豆等。

2. 夏芝麻产区主要轮作模式　冬大麦→芝麻→冬小麦/棉花;蚕(豌)豆或油菜—芝麻—冬小麦/玉米→冬小麦—甘薯等。

(三) 播种

1. 精细整地　芝麻种子小,贮藏养分少,幼芽细嫩,顶土力弱,因此对整地质量要求较高。农谚说"小粒庄稼靠细耕,粗糙悬虚无收成",说明芝麻整地时必须精耕细耙,达到地平土细,上虚下实,土厚墒好的要求,才能使种子正常生根、发芽,顺利出苗。

夏播芝麻整地　因季节性强,时间紧,加之气温高,土壤水分蒸发快,前茬农作物收获后,务必争分夺秒,抢墒整地,趁墒早播。有条件的地方,前茬农作物收获后,立即撒粪犁地,耕深约 16 cm,随犁地随碎土保墒,直耙斜耙各一次,达到整地要求。铁茬播种的,要在出苗后及时中耕、灭茬、松土,以利于幼苗生长。

春播芝麻整地　在冬闲地上播种,有充足的整地时间。前茬作物收获以后,耕地灭茬。每亩施优质农家肥 3 000~6 000 kg,撒匀,深耕 20~25 cm。春季浅耕细耙,碎土保墒。

在雨水较多、土壤黏重、排水不畅的地方,应实行"沟厢垄田"种植。在土壤整平后,用犁冲沟成厢,厢宽 3~4 m,沟深 33 cm,并垂直于沟厢挖几条腰沟,直通田间排水沟,达到沟沟相通,明水能排、暗水能泄的标准。

2. 种子准备　春芝麻或肥力高、土壤黏重的地块,选用丰产性能较强的品种;夏芝麻在肥力较差的地块,选用早熟、耐瘠性强的品种。选择晴天将备播种子摊晒 1~2 天,然后进行风选,去杂去劣,选出清洁、饱满、发芽率高的种子。如引进外地种子或陈种子时,必须做发芽试验,若发芽率低于 90％,必须加大播种量或更换种子。另外,采用 0.5％硫酸铜溶液浸种 30分,可减轻种子和土壤传播立枯病、枯萎病和茎点枯病的为害。

现将目前生产上推广的品种介绍如下:

中芝 7 号　中国农业科学院油料研究所选育,单秆,茎秆粗壮,一叶三花或多花,蒴果较长,4、6、8 棱混生,每蒴 90 粒左右,种皮纯白。全生育期 90~100 天,适宜于夏播两熟栽培。其抗性强,增产潜力大,品质优良,但在重茬地易感茎点枯病。

中芝 8 号　中国农业科学院油料研究所选育。单秆,茎秆粗壮,始蒴节位低,果轴结蒴较密,蒴果长度中等,同株 4、6、8 棱蒴果混生,每蒴 90 多粒,种皮白色。全生育期 90~95 天,适于夏播两熟栽培,抗性好,但重茬地易感枯萎病。

豫芝 8 号　河南省芝麻研究中心选育。单秆型,茎秆粗壮,株高 160~200 cm;生育期87~90 天,一叶三蒴,蒴果 4 棱;种子长卵形,纯白色,千粒重 3 g 左右。夏播每亩产 60~75 kg,丰产栽培达 100~150 kg,高产栽培达 200 kg 以上;高抗茎点枯病、叶斑病,抗枯萎病,中抗病毒病,耐渍耐低温性好;适宜二熟地区夏播及黄河以北地区春播。

豫芝 10 号　河南省驻马店地区农科所选育。单秆型,株高 150~200 cm,始蒴部位低,开花早,叶腋三花,蒴果 4 棱、肥大;籽粒白色,千粒重 2.6 g,生育期约 90 天,夏播每亩产 60~70 kg,高者可达 140 kg,抗枯萎病、茎点枯病和病毒病。

豫芝 9 号　是世界上第一个用雄性不育系制成的杂交种。单秆型或少分枝型,株高 180~200 cm。植株下部叶片较大,中上部较小,叶柄上挺,叶色较深,株型紧凑。开花早,花白色,叶腋三花,蒴果 4 棱,中长。蒴粒数 76~80 粒,千粒重约 3 g,种皮白色。生育期 95 天左右,夏播每亩产 80~90 kg,丰产栽培达 150 kg,高产栽培达 200 kg 以上。抗枯萎病和茎点枯病。适于黄淮和江淮夏芝麻区,在陕西渭北旱源、山西等地也适宜种植。

3. 适时播种　对芝麻的播种期,群众有"春芝麻宜晚,夏芝麻宜早"的经验。春芝麻播种应在 5 月上中旬,过早,种子发芽慢,出苗后易受冻害或感染病害;过晚,影响产量。夏芝麻要在前作收获后抢时播种,越早越好,力争在 5 月下旬播完。

4. 播种方式　春芝麻大多采用条播,夏芝麻大多撒播。条播的行距,分枝型品种一般45~50 cm,单秆型品种 33 cm,条播应防止覆土太深。开穴或开沟点播时,采用行距33~40 cm,穴距 26~33 cm,每穴 2~3 株。

5. 播种量　芝麻种子小,每 500 g 约 16 万~20 万粒,以出苗率按 80％计,可以出苗12 万~16 万株。一般条件下,每亩播种量,撒播为 400 g,条播时为 350 g,点播时为 250 g。土质好,土壤含水量适宜,地下害虫少,整地质量好时,播种量宜少,反之应适当提高播种量。

6. 移栽技术　为了延长芝麻的生长期,提高芝麻产量,在水肥条件较好和劳力充足的地区,可实行育苗移栽。移栽前一个月育苗,苗床深翻 20~23 cm,施底肥,耕细耙平,整成 1.0~

1.2 m 宽的长畦,连浇两水,地皮发白时,进行条播,行距 6~7 cm,播后浅覆土,轻镇压,用塑料薄膜覆盖增温,出苗后加强管理。

芝麻苗以六叶期(即 3 对真叶)、现蕾前移栽较好。移栽时,小苗要带"老娘土",大苗可将土轻轻抖掉,以免带土多时折断细根。移栽前先在大田按行距开沟,按株距将芝麻苗埋好,然后浇一次水。天旱时,隔 2~3 天再浇一次水。这样,既可提高移栽成活率,又可促进早返苗,早生长。

7. 合理密植　芝麻合理密植,能增加单位面积土地上的种植株数,扩大叶面积指数,充分利用光能和地力,协调个体与群体之间的矛盾,使其生产更多的有机物质,是提高产量和质量的一项有效措施。芝麻合理密植能增产 20% 左右。

合理的种植密度应根据芝麻品种特性、土壤肥力水平、播种期、播种季节等综合考虑。一般情况下,单秆品种的种植密度约 1.2 万株,分枝型品种应稀一些,但不得少于 0.6 万株。

三、芝麻田间管理技术

(一) 苗期管理

芝麻苗期以营养生长为主,茎、叶生长较慢,根系吸收能力低,幼苗顶土能力差,既怕草荒,又怕苗荒;既怕水渍,又怕干旱。因此,苗期管理的主要任务是:创造良好的环境条件,保证苗全、苗匀,壮苗早发。具体技术是:

1. 破除板结、查苗补缺　芝麻幼芽顶土力差,播后遇雨转晴后,要及时用锄头松土或横耙破壳,严防土壤板结,发现有缺苗断垄现象时,要催芽补种。

2. 间苗定苗　一般在 1 对真叶时间苗,2~3 对真叶时定苗。间苗和定苗时要求做到留壮、留匀,不断行、不缺棵。如因苗差或耙地折损幼芽,造成缺苗时,要结合定苗进行疏密补缺,力争全苗。

3. 早施苗肥　土壤瘠薄、底肥使用不足或晚播的夏芝麻,幼苗长势弱,应尽早追肥提苗肥。每亩可用硫酸铵 15 kg 和过磷酸钙 17.5 kg 混合后施用,增产效果显著。如土壤肥沃,底肥充足,幼苗健壮,可不施苗肥。

4. 中耕松土　芝麻开花前一般要求中耕三遍,即所谓的"紧三遍",是芝麻中耕的关键。中耕三遍的时间分别是:1 对真叶时第一次中耕,深度要浅,目的在于除草保墒;2~3 对真叶时第二次中耕,耕深为 5~8 cm;4~5 对真叶时第三次中耕,耕深为 8~10 cm。

5. 注意排灌　芝麻苗期需水量小,土壤水分过多不利于芝麻的生长发育。因此要注意排水,做到既无明水,又滤暗水。但土壤中水分也不能过少,当田间持水量低于 60% 时,应当轻浇,浇后及时中耕。

6. 防治病虫害　芝麻苗期病虫害主要有立枯病、青枯病和蚜虫、地老虎等。病害除靠轮作、种子处理防治外,苗期多中耕,提高地温,培育壮苗,可以增强抗病力,减轻为害。防治蚜虫,可用 40% 乐果乳油 2 000~3 000 倍液进行喷洒;防治地老虎,三龄前可利用其在芝麻上群居为害的习性喷药杀死,三龄以后可用毒饵诱杀。

（二）花蒴期管理

芝麻花蒴期是营养生长和生殖生长并进的旺盛生长时期,需要充足的养分、水分等。主要管理任务是:力争延长有效花期,争取蒴多、蒴大,防倒伏、防早衰、防涝、防旱。

1. 重施花肥　芝麻进入开花期即开始大量吸收养分,因此,现蕾后应追施足够的肥料,以满足旺盛生长时期的需要。现蕾后追施花肥增产效果显著。据试验,花期每亩施硫酸铵和过磷酸钙各 7.5 kg,比对照增产 10% 以上。

2. 中耕培土　花蒴期勤中耕、浅中耕,能改善土壤透气性,有利于肥料分解,促使根系健康生长。芝麻是浅根农作物,随着地上部的增长,也增加了根系的支撑重量,往往会发生倒伏。因此,进入花蒴期以后,在每次中耕的同时,要培土固根,防止倒伏。

3. 抗旱排涝　花蒴期是芝麻一生中需水最多的时期,也是决定植株高矮的关键时期。在该期内,芝麻对水分反应非常敏感,既不能忍受长期的干旱,更不能抵抗短期的水涝或渍害。此期已进入雨季,各地雨量分布不均,常出现间歇性旱涝灾害,对芝麻蒴数、粒数和粒重都有很大影响。因此,要求做到适时浇灌和排水,保持土壤湿润疏松。

（三）后期管理

芝麻生长后期,植株各器官的营养物质迅速向蒴果运输、转化和积累。该期营养生长停止,以生殖生长为主。主要任务是:保根护叶,力争蒴大、粒饱、含油率高。

1. 适时打顶　芝麻具有无限结蒴习性,茎秆顶端有一部分花蕾不能形成蒴果,一些蒴果内的种子不能成熟,形成“黄稍尖”,消耗养分。如果能及早把这一部分稍尖去掉,使养分集中于中下部的蒴果,可以提高芝麻的产量和品质,芝麻适时打顶一般增产约 10%。打顶时间在芝麻“封顶”以后,茎秆顶端生长衰退,由弯变直,即所谓芝麻抬头的时候。打顶的适宜长度约 3 cm。

2. 保护叶片　芝麻上部叶片是后期进行光合作用的重要部分,对促进籽粒饱满、提高含油率有重要作用,生产中,应大力宣传芝麻“打顶不打叶”的好处。另外,还应防虫蛀叶、芝麻天蛾为害中后期叶片,可用 40% 乐果乳油 2 000 倍液喷洒防治。

3. 防旱排涝　芝麻封顶以后,耗水量减少,保持土壤适宜含水量和透气性,充分发挥根系功能,有利油分形成和积累。遇旱时,要适当灌水,以防早衰和籽粒不饱。灌水时,采用小水沟灌,灌后适墒中耕,保持土壤通透性,切忌大水漫灌。如遇秋涝,要及时排水。

4. 收获与贮藏　芝麻成熟的特点是:自下而上依次成熟,往往下部蒴果已成熟炸裂,上部蒴果还在发育,如果等上部蒴果全部成熟时收获,下都蒴果就会因过熟炸裂而造成损失。下部叶片脱落,中上部叶片大部分变黄,个别植株下部蒴果开始炸裂,种子由白色变为品种本色时,即是芝麻的适宜收获期。这时收获可以避免下部种子损失,而上部种子通过堆闷后熟,仍不影响产量。一般春芝麻 8 月中下旬收获,夏芝麻 8 月下旬至 9 月中旬收获。芝麻出现收获长相时,应尽快收获,且在早晨收割,做到熟一块,收一块,熟一片收一片,保证丰产丰收。

贮藏芝麻要晒干扬净,不含杂质,种子含水量以保持在 7% 左右为好,最高不超过 9%,否则,容易发霉变质,出油率、发芽率都会降低。

[随堂练习]

1. 芝麻一生包括哪几个生育时期?
2. 为什么芝麻生产栽培中要"打顶不打叶"?

[课后调查及作业]

1. 参加一次芝麻收割、脱粒劳动,之后谈谈芝麻收割与脱粒过程。
2. 根据当地生产与气候特点,设计一个实现芝麻 200 kg 产量的技术方案。

任务 10.4　谷子生产技术

谷子是主要的杂粮作物之一,具有营养价值高、易消化,粮草兼用,耐贮藏、耐旱耐瘠和抗逆性强等特点。谷子在我国的种植主要分布在淮河以北各省区,面积占全国谷子面积 90% 以上。其中,华北最多,东北次之。当前播种面积最多的为河北、山西、内蒙古三省(自治区),陕西、辽宁、黑龙江次之,河南、山东亦有种植。我国谷子主要生态类型区包括春播特早熟区、春播早熟区、春播中熟区、春播晚熟区和夏谷区等 5 个生态类型区。

一、谷子的产量与形成

因品种不同,谷子从出苗到成熟经历的时间不等,在春播条件下,一般品种需 80~140 天。其中,特早熟品种一般少于 100 天,早熟品种需 100~110 天,中熟品种需 111~125 天,晚熟品种需 125 天以上;夏播条件下,一般品种的生育期为 70~100 天。

谷子从播种到成熟需要经历出苗期、拔节期、抽穗期、开花期和成熟期共 5 个生育时期,最后形成产量。

谷子的产量是由单位面积穗数、穗粒数和千粒重 3 个因素形成的。在产量形成因素中,每亩穗数和每穗粒数是主导因素,千粒重比较稳定。谷子品种多数分蘖较弱或不分蘖,单位面积穗数主要由留苗密度决定。在低产条件下,加大密度、增加穗数能显著增加产量;在高产条件下(密度达到一定限度时),每穗粒数则成为决定产量高低的主要因素。

据试验研究,谷子穗粒数是从拔节以后生长锥伸长到抽穗后 41 天形成的,并且穗粒数的形成与穗粒重的形成是同步的。谷子穗粒数的形成和秕谷的形成有两个关键时期：一是在抽穗前 8 天到抽穗期，二是在抽穗后 20~34 天。前一个时期正值小花分化到花粉母细胞减数分裂时期，对外界环境非常敏感。若条件不良就会影响花粉粒形成及其活力，造成受精不良，形成大量秕谷，减少成粒数，导致减产。后一时期正是谷子进入灌浆高峰期，对养分需求十分迫切，如果养分供应不足就会影响籽粒灌浆。

二、谷子的播种技术

（一）整地与施肥

1. 合理轮作倒茬　谷子宜轮作，忌连作，群众中有"重茬谷，守着哭"和"谷要好，茬要倒"的说法，都说明了谷子轮作倒茬的重要性。谷子前茬农作物以豆类、油菜最好，玉米、高粱、棉花、小麦、马铃薯等农作物也是较好的茬口。

2. 整地技术　我国谷子产区多系北方旱作农业区，"十年九旱"，尤其是春季风多雨少，土壤干旱，并且谷子种子小，芽鞘短，顶土力弱。因此，一切耕作措施都应突出"保墒"，深耕细整，地平土碎，保证全苗。

秋耕　宜尽早进行，一般在前作收获后及时灭茬，耕翻，耙糖后越冬，减少冬春水分蒸发。秋耕深度一般为 20~25 cm，如果能结合秋翻施肥，对贮墒、保墒效果会更好。

春季整地　对未秋耕田块，应在土壤解冻后抢时耕翻，其深度一般为 15~17 cm，翻后及时耙糖保墒。对因施肥需要浅耕的田块，也要及早进行，并注重耕后耙糖保墒。对已秋翻施肥田块，春季整地主要是顶凌耙糖和雨后耙糖保墒。

施好底肥　在旱作农业条件下，追肥受降雨条件制约，常常难以实行。因此，施足基肥对于谷子高产尤为重要。近年来，陕西春谷区普遍推行了"三肥垫底，一次深施"的施肥方法，即将农家肥与速效氮、磷化肥配合，按产量要求于播前将底肥、种肥、追肥一次深施，对于提高谷子产量水平发挥了显著作用。

施肥量因产量指标、地力及肥料种类、质量等不同而异。山坡地谷子水平沟种植，产量指标每亩 150~200 kg，一般每亩施优质圈肥 750~1 000 kg，碳酸氢铵 10~15 kg，过磷酸钙 10~15 kg；川塬地谷子产量指标每亩 300~400 kg 时，一般每亩施优质圈肥 3 000~4 000 kg，碳酸氢铵 25~30 kg，过磷酸钙 25~30 kg。在施肥量大时，一般结合耕翻普施；施肥量小时，可结合播种开沟后施肥，再将肥土混匀，然后机播。

（二）品种选择

由于谷子生产的区域不同，品种选择的原则也不尽相同。黄土高原夏谷区和黄淮海夏谷区，以早熟和中熟品种为主，少数为晚熟品种，生育期 80~90 天。西北谷子产区品种，具有较强的抗旱耐瘠性，东北谷子产区则应具有一定的耐低温、耐湿、耐涝性。现就部分品种简介如下：

1. 榆谷 4 号　由陕西省榆林地区农业科学研究所于 1990 年育成。该品种幼苗叶片、叶鞘均为绿色,主茎叶片数 20,株高 110~135 cm。穗松散,棍棒型,刚毛短。穗长约 20 cm,穗粗约 3.5 cm。单株粒重 18 g,最高可达 30 g,千粒重 3.6 g。生育期 107~115 天。抗谷子白发病、黑穗病,轻感红叶病,在山地种植未发现谷瘟病。籽粒含粗蛋白 8.05%,粗脂肪 3.45%,淀粉 67.68%,赖氨酸 0.32%。适宜于榆林地区丘陵沟壑区的中、北部和北部水、旱地种植。山旱地一般每亩产量 180~230 kg,最高达 318 kg,川水地一般每亩产量 300~350 kg,最高可达 412 kg。播期以 5 月中、下旬为宜。山旱地每亩留苗 1.2 万~1.5 万株,梯田、塬涧地 1.5 万~1.7 万株,川水地 1.8 万~2.2 万株。山旱地采用"水平沟三湿三压"播种法,川水地条播种植。

2. 延谷 11 号　由陕西省延安市农业科学研究所选育,1995 年通过陕西省农作物品种审定委员会审定。该品种株高约 150 cm,主茎节数 13 节。穗为纺锤形,刚毛长度中等、紫色,黄谷黄米。生育期 130 天,单秆大穗,穗长 25.6 cm,单穗粒重 16.7~21.7 g,千粒重 3.5 g,出米率 80%。高抗黑穗病、白发病、红叶病,中抗谷瘟病。小米含粗蛋白 10.3%,脂肪 4.16%。适宜于延安市各县(区)和榆林地区南 6 县种植。在川、台、塬、梯田肥力较高的地块,一般每亩产 400 kg,在肥力较差的旱地,一般年份每亩产量约 300 kg。南部塬区和旱地一般在 4 月 25 日播种,北部和川地 5 月 10 日左右播种。种、塬、梯田地垄沟条播,坡地水平沟条播。山地每亩留苗 1.5 万~1.8 万株,川、塬地留苗 2 万~2.5 万株。在黄土高原及肥沃的台地及山西、甘肃等试种表现良好。

3. 公谷 63 号　由吉林省农业科学院作物所选育,1995 年吉林省农作物品种审定委员会审定。品种特点是,株高 165 cm,穗长 23 cm,穗粒重 13 g,穗型柱状,刚毛长度中等。千粒重 3.0 g,出米率 80% 以上,适口性好,蛋白质含量 10.37%,脂肪 3.37%,赖氨酸 0.236%。属中熟种,出苗至成熟约 128 天。秆强抗倒,高抗谷瘟病,抗黑穗病、白发病、粟秆蝇、玉米螟,抗旱性较强。适宜在吉林省中、西部地区种植。适宜播期 4 月下旬,每亩留苗 4 万~4.3 万株。播种时撒毒谷防地下害虫,6 月下旬注意防黏虫,具有稀植、大穗、高产的特点。

4. 晋谷 21 号　由山西省农业科学院经作所用晋汾 52 干种子辐射后选育而成。1991 年通过山西省审定,1995 年经全国农作物品种审定委员会审定。该品种,单秆,株高 145~160 cm。穗棍棒型,刚毛中长。主穗长 22~24 cm。出米率 78%,千粒重 3.0~3.6 g。蛋白质含量 15.12%,粗脂肪 5.67%,赖氨酸 0.28%,胶稠度 150 mm,碱消指数 2.1 级。全生育期 115~125 天,属春播中熟种。适宜在山西、陕西、河北、内蒙古等地中熟区种植。冷凉地区 4 月底 5 月初播种,平川旱地 5 月 20 日播种为宜。每亩留苗 2.5 万株,行距 33 cm,株距 8.0 cm。播种前用 0.3% 瑞毒霉拌种,预防白发病。播种时每亩施用尿素 2~4 kg,拔节后结合第二次中耕,每亩追施 10~15 kg 尿素或硝酸铵。

5. 豫谷 5 号　由河南省安阳农业科学研究所选育。1992 年通过河南省审定,1994 年通过全国农作物品种审定委员会审定。幼苗绿色,叶鞘浅紫色,株高 115 cm,植株匀称,茎秆弹性好,叶片上举。穗长 18 cm,穗纺锤形,绿护颖,白花药,短绿刚毛。千粒重 2.8 g,出米率 80%,小米粗蛋白 9.49%,粗脂肪 3.04%,赖氨酸 0.26%。生育期 85~88 天。抗谷锈病。6 月 15 日前足墒早播种,每亩播量 0.75 kg。5~6 片叶时定苗,每亩留苗 5 万株。每亩施纯氮 5~10 kg,重施拔节孕穗肥。苗期勤锄浅锄,拔节期深锄,孕穗期中耕培土。适时浇好拔节、孕穗水。该品种可在河南、河北、山东、陕西等适宜地可作为夏播品种推广种植。

(三)合理密植

谷子的密度,因气候条件、土壤肥力、品种特性、种植早晚而定。一般在无霜期长的地区、肥水条件较差时,晚熟品种,春播的宜稀;反之,应密些。在华北北部和西北高原地区,薄地基本苗每亩 2 万株,中等地力 2.5 万~3.5 万株。华北南部平原夏谷产区每亩 4.5 万~5.5 万株。东北地区采用不分蘖的单秆型谷子品种,密度较高,大致在每亩 4 万~8 万株。内蒙古高原区和黄土高原区密度宜小,每亩 1.2 万~3 万株,其中山地 1.2 万~1.5 万株,原地、川旱地 1.5 万~2.0 万株,川水地 2.0 万~3.0 万株。

叶面积系数是衡量群体结构的重要标志。一般认为,肥水较高的春谷叶面积系数在苗期应为 1.2~1.3,盛花期为 4.5~5.0,成熟期为 2.5 以上。

(四)播种

1. 适期播种　一般春播谷子 5~10 cm 地温上升到 12~15℃时可作为适宜播期。目前,我国北方谷子产区的大部分地区,春谷播种过早。农谚中有“早谷(指春分)晚麦,十年九坏”的说法,强调了春谷播种不宜过早。我国谷子生产以旱作为主,旱地谷子播种期,须根据其生长发育规律、当地自然气候条件和两者关系确定,让谷子需水特点同当地降水规律相协调。即苗期处于少雨季节,拔节期逢雨季开始,抽穗时赶在降雨高峰期,开花灌浆期雨水减少,阳光充足,昼夜温差较大等。

谷子主产区的适宜播期,华北、西北的大部分地区从 5 月中旬至 5 月下旬,东北地区从 4 月下旬至 5 月中旬。黑龙江省地处高寒地区,生育期短,应尽量于 4 月下旬至 5 月上旬播种。在春季干旱严重,保墒困难或预报雨季提前时,也应根据情况,适当提早播种。

夏播谷子生育期较短,要力争早播,一般在前作收获后,立即整地播种,争取较多生长季节,增加产量。

2. 播种方法

沟垄种植法　①确定垄距,地力水平是确定垄距的主要依据。地力水平高的可采用宽垄双行种植,一般垄距 100 cm,垄宽 75 cm,行距 40 cm,每垄种两行;肥力条件差的,可采用单行种植,垄距 50 cm。②画线开沟,沟宽为 25 cm。③施肥覆盖。开沟后趁墒施肥,并随即播种。如不立即播种,应及时在肥料上覆盖 3~5 cm 湿土。④精细播种。一般情况下应抢墒播种,提倡单腿耧和双腿耧条播,以防土壤跑墒,土壤墒情差时要进行镇压。⑤适时管理。有灌溉条件的,应根据生育特点,结合墒情浇水,行间破土和行内培土可用畜力或拖拉机牵引,提高工作效率。

　　水平沟种植法　　做法是：①在山坡地上沿等高线开沟，开沟时应自上而下进行，沟距一般为 45~60 cm。②集中深施底肥，注意有机无机结合，氮磷配合。③播后覆土镇压，将谷种播在沟内，浅覆湿土（一般 3~4 cm），然后用小石滚或装土的小瓷罐，顺沟镇压，亦可用脚踩的办法进行。④及时管理，结合中耕，逐步使行间取土成沟，谷行培土成垄，即所谓"破垄填沟，倒壕换垄"。

　　抗旱播种法

　　深沟浅播法：推开表层干土，把谷子种在湿土上，也可前犁开沟，后耧播种。

　　早种"顶凌谷"或"冬闷谷"法：土壤返浆之后，墒情好，及时播种容易出苗，或于秋冬播种，利用春季返浆水使谷子吸水发芽，便于出苗。

　　干种寄子法：久旱无雨、地墒极缺时，把种子种在干土里镇压，遇雨谷苗就会出齐。

　　冲沟等雨法：即先按一定行距冲沟，降雨后，立即在沟内播种，然后用垄背湿土覆盖。

　　3. 播种量和播种深度　　谷子种粒很小，千粒重仅有 2~4 g，以 3 g 计算，1 kg 谷种有 33 万粒，出苗率按 75% 计算，可出苗 24 万多株。按保苗系数 3~5，春谷每亩计划留苗 2 万~3 万株，播种量 0.47~0.53 kg；夏谷每亩计划留苗 4 万~6 万株，播种量 0.67~1 kg。在生产中，为了保证精量播种和出苗均匀，常常用炒熟谷子制成毒谷，混合播种，还可兼治地下害虫。

　　谷子种粒小，播种过深，会出现"蜷苗"现象，降低出苗率，增加病菌侵染机会；播种过浅，又常因表土干旱而缺苗。生产中一般以播深 3~5 cm 为宜。

　　4. 种肥施用　　谷子种粒小，贮藏营养少，二、三叶时，籽粒养分已经耗尽，这时根系弱，加之土壤温度较低，养分分解慢，所以，增施速效肥做种肥，对培育壮苗有重要意义。种肥用量一般是标准氮肥约 5 kg，并配合施过磷酸钙 10~15 kg。施肥时，要注意种子和肥料分开，防止烧苗。

三、谷子田间管理技术

（一）苗期管理

　　1. 生育特点　　谷子从出苗到拔节为苗期，春谷历时 30~40 天，夏谷历时 20~25 天。苗期以营养生长为中心，以次生根系建成为主，地上部分生长较缓慢。

　　2. 主攻目标　　在保证全苗基础上，积极促进根系发育，适当控制地上部分发育，即"控上促下"，形成壮苗。壮苗的长势长相从群体看，满垄全苗，生长整齐，苗色浓绿，粗矮苗壮。从个体看，根深，茎扁圆、色绿，叶宽而短。

　　3. 管理技术

　　播后镇压　　谷子比一般春播农作物播期晚，同时籽粒小，播种浅，而谷子产区春季又干旱多风，播种层常水分不足。有时整地质量不好，土中有坷垃、空隙，使谷粒不能与土壤紧密接触而"悬死",或不能出土而"蜷死"。在温度高、虚土层厚时,常灼伤芽尖,称为"烧尖"或"烧芽"。为了防止发生这些现象,促进种子早发芽、早扎根、出苗整齐,播后镇压是谷子苗期的一项重要管理措施。一般要镇压 2~3 次。

　　查苗补苗　待谷子出苗后及时进行查苗,对断垄严重的及时催芽补种。对零星缺苗者则可在间定苗时,采用相邻株、行适当增留株数进行调节的方法补缺。对有条件田块,在苗期还可进行点水移栽。具体方法是,补苗地方开浅沟,浇满水,将谷苗浅插湿泥中,以不倒为度,尽量浅些,再撒上一层细土,以利保墒,防止板结。据试验,以谷苗五叶期最易成活。

　　适时间苗、定苗　由于谷子播量较大,幼苗拥挤,争水争肥争光矛盾突出,应及时间苗、定苗。生产中强调三叶间,五叶定。据测定,谷子到三叶期以后,每推迟一个叶期间苗,减产 3%~5%。因此,农谚有"谷间寸,顶上粪"的说法。谷子幼苗五叶期自养能力及抗逆性大大增强,此时定苗,既有利于培育壮苗,又便于操作。苗过小不易操作,且易造成缺苗;苗过大易形成高脚弱苗,且根系交织造成带苗、伤苗。要注意选留均匀一致、无病残的壮苗。

　　蹲苗及中耕　蹲苗就是"控上促下",促进根系深扎,增强吸水吸肥力,从而提高抗旱能力,并抑制地上部分生长,促使基部茎节粗壮,有利后期防倒,为中后期健壮发育奠定良好的基础。蹲苗的措施:一是控制上层土壤水分,在有适当底墒的情况下,使谷子根系粗壮,向下深扎。因此,一般在拔节前水地也不浇水,在雨水较多时,还需松土"散墒"。二是谷子幼苗期压青,能有效地控制地上部分生长,促进根系发育,并有防倒、防虫保苗的作用。三是中耕也可起到促根、围苗培土的作用,并除灭杂草,防止草荒。

　　苗期中耕一般进行 2~3 次,结合间、定苗两次,第三次在拔节前进行,结合清垄,即将间、定苗时留的残苗、双苗或雨后浮粒长开的小苗等去掉,使苗脚清爽,通风透光。中耕深度第一次 2~3 cm,采取浅锄轻抿土(用锄推平);第二次中耕深度 5~7 cm,采取深锄轻围土;第三次中耕深度一般为 7~10 cm,并结合中耕高培土,促根拥苗,防止倒伏。

　　(二) 拔节孕穗期管理

　　1. **生育特点**　谷子从拔节到抽穗为拔节孕穗期,历时 35~40 天。其生育特点是拔节后生长中心转移到地上部分、茎叶生长旺盛、幼穗也开始分化、营养生长与生殖生长并进、决定谷子穗大小及穗粒数的关键时期,也是谷子一生中生长发育最快、各部分竞争养分最剧烈、需水需肥最多最迫切的时期。

　　2. **主攻目标**　促壮秆,叶色浓绿,叶片微下垂,整齐一致,植株健壮,主攻大穗。

　　3. **管理技术**

　　功施拔节肥水　为了满足谷子此期需肥需水最多的特点,除重视施基肥外,还应重视追肥的施用。在旱作条件下,一般拔节期遇雨及时追肥,力争雨前追肥,采取开沟追肥的方法。在有灌溉条件的田块,拔节后追肥灌水,采取肥随水行的追肥浇水原则。此次施肥是关键性的一次追肥,在旱作条件下,以后一般不再追肥;在有浇水条件田块上,这次追肥量应占追肥总量的 2/3 以上。孕穗期再进行少量追肥。拔节期追肥量,一般每亩追施尿素 6~10 kg 为宜;孕穗期追肥量,一般每亩追施尿素 3~5 kg。

及时中耕除草　谷子是中耕农作物,中耕对谷子有明显的增产作用。拔节后,结合追肥进行一次中耕。此次要求中耕深度 10~13 cm,进行高培土,既可松土通气,又可充分接纳雨水,并将宿根性杂草挖尽,同时将谷子的部分老根挖断,促进新根生长,并向下深扎,增强吸收能力。如果在旱作、土壤过于干旱条件下,就应浅中耕,深度 5~7 cm,以保墒、除草、培土为主要目的。

孕穗中后期的中耕只浅锄 3 cm,不能伤根,只除草、松土、保墒,并继续培土,促进地面茎节支持根的生长,增强吸收能力。这一阶段的中耕有利于增加土壤蓄水能力,防止后期积涝,发生根倒伏。在密度较高情况下,以后的中耕很难进行。因此,应非常重视做好拔节后的中耕工作。

注意防治病虫害　对谷子为害较重的蛀谷虫、黏虫等害虫及白发病等均发生在此期。生产中要加强测报,及时防治。

(三) 抽穗成熟期管理

1. **生育特点**　谷子从抽穗开花到成熟,历时 40~45 天。其生育特点是以抽穗、开花、授粉、灌浆为重点,是建成籽粒、提高结实率和争取穗粒重的关键时期。营养器官基本停止生长,对肥水需求逐渐下降。

2. **主攻目标**　防止早衰,促进干物质积累和运输,争取穗大粒饱。

3. **管理技术**

根外追肥　据试验,在旱地每亩喷施 75 kg 浓度为 250 mg/kg 的磷酸二氢钾溶液,具有施肥和喷水的双重作用,使千粒重增加 0.48 g,秕谷率降低 5.9%。试验还证明,硼能促进谷子开花,提高花粉生活力,有利于受精结实。同时,硼能增强谷子后期根系活力,提高叶片光合能力,改善体内物质代谢和运输能力,加快籽粒灌浆速度,从而减少秕谷,提高结实率。在抽穗和灌浆期,每亩喷施 100 kg 浓度为 300 mg/kg 的硼酸溶液,比喷水的增产 11%~16%,比不喷水的增产 19%~21%。

防旱防涝　此期谷子对肥水需求量虽然开始下降,但初期由于抽穗灌浆等对水分、养分要求尚迫切,因此,应注意防旱。旱地应浅锄保墒,水地应及时轻浇水。

谷子抽穗成熟期营养器官随籽粒的充实逐渐衰退,特别是根系生活力衰退较快,因此,保持土壤湿润而又通气良好,是防止根系早衰的关键。防止根系早衰,保持根系活力的主要措施是:高培土,雨后及时浅中耕,对易积水地块提早修好排水沟。

防倒伏防"腾伤"　谷子生育后期发生倒伏会导致减产,严重时可减产 20%~30%,甚至达到 50%。因此,群众有"谷倒一把草"的说法。防止根倒伏和茎倒伏的措施,主要在生育前期,如蹲苗、中耕培土、镇压及适时控制肥水等。

谷子灌浆期茎叶骤然萎蔫,逐渐枯干呈灰白色,使灌浆中断,有时还感染严重病害,造成穗轻粒秕而严重减产,这种现象叫"腾伤"。"腾伤"多发生在窝风地或平川大片谷地,后期生长过旺的,较容易发生。发生"腾伤"时的环境条件,都是土壤水分过多,田间温度、湿度大,通风透光不良。防止"腾伤"的措施有宽窄行种植,高培土使行间成沟,后期浇水在下午或晚间进行等。

(四) 收获与贮藏

谷子适宜的收获期为蜡熟期到完熟期,即植株下部叶片枯黄,上部叶片为绿黄色,穗为黄色,籽粒变硬,含水量为 18% ~ 20% 时收获。谷子有明显的后熟作用,收获后应适当堆放,使其穗部朝外,堆放 3~5 天后即可切穗,晾晒脱粒。从谷子的穗子可以看出,谷穗由主轴、一级、二级和三级分枝及小穗组成,小穗着生在第三级分枝上,小穗上有刚毛,起防害防鸟兽的作用(图 10-4)。

谷子多分布在干旱地区,籽粒小,容易干燥,一般含水量在 10% 左右,加之有坚硬的外壳保护,虫霉不易侵蚀。因此,通常认为谷子较耐贮藏。但谷子中含杂质和不熟粒较多,水分含量较大,通风散湿散热条件不良时,仍可发热霉变,甚至结块霉烂。因此,谷子的贮藏,也不能掉以轻心。

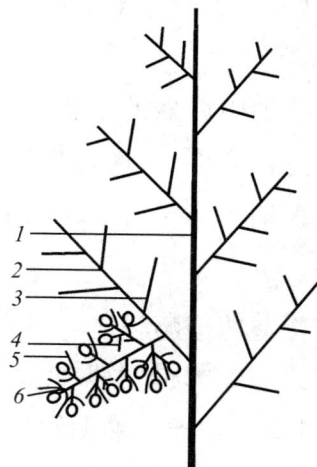

图 10-4   谷穗模式图
1. 穗轴;2. 第一级枝梗;
3. 第二级枝梗;4. 第三级枝梗;
5. 刚毛;6. 小穗

谷子同其他秋粮一样,收获已是气温下降季节,应及时除杂净粮,晾晒散湿,通风降温,趁冷入仓,实行低温密封贮藏。一般将谷粒保持在 10℃ 以下,5~0℃ 更好。根据各地经验,谷子含水量在 12.5% 以下,粮温不超过 25℃,一般可以安全贮藏。对于超过安全含水量的谷子,可利用冬季低温,择晴天晾晒,降水散热,将谷温降到 0℃ 以下,清杂后趁凉入仓,保温密闭,一般可安全度夏。

[随堂练习]

1. 我国谷子产区分为哪几个生态区?

2. 谷子一生分哪几个生育时期和生育阶段?

3. 谷子的产量形成特点是什么?

4. 何谓谷子"腾伤"?

[课后调查及作业]

参加当地谷子种子处理、播种等生产活动,总结当地谷子播种经验。

[实验实训]

实 10-1　马铃薯种薯切块方法

一、目的与意义

通过实验实训,使学生掌握马铃薯的切块方法。

二、材料与用具

马铃薯块茎,切刀、小案板、消毒水(0.2%升汞或3%来苏儿溶液)、粗天平、小秤等。

三、内容与方法

1. 种薯分类　将种薯按20~30 g、50~100 g、120 g以上分成3类,以便把握切块数。

2. 切薯　播种用的种薯以留1~2个芽、20~30 g重为宜。薯块过小,养分、水分不足,不利于出苗和培育壮苗;薯块过大,播种量太大,不够经济。参照图10-2,将种薯20~30 g的纵切成2块,50~100 g的纵切成3~4块,120 g以上用斜切法。切块不可切成薄片,并尽量利用顶芽的生长优势。

3. 消毒　切刀被病薯污染时,用备好的0.2%升汞或3%的来苏儿溶液或75%以上酒精浸泡5~10分。

4. 评估　评估学生切块的质量及优缺点。

四、作业

简述马铃薯种薯切块技术要点,并分析其理论依据。

实 10-2　甜菜块根、种子的外部形态和内部结构观察

一、目的与意义

识别甜菜块根、种球、种子的外部形态和内部结构。

二、材料与用具

甜菜块根、种球,放大镜、镊子、解剖刀等。

三、内容及方法

1. 块根　甜菜块根肉质多汁,红色或白色,可分为4个部分。

根头　块根的最上部,生有叶芽,具有茎的组织,含糖量较少。

根颈　块根中未膨大部分,由子叶下胚轴发育而成,不生叶长根,是糖分重要贮藏部位之一。

根体　是块根的主要组成部分,两侧有侧沟,并生有细根。含糖量较高。

根尾　直径2 cm以下部分。块根的根剖面有同心维管束轮9~12层,最外部为皮层,维管束间的白色肉质部分为薄壁细胞组成,糖分即含其中。块根的纵切剖面,可看到圆锥体的同心环相套,暗色部分为维管束环,淡色部分为薄壁细胞。无论纵剖面与横剖面,均为中心环较疏,外部较密。

块根各部分含糖量不同。以块根纵向而言,中部含量最多,上部次之,下部最少;以块根横切面而言,从根中央向外含糖量逐渐增高,继之又下降,以距中心 2/3 处最高。

2. 果实和种子

子房受精后,花萼逐渐木质化包围果实,果实单生或数个相连,成不规则的种球。种球呈褐色或黄褐色,最外层为木质化花萼,其内为果皮和种皮,种皮红褐色有光泽。种子多呈环状弯曲,其中所含种胚也弯曲,几乎呈环形。

3. 方法步骤

(1) 观察甜菜块根,分清根头、根颈、根体等各部分,并观察其特征。然后分别进行横切和纵切,观察其剖面结构。

(2) 解剖种球,观察种子形态。

四、作业

1. 绘块根外形及横、纵切剖面图,并注明各部分名称。

2. 绘种球剖面图,并注明各部分名称。

实 10-3　芝麻的形态特征和类型观察

一、目的与意义

认识芝麻茎、叶、花、果的主要形态特征及类型区别。

二、材料与用具

单秆型、分枝型、多枝型品种,米尺、放大镜等。

三、内容与方法

1. 茎秆观察　不同类型主茎和分枝的形状、茎色、茸毛长短和疏密,主茎高度(cm)。

2. 分枝观察　不同类型品种分枝的有无、多少,是否有第二次分枝。

3. 叶片观察　不同类型品种的叶片是单叶还是复叶,叶形如何。同一植株上、下部和中、上部的叶形是否有差别。

4. 花的观察　不同类型品种是单唇花还是双唇花,雄蕊枚数多少。

5. 每叶腋着生蒴果数　不同类型品种每叶腋着生的蒴果数。

6. 果实观察　不同类型品种蒴果的棱数、蒴果的长度(cm)。

7. 籽粒颜色　不同类型品种籽粒的颜色。

四、作业

根据观察,把结果列表,区别不同品种形态上的区别。

实 10-4　谷子高产高效技术的调查

一、目的与意义

通过调查,了解当地谷子生产现状,总结高产高效生产经验。

二、材料与用具

钢卷尺、计算器等。

三、内容与方法

选择当地谷子高产高效生产的典型村(户),在成熟期实地调查。

1. 听取介绍

(1) 概况:包括种植面积、品种及特点,历年产量水平,当年气候特点等。

(2) 主要生产技术:包括轮作、施肥、整地、播种期、播法、田间管理措施、生育期间表现、抗逆性、病虫感染、预计当年产量水平等。

(3) 当地种谷基本经验及存在的突出问题。

2. 实地调查 种植密度、单位面积穗数、穗粒重、千粒重等,并观察记载株高、穗长、穗粗、熟相。穗粒重、千粒重的测定要将田间采穗带回干燥后进行。

四、作业

写出当地谷子高产高效生产技术的调查报告。

[回顾与小结]

本项目介绍了马铃薯、甜菜、芝麻、谷子4种农作物的生产技术,学习了解了农作物旱作生产栽培技术,进行了4个实验实训项目操作训练。其中需要掌握的重点是:4个实验实训、4种农作物的播种技术和田间管理技术。

[复习与思考]

1. 马铃薯催芽与播种的主要技术环节有哪些?

2. 马铃薯各个生育阶段田间管理的中心任务和主要措施是什么?

3. 马铃薯贮藏期间的管理要点是什么?

4. 甜菜原料根栽培幼苗期有哪些具体管理技术?

5. 纸筒育壮苗,需采取怎样的育苗管理技术?

6. 实现芝麻高产的播种技术有哪些?

7. 简述芝麻苗期与花荫期的管理任务与技术。

8. 旱地春谷整地、施肥的基本要求是什么?

9. 谷子播种的技术环节有哪些? 各有何特点?

10. 谷子田间管理各阶段在生产中的主攻目标是什么? 主要技术有哪些?

参 考 文 献

1   陈阜.耕作学   北京:中国农业出版社,2021.

2   马新明,我国保护性农业实践与发展战略,北京:中国农业出版社,2020.

3   曹敏建.耕作学.2版.北京:中国农业出版社,2013.

4   曹卫星.作物栽培学总论.3版.北京:科学出版社,2018.

5   杨文钰,屠乃美.作物栽培学各论(南方本).2版.北京:中国农业出版社,2014.

6   周有耀.棉花高产优质栽培新技术.北京:金盾出版社,2008.

7   中国农业科学院棉花研究所.中国棉花栽培学.上海:上海科学技术出版社,2013.

8   胡立峰.烟草栽培技术.北京:中央广播电视大学出版社,2015.

9   符彦君,刘伟,单吉星.有机谷物高效栽培技术宝典.北京:化学工业出版社,2014.

10   胡庆华.黑芝麻高产种植与加工利用技术.北京:科学技术文献出版社,2012.

11   魏章焕,张庆.马铃薯高效栽培与加工技术.北京:中国农业科学技术出版社,2015.

12   甘肃省农牧厅.大豆青稞优质高产栽培技术读本.兰州:甘肃科学技术出版社,2014.

13   李小红,何录秋.豆类作物高产栽培新技术.长沙:湖南科学技术出版社,2015.

14   胡晋.种子学.2版.北京:中国农业出版社,2014.

15   高晖.种子生产与经营管理.北京:科学出版社,2014.

16   翟虎渠.农业概论.3版.北京:高等教育出版社,2016.

17   林文雄,陈雨海.农业生态学.北京:高等教育出版社,2015.

18   王三根,苍晶.植物生理生化.2版.北京:中国农业出版社,2015.

19   王晓光.玉米栽培技术.沈阳:东北大学出版社,2010.

20   郑曙峰.棉花科学栽培.合肥:安徽科学技术出版社,2010.

21   刘淑慧.农业节水与水资源高效利用.北京:中国城市出版社,2015.

22   张洪程.水稻新型栽培技术.北京:金盾出版社,2011.

郑重声明

高等教育出版社依法对本书享有专有出版权。任何未经许可的复制、销售行为均违反《中华人民共和国著作权法》，其行为人将承担相应的民事责任和行政责任；构成犯罪的，将被依法追究刑事责任。为了维护市场秩序，保护读者的合法权益，避免读者误用盗版书造成不良后果，我社将配合行政执法部门和司法机关对违法犯罪的单位和个人进行严厉打击。社会各界人士如发现上述侵权行为，希望及时举报，本社将奖励举报有功人员。

反盗版举报电话 （010）58581999　58582371　58582488

反盗版举报传真 （010）82086060

反盗版举报邮箱 dd@hep.com.cn

通信地址 北京市西城区德外大街4号　高等教育出版社法律事务与版
　　　　　　权管理部

邮政编码 100120

防伪查询说明

用户购书后刮开封底防伪涂层，利用手机微信等软件扫描二维码，会跳转至防伪查询网页，获得所购图书详细信息。也可将防伪二维码下的20位密码按从左到右、从上到下的顺序发送短信至106695881280，免费查询所购图书真伪。

反盗版短信举报

编辑短信"JB,图书名称,出版社,购买地点"发送至10669588128

防伪客服电话

（010）58582300

学习卡账号使用说明

一、注册/登录

访问http://abook.hep.com.cn/sve，点击"注册"，在注册页面输入用户名、密码及常用的邮箱进行注册。已注册的用户直接输入用户名和密码登录即可进入"我的课程"页面。

二、课程绑定

点击"我的课程"页面右上方"绑定课程"，正确输入教材封底防伪标签上的20位密码，点击"确定"完成课程绑定。

三、访问课程

在"正在学习"列表中选择已绑定的课程，点击"进入课程"即可浏览或下载与本书配套的课程资源。刚绑定的课程请在"申请学习"列表中选择相应课程并点击"进入课程"。

如有账号问题，请发邮件至:4a_admin_zz@pub.hep.cn。